探索·发现

DISCOVERY

青少年成长必读书

神秘的未解之谜全集

【历史卷·自然卷】

世上没有不可认识的事物，只有尚未被认识的事物，生命的全部意义就在于探索那些未被认识的事物。零距离接触世界文化和历史的精髓，全方位透视人性的智慧与善恶。

孟春◎编著

SHENMIDE

中国華僑出版社

图书在版编目(CIP)数据

神秘的未解之谜全集（上、下）／孟春编著．—北京：中国华侨出版社，2011.7

ISBN 978-7-5113-1108-5

Ⅰ.①神…　Ⅱ.①孟…　Ⅲ.①自然科学-普及读物
Ⅳ.①N49

中国版本图书馆 CIP 数据核字（2011）第 111214 号

●神秘的未解之谜全集（上、下）

编　著／孟　春
责任编辑／文　心
版式设计／丽泰图文设计工作室／桃子
经　销／全国新华书店
开　本／710×1000 毫米　1/16 开　印张/39　字数/528 千字
印　刷／三河市华润印刷有限公司
版　次／2011 年 7 月第 1 版　2011 年 7 月第 1 次印刷
书　号／ISBN 978-7-5113-1108-5
定　价／68.00 元

中国华侨出版社　北京市朝阳区静安里 26 号通成达大厦 3 层　邮编：100028
法律顾问：陈鹰律师事务所
编辑部：(010) 64443056　64443979
发行部：(010) 64443051　传真：(010) 64439708
网　址：www.oveaschin.com
E-mail：oveaschin@sina.com

在探索中学习成长

伽利略说，世上没有不可认识的事物，只有尚未被认识的事物，生命的全部意义就在于探索那些未被认识的事物。人类的科学知识，社会的文明成就，几乎都是在探索和解答种种未知事物中创造和发展的。

这是一套经典的科普读本，里面有神秘诡异的未解之谜等待着你的阅读！有扑朔迷离的背后玄机等待着你的发现！有鲜为人知的惊险内幕等待着你的探索！有匪夷所思的灵异事件等待着你的追寻！

本套书在吸取了最新的研究成果，参考了大量文献资料的基础上以一种全新的视角来探索和研究各个离奇的谜团，对世界上令人感到困惑不解的事件和现象进行深入挖掘，将经过专家学者分析论证的多种观点一并提出，展示给读者，谜底层层揭开，真相娓娓道来；使读者能够零距离接触世界文化和历史的精髓，全方位透视人性智慧与善恶。阅读过程中，不但能够获得知识上的收益，还能获得愉快的精神体验。

全书分为上（历史卷）、下（自然卷）两卷，分 16 章内容来展现各种未解的奇谜；时间上贯穿史前直到当今社会，内容上涵盖了历史、政治、地理、天文、建筑、考古、艺术、自然等各个领域。将精彩的文字解说与精美的图片完美结合，以知识性和趣味性为宗旨，全方位、多角度地展示各领域最有研究价值、最具探索意义和最为人们所关注的世界未解之谜，对读者拓展思维、启迪智慧、滋养心灵、增强素养等方面都有重要的作用，是一部值得阅读、欣赏和收藏的佳作宝典。

上册

【历史卷】

神秘的历史未解之谜

真伪难辨的传说

权力围城的迷雾

诡异的宫廷秘闻

文艺圈逸事寻迹

神秘的惊天悬案

名流们的蹊跷之死

硝烟弥漫下的玄机

未解的谍海迷踪

下册

【自然卷】

奇妙的自然未解之谜

追寻生命的起源

神秘的宇宙奇观

奇妙的异域风情

遗忘的文艺迷踪

揭开动植物面纱

沉睡的历史宝藏

久远的民族之根

无限的科学奥秘

上册

【历史卷】

神秘的历史未解之谜

真伪难辨的传说

诺亚方舟究竟停在哪里

诺亚方舟的故事是出自圣经《创世记》中的一个传说。那么，诺亚方舟究竟停在哪里？又有谁会知道其中的答案呢？

在伊甸园，亚当夏娃由于偷吃禁果，被逐出伊甸园。亚当活 930 岁，他和夏娃子女无数，他们的后代子孙传宗接代，越来越多，逐渐遍布整个大地。此后，该隐诛弟，揭开了人类互相残杀的序幕。人类打着原罪的烙印，上帝诅咒了土地，人们不得不付出艰辛的劳动才能果腹，因此怨恨与恶念日增。人们无休止地相互厮杀、争斗、掠夺，人世间的暴力和罪恶简直到了无以复加的地步。

上帝看到了这一切，他非常后悔造了人，对人类犯下的罪孽心里十分忧伤。上帝说："我要将所造的人和走兽并昆虫以及空中的飞鸟都从地上消灭。"但是他又舍不得把他的造物全部毁掉，他希望新一代的人和动物能够比较听话，悔过自新，建立一个理想的世界。

在罪孽深重的人群中，只有诺亚在上帝眼前蒙恩。上帝认为他是一个有情有义的人，很守本分；他的三个儿子在父亲的严格教育下也没有误入歧途。诺亚也常告诫周围的人们，应该赶快停止作恶，从充

诺亚方舟

满罪恶的生活中摆脱出来。但人们对他的话都不以为然，继续我行我素，一味地作恶享乐。

上帝选中了诺亚一家：诺亚夫妇、三个儿子及其媳妇，作为新一代人类的种子保存下来。上帝告诉他们七天之后就要实施大毁灭，要他们用歌斐木造一只方舟，分一间一间地造，里外抹上松香。这只方舟要长 300 肘、宽 50 肘、高 30 肘。方舟上边要留有透光的窗户，旁边要开一道门。方舟要分上中下三层，诺亚他们立即照办。

上帝看到方舟造好了，就说：”看哪，我要使洪水在地上泛滥，毁灭天下，凡地上有血肉、有气息的活物无一不死。我却要与你立约，你同你的妻子、儿子、儿媳都要进入方舟。凡洁净的畜类，你要带七公七母；不洁净的畜类，你要带一公一母；空中的飞鸟也要带七公七母。这些都可以留种，将来在地上生殖。”

2 月 17 日那天，诺亚 600 岁生辰，海洋的泉源都裂开了，巨大的水柱从地下喷射而出；天上的窗户都敞开了，大雨日夜不停，降了整整 40 天。水无处可流，迅速地上涨，比最高的山巅都要高出 15

肘。凡是在旱地上靠肺呼吸的动物都死了，只留下方舟里人和动物还有种子安然无恙。方舟载着上帝的厚望漂泊在无边无际的汪洋上。

上帝顾念诺亚和方舟中的飞禽走兽，便下令止雨兴风，风吹着水，水势渐渐消退。诺亚方舟停靠在亚拉腊山边。又过了几十天，诺亚打开方舟的窗户，放出一只乌鸦去探听消息，但乌鸦一去不回。诺亚又把一只鸽子放出去，要它去看看地上的水退了没有。由于遍地是水，鸽子找不到落脚之处，又飞回方舟。七天之后，诺亚又把鸽子放出去，黄昏时分，鸽子飞回来了，嘴里衔着橄榄叶，很明显是从树上啄下来的。再过 7 天，诺亚又放出鸽子，这次鸽子不再回来了。诺亚 601 岁那年的 1 月 1 日，地上的水都退干了。诺亚开门观望，地上的水退净了。到 2 月 27 日，大地全干了。于是，上帝对诺亚说："你和妻儿媳妇可以出舟了。你要把和你同在舟里的所有飞鸟，动物和一切爬行生物都带出来，让它们在地上繁衍滋长吧。"于是，诺亚全家和方舟里的其他所有生物，都按着种类放出来了。后世的人们就用鸽子和橄榄枝来象征和平。

这就是"诺亚方舟"故事的由来，虽然是个传说，但由于《圣经》中记载的很多事情都被证实是真实的，譬如，在一次战争中，一位军官根据《圣经》中的记载，成功地找到了大山里的一条秘密小道，并通过这条小道突然出现在敌人面前，取得巨大胜利。

到 20 世纪 80 年代初叶，美、苏、法、德、日及中东一些国家的考古学家们发现，在距今五六千年的人类文明发源地之一的两河流域的确发生过大洪水，在古亚述王国都城尼尼微的拔尼巴国王图书馆遗址里，还发掘出"泥板文书"，泥板上也有关于洪水泛滥的记录。据此，学者们推断，《圣经》中上帝指示诺亚造方舟躲避洪水之事即源于此。根据那被发掘出的残木分析，专家们认为，诺亚方舟有可能就在达阿禄山上。今天的达阿禄山从山间至山峰仍有厚厚的冰河。据推测，也许是洪水之后天气剧变，洪水的一部分冻结为冰河，当诺亚等人爬上山顶躲避洪水时，天气突然变冷，竟使他们乘坐的方舟冻结在冰河中。

如果能证明“诺亚方舟”也是真实的，那么这个发现肯定将在全世界引起轰动。所以，很多年以来，许多国家的圣经考古学家都希望揭开这个千古之谜。

【片言碎语】2010年，由中国香港人和土耳其人组成的方舟探索队，于土耳其东部的亚拉腊山寻找诺亚方舟遗骸，在海拔4000米的冰川进行挖掘，成功进入巨型木结构。木样本经科学分析，证实有4800年历史。土耳其政府及文化部官员对发现极为重视，亲临中国香港与队员一起作出联合公布，拟将来把发现申请列入联合国世界文化遗产，并签署共同合作协议，及破天荒向中国香港队员颁赠荣誉市民殊荣。

雅典娜身世之谜

在远古神话中，雅典娜是一位女天神，是乌云和雷电的主宰者、丰产女神、和平劳动的庇护者、女战神。她还是科学的庇护者、智慧女神；她赐予人间法律，维护社会秩序。

在古代，据说希腊的每一座城市都有一个保护神，雅典的保护神雅典娜是奥林匹斯山众神当中一位主要之神，而她却是由自己的父亲所生。传说宙斯害怕墨提斯生下一个比自己有能力的女儿，将来会去推翻他的统治。所以，在墨提斯怀孕之后，他把她一口吞了下去。后来，宙斯觉得头部剧烈地痛，于是叫火神把自己的头部劈开，此时，全身披挂的雅典娜大声呼喊着从宙斯的头里面跳了出来，出生与众不同的雅典娜，从小就秉承父亲的威力和母亲的智慧，成为威力与智慧的化身。

雅典娜

传说雅典娜曾与实力强大的海神波赛东为争夺卫城相互争持不下，后由众神决定，谁能为人类做出一件有用的东西，那么城就是谁的。海神波赛东对大家说："如果你们用我的名字命名，让我做你们的保护神，我将给你们数不尽的财富。"他用魔杖向天一指，召来了一匹天马。波赛冬说："这匹马能给你们耕地，能给你们拉东西，能给你们带来许多许多的财富。"雅典娜说："我给你们智慧，是用不完的智慧。"她用魔杖向地下一插，顿时冒出两片叶芽，很快就长成了一棵枝叶繁茂的橄榄树，开着花，结着青果。雅典娜说："我教给你们的是劳动智慧，有了它，你们世世代代也不会受穷。"因为橄榄树全身都有用，但马却有给人类带来战争和灾难的可能。所以众神把雅典娜封为雅典的保护神。而橄榄树被说成是和平的象征。她把和平、智慧和粮食奉献给人民，结果，这座城市归了雅典娜。今天，雅典人民还自豪地说，我们的城市从诞生的那一天起，我们就是热爱和平的。

雅典娜是雅典的保护神，她受到了希腊人，特别是雅典人的尊敬。为了纪念她，希腊人民于公元前 447 年至前 431 年，前后花了十多年的时间，在雅典的卫城上，建造了一座古希腊最著名的建筑物之一，用来崇奉雅典娜女神的巴特农神庙。这是一座长方形的白色大理石建筑物，四周共有 46 根大理石柱子，正面是主室，背面是处女宫，檐壁上有精美的浮雕，两侧墙上有雅典娜出生和她同波赛东争夺雅典卫城的浮雕，庙里还雕刻著朝拜女神的游行队伍的场面。中世纪后，这座神庙历遭战火和其它破坏。目前，残存的只有建筑的西侧部分，但人们还是可以从这部分残迹中看出她当年的雄姿。

【片言碎语】雅典娜在与海王波塞冬斗争献礼中，以赐给雅典公民橄榄树获胜，并成为雅典城的保护神。今天雅典卫城中的帕特农神庙就是用来祭祀她的。

梅山七怪的传说

在我国，梅山七怪的故事流传已久，但到底是怎么回事？许多人并不知道清楚……

大量历史资料表明：我国南方少数民族的梅山教，是起源于古代湘中梅山地区的传统宗教。由于道教在长江中游地区的广泛传播，使得梅山蛮（瑶族先民）较早地受到了道教的影响，因此，梅山教具有道教法术和原始巫教的双重特点，著名的梅山七怪的故事就是发源于此。

在梅山有七怪，它们分别是由猿、猪、牛、狗、羊、蛇和蜈蚣等七种畜类修炼而成，它们能幻为人形，妖法无边，远近各地的人们和动物经常遭到它们的骚扰，而其中又以猿为最厉害。

据说猿有一个叫多智真人的叔叔，也是个千年得道的老猿，它以棋盘山的轩辕庙为巢穴，与桃精千里眼高明和柳怪顺风耳高觉狼狈为奸，为修炼内丹，须用童男童女的心肝三十对，它们假借皇帝的名义，向邻近的百姓征集，百姓虽恨之入骨，却不敢违抗。

当该轮到一个叫张仲的人的儿子时，张仲因舍不得自己的独生子而找到了好友陈乙商量此事，陈乙也正好想找个机会辞掉自己的未婚穷女婿，商量之后，二人设计以陈婿代替张子应征。陈家小姐得知后令人放走未婚夫，被陈乙发现，并将他们一同交给老猿处置。这时候有个叫正一道人的人，奉了女娲氏的命令来消灭这只老猿，当梅山七怪的首领白猿亲眼看见自己的叔叔被杀时，便等待报仇的时机。

正一道人死后，奉元始天尊之命代理封神，便投生转世为姜子牙，辅助周室消灭商纣。当姜子牙率兵来到孟津时，被白猿得知，他以为报仇时机已到，便纠集其它六怪及千里眼和顺风耳等先后下了山。白猿化名袁洪任主帅并借千里眼和顺风耳的能力屡次识破周营的举动，杨戬到玉泉山的金霞洞问师父玉鼎真人后，才知猿妖等人的来历，回营后以相应的对策扰乱敌人的耳目，使千里眼和顺风耳失效，并在战斗中杀死了千里眼高明和顺风耳高觉，白猿气得想自杀，后遇猪精朱子真，于是纠集余孽，再图报复。杨戬从云中子处借来照妖镜带在身上，途中遇见猪精朱子真，朱子真一口将杨戬吞下误以为消灭了杨戬。朱子真回营后，袁洪等设宴庆功，忽然间朱子真腹中发出声响，才知杨戬没死，又没法把杨戬弄出来，杨戬令朱子真现出原形，杨戬又令朱子真走到周营，将猪精朱子真杀死，自己从猪颈中出来。接着，杨戬借女娲氏的圣灵杀死了牛精金大升、羊精杨显等。至此，袁洪见梅山七怪已有六人被杀，袁洪非常愤怒，欲与杨戬决一死战，因袁洪法力颇大，变化莫测，与杨戬难分上下，杨戬再次借女娲氏显圣，又赐杨戬山河社稷图悬在树上。顷刻间，崇山峻岭峦峰突起，曲折凹凸变幻无穷，袁洪被迫躲进山里，精疲力尽后，被杨戬抓获带回周营。姜子牙命令斩首，头落现出莲花，莲花又化成头，一而再，再而三，终不能斩死。姜子牙请出陆压道人所赐七宝飞刀，霞光起处，满天飞舞，袁洪终被杀死，至此梅山七怪全部被消灭，殷商即亡，姬周八百年的基业由此奠定。

梅山七怪的故事也是由此传开，至于真实的历史恐怕永远也无从考证了。

【片言碎语】梅山七怪：袁洪（猿猴），技能：八九玄功变法；常昊（长蛇），技能：可化青烟逃走，口吐毒雾；朱子真（野猪），技能：身后透出一口巨猪直接将敌人吞噬；杨显（山羊），技能:用白光把敌人罩住不能动；戴礼（山狗），技能:口吐红珠，百步伤人；金大升（野牛），技能：力大无穷，口吐牛黄烧人；吴龙（蜈蚣），技能：化青烟逃走,发出黑雾迷熏敌人。

神秘的大西国

几千年来，在美洲、非洲和欧洲的民间，广泛流传着一个古老的传说：相传在那非常遥远的古代，地球上有一块独特而神奇的大陆——大西洲。

在大西洲上，有一个历史悠久、具有高度发达文明的神奇古国——亚特兰蒂斯王国，即大西国。那里气候温和，土地肥沃，森林茂盛，风光绮丽，物产丰富，到处是一派繁荣的景象。在雄伟壮丽的古城里，宫殿厅堂林立，室宇栉比，建筑布局和谐，结构复杂。在墙壁上、天花板上绘有生动逼真的图画，雕镂和镶嵌工艺精细。那里居住着神秘的大西国人，他们通晓天文学、数学、水利灌溉以及冶金术，人们过着富裕欢乐的生活。那里是远古时代的“人间天堂”和“乐园”。

传说大西国人安居乐业几千年，后来军人篡夺政权，并企图征服地中海两岸。起初，他们动员了一支75万人的军队和战车，轻而易举地征服了除希腊以外的欧洲南部和除埃及以外的非洲北部，后来他们又进攻众神之王宙斯的领地——希腊，宙斯大怒，他放出雷电，顿时海啸汹涌，地震爆发，一夜之间，陆地沉没了，神秘的大西国从此消失了。

古希腊著名哲学家柏拉图曾在他的两篇对话录《泰密阿斯》和《克利斯提阿》中，比较详细地记载了关于亚特兰蒂斯的传说。亚特兰蒂斯一直是全世界历代许多学者普遍关注和高度重视的一大文明遗址。神秘的大西国究竟存不存在？在哪里？是外星人建立的还是地球人建立的？它怎么突然消失了？许多学者为此作了大量探测和研究。有的学者认为大西国位于现在的直布罗陀海峡以西的大西洋中，具体地点在亚速尔群岛和加那利群岛一带。加那利群岛上的人的语言是非洲柏培拉语系，而柏培拉语言就是传说中的大西国语言。在架设欧美海底电缆时，勘探人员在亚速尔群岛发现了一块海底高地，地质与周围有明显的不同，这个地方大约在 1.2 万年前是片陆地。

有的学者则认为大西国位于马尾藻海一带。马尾藻海的巴哈马群岛是古文明的热点，它恰恰在世界最神秘的百慕大魔鬼三角区。1968 年，美国范伦博士在巴哈马群岛的北比米尼岛附近发现了一座规模宏大的海底城墙，长达 1600 米，组成城墙的石头每块有 16 立方米大，还发现了码头。在比米尼岛海底发现了一座城市，那里有街道、车站、城墙、完整无缺的城门和残缺的建筑群。另一个考察组在巴哈马群岛的安德罗斯岛附近的海面下发现了一座非常古老的寺庙遗址，在比米尼岛北部西北端水下 5 米处发现了平坦的石头大平台，石头有的为长方形，有的为多边形，大小厚薄不一，肯定是加工过的。考察组掌握的地质资料表明：从尤卡坦半岛到安德列斯群岛，长约 3000 千米的这部分地区，在大约 1.2 万年以前曾发生过强烈地震，当时大部分土地沉入海底，变成了现在的群岛。

前几年，西方许多报刊报道，美、法等国一些科学家在百慕大三角区进行海底探测时，他们惊讶地发现：在那波涛汹涌的海面下，竟耸立着一座从来无人知晓的海底金字塔！这塔底边长 300 米，高 200

米，塔尖离海面约100米，比古埃及金字塔更高大、更古老。塔上有两个巨洞，海水以惊人的高速度从这两个巨洞中穿过，从而卷起狂澜，形成巨大漩涡，使这一带水域浪潮汹涌澎湃，海面雾气腾腾。西方有些学者认为，这座海底“金字塔”可能原本建造在陆地上。后来发生强烈地震，随着陆地沦为海洋，“金字塔”便沉到海底了。有些学者猜测，它可能是长期生活在海底的亚特兰蒂斯人建造的供应库；还有人怀疑海底“金字塔”可能是亚特兰蒂斯人专门保护圣地的一种具有“宇宙能”奇特性质和力量的能场，它能吸引和聚集宇宙射线、磁性振荡或其它未知的能波，其内部结构可能是一个微波谐振腔体，对放射性物质及其它某些能源有集聚的作用。海底“金字塔”真的具有这样神奇的作用吗？它真是远古时代亚特兰蒂斯人建造的吗？至今仍是无法肯定的一个谜。

现在多数学者认为大西洲的存在是肯定的，虽然还有许多不解之谜。那么大西洲是怎样消失的呢？科学家研究认为，远古时期地壳演变剧烈，升降频繁，在强大的挤压作用下，大西洲的大陆凹下，成为海洋。还有一些学者认为，1.2万年以前，大西洲发生了前所未有的大地震，火山爆发，滚滚的岩浆烧毁了一切，火山爆发又引发地震，使古大陆沉入海底。

【片言碎语】在昔日被人称为“海格力斯擎天柱”的直布罗陀海峡的海面上，即在西班牙和摩洛哥海岸之间，横展着一块陆地，叫做亚特兰蒂斯。它由一个大岛和一系列小岛组成。亚特兰蒂斯人把首都设在陆地的东南海岸波塞多尼亚，那里有为该国缔造者建立的寺院、王宫、壮丽的建筑物。

亚瑟王及其圆桌武士传说之谜

亚瑟王的传说是英国历史上最经久不衰的故事之一，谜一般的勇士亚瑟王在他的宫殿召集了圆桌武士，号召布灵顿人反抗盎格鲁、撒克逊人的入侵。

被誉为樱花之国的日本自古以来就极其崇尚武士道精神，其忠君、坚毅的主旨也正是大和民族生生不息的动力之源。古老的西方也曾流行着武士的传说，那便是亚瑟王和他的圆桌武士。在大多数人的心目中，亚瑟王及其所率领的圆桌武士便是一个充满罪恶的世界中的坚忍忠勇志士的代表，是维护文明、抵制蛮强入侵的英雄。

那么为何称其为圆桌武士呢？圆桌一词从何而来呢？圆桌就放置在亚瑟王宫廷正中央。它象征了蔓延到全国各地的荣耀和王权，和国王加冕时手握的宝球作用相同。但圆桌的含义要比很多宝球深远。圆桌在实际意义上象征的是友爱与和谐。任何在圆桌周围坐着的武士都不会觉得地位比别人低，不会觉得委屈。圆桌是嫉妒、贪图权力与高位的解药，而中古时代战争与动乱正源于上述种种人类缺点。但是亚瑟王也规定，只有最杰出的“威猛无比、本事极大”的武士才能成为圆桌武士。

一位精通木工的专家认真检查了这张桌子。它大概是14世纪制成的。他的看法也得到了C_{14}年代测定法证实，断定圆桌用的大约是14世纪30年代所砍伐的树木制成。所以，如果这张桌子不是亚瑟王所制，又会是谁制这张桌子的呢?英王爱德华一世可能性最大，他当政年代是1272~1307年。

亚瑟王的传说与11~13世纪日趋形成的见义勇为和保卫宗教的理

想密切相关。每一个战士倘若要做成功的十字军士兵，倘若要追寻耶稣基督举行首次弥撒时所用的圣杯，都应该以亚瑟王的武力为效法对象。见义勇为的骑士精神到14世纪发展到极致。爱德华三世当时企图把法国征服，就像传说中亚瑟王要与罗马“独夫卢修斯”打仗一样。由于对骑士精神的崇尚，再加上亚瑟王的传说，设立一个新的武士精英组织的构想便在爱德华脑中形成。这个新组织以伦敦西边的温莎宫为活动中心。根据法国史学家让·福罗萨特记载，这是1344年4月23日圣乔治节，在一次盛大的马上比武庆典上宣布的。

不管亚瑟王及其武士是否曾经坐过这张圆桌。它的存在不再仅为单纯的家具之用，更成为亚瑟王及其武士忠勇坚毅的一种象征。真正的圆桌抑或早已灰飞烟灭，抑或至今尚存在某个不为人知的偏僻角落，而传奇的武士们则将千古留芳。

【片言碎语】历史学家克里斯·吉德洛说：“现存最早的对圆桌的描述显示，它根本就不是一个餐桌，而是可以同时容纳一千人的聚会场所。亚瑟王的主要战争之一是在一个叫做军团之城的城市进行的，而有过这一称号的地区只有两个，其中之一是圣奥尔本斯，另外一个的具体地址一直是未解之谜。”

特洛伊战争真的爆发过吗

在严肃的历史学家看来，到底有没有“特洛伊城”，究竟是否发生过一场“特洛伊战争”，这都值得怀疑。

古希腊盲诗人荷马身后留下两部史诗：《伊利亚特》和《奥德赛》。它们既是珍贵的史料，又是不可多得的文学精品。

达达尼尔海峡将希腊和土耳其分隔开来。在距此几英里之处，靠近亚洲的一面，耸立着一座小山，世人称之为希沙立克。根据希罗多德、色诺芬、普卢塔克以及希腊和罗马的其他一些古典作家的说法，这就是特洛伊的所在。这些古典的希腊人不能确定荷马是否真的到过特洛伊，但他们却坚信历史上真的发生过荷马所描述的战争，而且他们也毫不怀疑这场战争就发生在希沙立克及其附近。

那是一个人类很像神灵而神灵身上又表现了太多人性的时代，特洛伊就是人和神之中的最伟大者交锋的场所。它目睹了太多变故：特洛伊的国王普里阿摩斯之子帕里斯，绑架了世界上最美的女人海伦，并从希腊将她带往这里；为了夺回海伦，希腊国王阿伽门农率领他的军队来到这里；也正是在这里，希腊最伟大的战士阿喀琉斯，杀死了帕里斯的哥哥赫克托耳。在《伊利亚特》的最后一幕，普里阿摩斯会见了阿喀琉斯，谈判归还他儿子的尸体及达成了在希腊人和特洛伊人之间的停战等事宜。

但是，正如《奥德赛》的读者们所知，故事并没有就此结束。帕里斯给了阿喀琉斯的脚踵致命的一击，为他哥哥报了仇。而希腊人则借助于一只巨大的木马，潜入特洛伊城内并最终摧毁了它。特洛伊的黄金时代就这样结束了，之后不久，希腊的黄金时代也告终结。

然而，从 18 世纪开始，学者们对此提出了质疑。许多人怀疑在特洛伊是否曾发生过战争，更不用说荷马的史诗中所描绘的不朽的战争了。一些人甚至怀疑荷马的存在，至少怀疑荷马作为一个单独的个人而非一系列诗人的存在。他们注意到，在荷马和希罗多德之间毕竟隔了数百年，而在诗人和所谓的黄金时代之间又隔了数百年。

然而还是有人相信特洛伊的存在，这其中包括弗兰克·卡尔弗特——美国驻这一地区的领事、业余考古学家。1868 年，卡尔弗特邀请海因里希·谢里曼，一位来访的德国百万富翁，他对荷马十分着迷，他们共进晚餐。谢里曼也开始相信希沙立克就是特洛伊。与卡尔弗特不同的是，谢里曼有足够的钱，可以开展行动。到了 1873 年 5 月，谢里曼发现了珍宝，它们全是些做工精湛的金银器物，其中有两只用成千上万条纤细的金线织就的金冠、60 对金耳环和 8750 只金戒指。谢里曼认为，这肯定是国王普里阿摩斯的珠宝，其中也有属于海伦的部分。他后来推论说，当希腊人洗劫特洛伊时，一名王室成员捡到了一只珠宝箱。后来箱子和特洛伊都被付之一炬，这位不幸的特洛伊人被埋在废墟之中。谢里曼猜测，在珠宝附近发现的一把银钥匙可能就是用来开启珠宝箱的。

具有讽刺意味的是，后来的考古学家们经研究发现，荷马的特洛伊城的建立在时间上比谢里曼发现珠宝的小城要晚几个世纪，因此这些珠宝不可能是普里阿摩斯或《伊利亚特》中的任何人的。更糟的是，这意味着谢里曼因急于到达小山的底部而挖通了荷马的特洛伊。这样一来，他无疑破坏了他热切地希望找到的城市的一些遗址。

谢里曼死后将其未竟事业留给了威廉·德普费尔德，威廉·德普费尔德一度做过他的助手。他沿着原来发现的城市遗址向西、向南继续挖掘。1893 年和 1894 年，他发现了更多的大房屋、一座瞭望塔、约 300 米长的城墙，还有迈锡尼时代很多陶器。

德普费尔德就此认为，这就是荷马的特洛伊。事实上，他所发现的瞭望塔和高大的房子、宽阔的街道等比谢里曼发现的任何建筑都更符合诗人的描绘。德普费尔德分析了希沙立克之下的这些沉积物，认为谢里曼发现的小城是希沙立克的第二座建筑，建于公元前2500年。而他本人发现的特洛伊则是这里的第六座城市，建于公元前1500~前1000年。这种推断虽不准确，却使德普费尔德的发现非常接近于关于特洛伊战争发生时间的传统看法——约公元前1200年，而这些使他更加确信自己发现的就是荷马的特洛伊。

德普费尔德的看法流行了大约40年，直到一支美国探险队在卡尔·布利根的带领下来到希沙立克进行发掘。布利根认为，第六座特洛伊的覆灭，不可能是希腊人的入侵造成的。城墙的一部分地基发生了偏移，而其他部分则似乎彻底倾坍了。布利根认为这种破坏不可能是人为的——即使是有神奇力量的人也无法做到这点。他将这归因于一场地震。

特洛伊战争

布利根认为，接下来在希沙立克出现的城市——从总体上看是第七座——才是荷马的特洛伊。

谢里曼、德普费尔德、布利根这三位考古学家都相信自己在希沙立克找到了荷马的特洛伊，虽然具体地点不同。

20世纪90年代中期，德国考古学家曼弗雷德·科夫曼又一次来到希沙立克。他运用了遥感技术，测定出德普费尔德、布利根所发现的城墙远早于先前认定的时间范围。与前人相比，科夫曼发现的特洛伊更可能是荷马的英雄们的城堡。科夫曼的分析还表明在公元前8世纪，特洛伊的城墙可能还屹立着，而荷马很可能在这一时期里到过那里。

然而，今天的大部分学者强调说，对于在希沙立克发现的赫梯的楔形文字泥板，可以有各种各样的解释。而这些泥板显然尚不足以证明曾有过普里阿摩斯或帕里斯这样的人物——更遑论赫克托耳、海伦、阿喀琉斯或阿伽门农了。

多数学者都承认，他们无法确定特洛伊战争是否真的发生过。《伊利亚特》和《奥德赛》是对失落已久的黄金时代的渴望和诗人的生动的想象的产物，当然不能被认为是可靠的历史叙述。但是，正如谢里曼指出的，在希沙立克和迈锡尼曾有过宏伟的城市，这一点已毋庸置疑。

【片言碎语】特洛伊和迈锡尼的居民之间，曾进行过交往和贸易，很可能在他们之间还发生过战争。至少在这一点上，谢里曼——以及荷马——是正确的。

罗马起源的传说

罗马文明和希腊文明一样，其丰厚的遗产滋养了无数文化艺术的发展、成长和壮大。罗马的艺术文化遗产让世人为之倾倒，罗马文明的真实情况到底是怎样的呢？谁能解开这个秘密呢？

提起罗马人们会就想到的“露天历史博物馆”，还有文艺复兴时代的艺术宝库，古罗马那些歌颂权利和炫耀财富的大空间以及大量的公共建筑、祭神建筑和市政建筑等，同时也会想到与那些壮丽恢弘的建筑关系密切的雕塑。罗马城最为著名的艺术雕刻是作为罗马城象征的雕塑——母狼哺婴像，不仅因为在它背后有一个动人的传说，还因为它传诵着罗马城神话般的起源。

当年迈锡尼王阿伽门农统率的希腊远征军，最终以“木马计”攻陷小亚细亚北部古城特洛伊城。该城的神话英雄爱神维纳斯之子伊利亚特带着父亲和一些幸存下来的士兵，乘船淘向茫茫大海。历经千难万险，终于来到意大利西海岸的拉齐奥地区。当逃亡的人看到台伯河畔美丽的风景时，决定在此休整。当地的土著居民，长期处于战神马尔斯之子福纳斯的统治之下。福纳斯与伊利亚特相处得非常融洽，将自己的千金许配给伊利亚特，还给他们一大块土地。伊利亚特带着士兵们动手建造了一座新城，取名阿尔巴·龙伽。

很多年过去后，阿尔巴·龙伽的老国王普罗卡病逝前，将王位传给长子侬多米尔。侬多米尔为人温和，治国有方，一时可谓国泰民安。不幸的是他的弟弟阿穆留斯生性残暴，野心勃勃，对哥哥当上国王耿耿于怀，伺机收买国王的亲兵首领，发动了宫廷政变，囚禁国王自己篡夺王位。篡夺成功后，国王的一儿一女又成为阿穆留斯的心头之患，他派人残忍的杀死自己的亲侄子，又逼迫侄女西尔维娅当女祭司，他认为祭祀不能结婚，无法生育，就不会留下威胁他的祸根。可是战神马尔斯非常同情西尔维娅的境遇，两人互生情愫，西尔维娅生下了一对孪生兄弟。阿穆留斯听说后，为斩草除根又派人抢走孩子，令一女仆把孩子扔到台伯河淹死。女仆提着装有孩子的篮子来到河边一个叫帕拉丁的山冈上，看到河水正在泛滥，天空乌云密布，似乎暴雨顷刻就要降临。女仆低头看看篮子中熟睡的孩子，实在不忍心扼杀无辜的生命。她见河边树丛较多，很多树枝低低的垂向水面，可以挂住篮子，就对监督她的阿穆留斯的亲兵说，她害怕这种天气，不敢再往前走了。那些亲兵心里也有些害怕，就命她赶快将孩子扔进河里。女仆乘机将篮子放到水中，并偷偷用树枝挂住。

河水很快消退下去。两个孩子醒来后饿得哇哇大哭。一只到河边喝水的母狼，听到哭声后迅速跑到篮子旁，一看到孩子顿时露出母性的温柔目光，小心翼翼地将孩子移到高处，用舌头舔干孩子的身体，然后用自己的奶水喂孩子。嗷嗷待哺的两个孩子拼命吸吮着狼奶。这一母狼哺乳人婴的奇景被牧羊人法乌斯看到，他待母狼喂饱孩子恋恋不舍地离开后，将孩子抱回家抚养。后来他和妻子分别给他们取名为罗姆洛和雷默斯。

兄弟俩长大后，仪表堂堂，经常行侠仗义。一次他们与另一群牧人发生冲突，弟弟雷默斯被对方抓送到一位老者处，老人觉得雷默斯面熟，就仔细询问他的家世，当他听说雷默斯在台伯河畔被母狼救起的经历后，顿时昏厥过去。原来这位老人就是被阿穆留斯囚禁后又逃出来的老国王依多米尔。兄弟俩知道了自己的身世，心中充满了仇恨，立即组织人马攻打阿尔巴·龙伽王宫，正在寻欢作乐的阿穆留斯被罗姆洛一剑刺死，背叛国王依多米尔的亲兵首领也被弟弟雷默斯杀死。兄弟俩杀死仇人帮助外公夺回王位后，决定在母狼哺育过他们的地方——帕拉丁山冈建造一座新的城市。后来兄弟俩在新城用谁的名字命名上争论不下，最终兄弟因此而反目。哥哥罗姆洛最后杀死弟弟雷默斯争得城市的最高统治权，并以自己的名字命名新城为“罗马”。据说，此事发生在公元前 753 年 4 月 21 日，罗马人将此日作为他们的开国纪念日。

考古学和历史学的研究表明，这种关于罗马城起源的说法并不太正确。罗马的真正起源应该大约在公元前 1000 年到公元前 800 年，属于印欧语系的拉丁人来到这里定居，他们在台伯河沿岸的七个山丘上建立村落聚居地，后来又联合附近几个山丘上的部落居民，逐渐发展成罗马城。

不论真实性如何，流传千百年的母狼哺婴与罗马建成浑然天成的传说，是那么曲折动人，充满人文色彩。人们宁愿相信罗马城的建造者就是传说母狼哺育过的婴儿，因为这赋予了罗马城无尽的神秘和鲜活的生命力。早在公元前 6 世纪，为纪念两个大难不死的罗马城建立者，人们又在母狼在腹下雕了两个正在吸吮的婴儿，母狼歪着头立在那里，耐心地等待两个孩子吃饱喝足。

作为罗马城徽的母狼哺婴像，保留了两个男孩在母狼腹下吃奶的形象，使得母狼那种一向被研究罗马历史和艺术的专家们视作“严峻而冷酷的形象”染上一些温情色彩。当然，这都只是传说中的故事。

它又有多少历史真实性？罗马城市的真实情况到底怎样呢？史学家已经争论了百余年之久，人们还是各执一词。

【片言碎语】 罗马城，古罗马帝国的发祥地和国都，欧洲最古老的城市在之一，位于台伯河下游的平原上。因城池建在七个山丘上，故有”七丘城”之称。

斯芬克斯之谜

“斯芬克斯之谜使我们顺从自然。当迷雾散去之后，我们会更加注意目前的需要。”索福克尔斯这样说。

斯芬克斯是希腊神话中一个长着狮子躯干、女人头面的有翼怪兽。它坐在忒拜城附近的悬崖上，向过路人出一个谜语：“什么东西早晨用四条腿走路，中午用两条腿走路，晚上用三条腿走路？”如果路人猜不出，就被害死。俄狄浦斯猜中了谜底是人，斯芬克斯羞惭跳崖而死。

在埃及，除了金字塔之外，最能作为埃及象征的就数守卫于三大金字塔之下的狮身人面像——斯芬克斯了。关于斯芬克斯的传说早已是家喻户晓，而有关狮身人面像的建造者究竟是谁一直是扑朔迷离。传统观点认为，狮身人面像是在4500年前由法老胡夫按自己的面貌所建，因为位于雕像两爪之间的石碑上就刻着这法老的名号。然而，同样根据石碑记载，大约在公元前1400左右，图坦莫斯王子曾在梦中受到胡尔·乌莫·乌哈特神所托，将它的雕像从黄沙中刨了出来。照此看来，此座雕像应该是胡尔神的神像。而另外一些传说中也提到，早在胡夫法老统治的时期，狮身人面像就已经存在了。

狮身人面像坐落在开罗西南的吉萨大金字塔近旁，是埃及著名古迹，与金字塔同为古埃及文明最有代表性的遗迹。像高 21 米，长 57 米，耳朵就有 2 米长。除了前伸达 15 米的狮爪是用大石块镶砌外，整座像是在一块含有贝壳之类杂质的巨石上雕成。面部是古埃及第四王朝法老胡夫的脸型。相传公元前 2611 年，胡夫到此巡视自己的陵墓——胡夫金字塔工程时，吩咐为自己雕凿石像。工匠别出心裁地雕凿了一头狮身，而以这位法老的面像作为狮子的头。在古埃及，狮子是力量的象征，狮身人面像实际上是古埃及法老的写照。雕像坐西向东，蹲伏在胡夫的陵墓旁。由于它状如希腊神话中的人面怪物斯芬克斯，西方人因此以“斯芬克斯”称呼它。

原来的狮身人面像头戴皇冠，额套圣蛇浮雕，颏留长须，脖围项圈。经过几千年来风吹雨打和沙土掩埋，皇冠、项圈不见踪影，圣蛇浮雕于 1818 年被英籍意大利人卡菲里亚在雕像下掘出，献给了英国大英博物馆。它的胡子也脱落得四分五裂，埃及博物馆存有两块，大英博物馆存有一块（现已归还埃及）。像的鼻部已缺损了一大块，据说是拿破仑士兵侵略埃及时打掉的。历经 4000 多年的狮身人面像，现已瘤疾缠身，千疮百孔，颈部、胸部腐蚀得尤其厉害。1981 年 10 月，石像左后腿塌方，形成一个 2 米宽 3 米长的大窟窿。1988 年 2 月，石像右肩上掉下两块巨石，其中一块重达 2000 公斤。

斯芬克斯像

学者们从各个方面对狮身人面像展开了研究。一位美国地质学家发现，从狮身人面像所受到的侵蚀表明，它的历史比人们想象中要长得多。法国学者更是指出，狮身人面像全身曾被大水淹没，只有头部露在外面。而根据气象学家对撒哈拉地区气候历史的研究，这么大的降水量只有1万年前才有。还有些研究者则发现，狮身人面像的尾部和主体修建的年代并不一样，可能胡夫法老只是对它进行了修整，而不是它的建造者。狮身人面像的真正建造时间大约在7000~9000多年前。当然也有人认为侵蚀狮身人面像的水分是由尼罗河蒸发而来的，假如这座雕像早就存在，为何在古埃及的典籍中没有提及呢？

数千年来，狮身人面像一直被沙掩埋至肩部，在撒哈拉沙漠的地平线上露出一个奇异的头颅，1817年，热那亚的探险家乔瓦尼·巴蒂斯塔·卡维利亚上尉带领160人想把石像挖出来，但沙子快速填回挖开的沙坑，这次近现代史上对斯芬克斯的首次挖掘失败了。直到上个世纪30年代末，埃及考古学家萨利姆·哈桑最终将巨像从黄沙中解放出来，当时《纽约时报》宣称："斯芬克斯终于从无法穿透的遗忘阴影中走出来，成为地标。"

【片言碎语】在这个象征着死亡和复活的神圣周期中，狮身人面像可能代表了很多东西：代表着死去的国王胡夫，代表着化身为太阳神的统治者，同时它还是阴间以及墓葬的守护者。一般认为埃及的狮身人面像就是源于斯芬克斯的传说。

玛雅文明消失之谜

印第安人曾有自己灿烂的文化，其中最先进的一支就是玛雅文化。现在人们再谈古代史，已有必要将玛雅与“四大文明古国”——埃及、印度、巴比伦、中国相提并论了。

古玛雅人居住在中美洲的尤卡坦半岛和危地马拉、洪都拉斯等地。大约公元前1000年他们已迈向农牧社会，公元3世纪进入鼎盛时期，人口达到1400多万。他们曾建设了100多座大大小小的城邦，具有相当先进的经济和统一的文化。公元前后就发明了数学上“0”的符号和类似二进制的算法。玛雅人还创立了日期为9天、260天、365天和819天的历法。其中“365天历法”表明玛雅人已测出一年是365.2420天，与现代人所知地球公转周期365.2422天相差无几。玛雅人还测出朔望月长度为29.5302天或29.5309天，与现代准确值29.5306天的误差仅有十万分之一。玛雅人还有自己的象形文字和穹形建筑艺术。有趣的是，与其他类型古代文明相比，玛雅人虽是最伟大的天文历算大师，却不会做乘除运算，也没有角、圆、旋转等任何几何图形概念；玛雅人虽然善于使用舟船和爬犁，却从未使用过轮车。这让许多专家困惑。

难道玛雅人自古以来就与世隔绝吗?此说难以置信。特别是近年来有人发现，我国彝族民间也有一种365天历法，以20天为一个月，18个月零5天为一年，酷似玛雅历法，这能说是巧合吗?也有人类学家从印第安人与东亚人在遗传学特征上相近出发，认为包括玛雅人在内的古印第安人是1.5万至2万年前，白令海峡仍为陆地覆盖之时，从亚洲大陆迁移到美洲的。这一点也可从我国西南的一些少数民族具有与印第安人酷似的风俗习惯得到旁证。但令人费解的是，我国东北、华东，东亚其他国家以及西伯利亚为什么没有留下人类迁徙的遗迹呢?为什么北美印第安人没有玛雅人的历法呢?

玛雅人是建筑方面的专家。他们建造了数以百计的庙宇金字塔和数以千计的较小建筑物，用以向众神礼拜或祭祀。此外还有巨大的宫殿、广场和供娱乐用的球场。目前至少有 80 个主要玛雅遗迹仍点缀着中美洲的风景，玛雅城邦留下了大量宏伟的石建筑、石廊柱、石碑、石拱、石梯道和金字塔庙宇遗址。

玛雅金字塔是平顶，埃及金字塔则是尖顶，至今无人可知这种建筑的全部密秘。玛雅文明中最典型的建筑物是庙宇金字塔，一般是用泥土堆成巨大的土丘，表面以石块垒成，四面陡峭，用石板或泥灰砌成梯道，在塔顶平台建有庙宇。在塔的阶梯、坛庙的门媚、石柱上均有精美的浮雕，其中哥班的一座金字塔梯级上雕有铭刻，被称为“象形文字阶梯”。玛雅人最大的坛庙高达 70 米，坛基分 3 层。奇钦·伊查金字塔则高 30 米，每边宽 55 米，四边都有 90 级梯道通向塔顶，北部梯道的底部雕以石雕羽蛇。玛雅金字塔与埃及金字塔相比具有不同的特点。

玛雅文明

玛雅人在木雕、壁画、陶器、纺织等方面也有杰出的创造。1946 年在墨西哥南部发现的“波南帕克壁画”，可以说是古代世界壁画艺术的珍贵宝藏。在高约 7 米，总长 16 米多的神庙中，分 3 个房间，每个房间的内壁上均绘有色彩斑斓的画面，其内容有贵族、仪仗队列、战争与凯旋、惩罚俘虏、交纳贡赋等场面，它大约是公元8世纪的作品，反映了玛雅社会的历史及风俗。这一壁画充分展示了玛雅人的艺术才赋。

玛雅文明昌盛了2000年，但到公元9世纪，它所属的各王国突然衰落下去，逐渐解体，数十座古老的城邦同时被废弃，逐渐为森林所淹没。关于玛雅文明中断的原因，至今仍莫衷一是。有人认为是玛雅人口的增长破坏了生态环境，导致它盛极而衰；有人认为是瘟疫毁灭了玛雅人；有人认为是内战或外族入侵导致文明毁于一旦。

总之，历史上曾存在过玛雅这一独特的文明类型，已是不争的史实，但是玛雅人来自何方，去因何故，却至今仍令专家们大惑不解。

【片言碎语】在美洲印第安人中，玛雅人以其聪明的才智创造了光辉灿烂的文化，对人类的社会生活作出了卓越的贡献，其文化之谜成为现代文明难以诠释的永恒艺术。

吴哥窟消失的文明

吴哥窟又称吴哥寺，位在柬埔寨西北方。原始的名字是VrahVishnulok，意思为“毗湿奴的神殿”。中国古籍称为“桑香佛舍”。它是吴哥古迹中保存得最完好的的庙宇，以建筑宏伟与浮雕细致闻名于世，也是世界上最大的庙宇。

在柬埔寨境内，有一片浓密的原始森林，那儿生活着许多珍奇的鸟和蝴蝶。1861年，法国生物学家亨利·穆奥踏上了这片土地，为的是捕捉一种珍稀的鸟类。想不到竟然发现了一座据说已经静静地沉睡了500多年的大古城。不敢相信这是人间建筑。

亨利·穆奥他沿着湄公河支流漂到了一个非常大的湖泊中，那就是闻名的洞里萨湖。

穆奥在洞里萨湖岸登陆，带着4名柬埔寨的随从人员，一边劈开热带灌木丛，一边向森林深处走去。可是4名随从走了一段路程之后，不再往里走了，他们向穆奥乞求道："老爷，您就饶恕我们吧，我们不能再往里走了。前面有很多魔鬼，魔鬼会使人迷失方向的。人迷失方向后，魔鬼就用热气把他杀死。因为这个原因，人们一直不敢进到森林里面来，原来居住在森林里的居民们也都搬走了。几百年来，森林里只有一座很大的古城，孤零零地耸立在那里。""什么古城？在这热带森林里难道还有城市吗？"穆奥惊奇地问道。"是的，听说森林里面是有一座很大的古城。"一个随从十分神秘地回答道。

穆奥这时产生了一种比捕捉珍鸟更为迫切的心情。他想：在这莽林之中怎么会有城市呢？如果这是事实的话，那真是轰动世界的大发现呀！穆奥为了证实这一事情的真伪，给了4个随从很多钱，又一起上路了。

森林里的白天也是很昏暗的，稍不注意就会被露出地面的树根绊倒。长臂猿和一些稀奇古怪的鸟儿发出种种的尖叫声，令人毛骨悚然。加上眼镜蛇随时都有出来伤人的危险，几个随从已经害怕到极点，一步也不肯往前挪动了。

"老爷，我们回去吧，你无论再给我们多少钱，我们也不走了。"随从们你一言我一语地发着牢骚。

穆奥又一次同随从们商量道："这样吧，你们再陪我一天吧，如果再没有什么发现的话，我也要返回了。"

穆奥一行自进入森林以来，已是第5天了。这天，正当他们因为一无所获准备败兴而归的时候，突然发现在不远的森林里显露出5座高大的石塔。

"啊！是塔！我看到塔了！"穆奥情不自禁地喊了起来。

只见那5座石塔在蓝天的映衬下格外清晰秀丽。中间那座最高的塔尖，在夕阳的照耀下金光闪闪。这就是著名的吴哥窟。吴哥窟是"首都的寺院"的意思。

吴哥窟

穆奥这时真不敢相信自己的眼睛了。4 个随从恐慌地跪在地下，不停地磕着头。穆奥暗暗地自问："这不是做梦吧？这不是幻境吧？"他怀着紧张而又兴奋的心情向吴哥窟走去。

"真了不起！真雄伟呀！在这茫茫的热带森林里竟然会有这样完好、高大的建筑，真是令人难以想象。"

穆奥怀着极大的兴趣和赞叹的心情，沿着刻有浮雕的阶梯，步履蹒跚地登上了中间那座石塔的顶部。这是一座 75 米高的石塔。

站在塔顶向远处眺望，几公里以外的林海波涛顿时展现在眼前。在那林海北面 1 公里远的地方，耸立着吴哥城以及许许多多高大优美的建筑。这些建筑在全世界也算是最大最美的建筑之一。真不敢相信这是人间的建筑。

穆奥不停地赞叹，这时他早已把捕捉珍鸟的事忘得一干二净了。他围着吴哥窟和吴哥城转来转去地欣赏着。

吴哥窟是在一块东西长 1040 米，南北宽 820 米的地基上建筑起来的。吴哥窟四周，挖了一条 200 米宽的环城沟。一条笔直的石铺大道，直通中间大殿。路面上还保留着古代战车的旧辙，说明这个地方过去是很热闹的。当时，这里很有可能是国王和贵族们坐着战车来到大殿前祈祷出师得胜或是报告胜利战果的地方。吴哥窟的建筑是以中间那座大殿为中心建造起来的，可以说是人类建筑史上规模最大，造型最美的建筑之一。所有的建筑物上都刻着仙女、大象以及佛像的浮雕。吴哥窟北面的吴哥城也很雄伟。宫殿、图书馆、浴场以及回廊上面全是浮雕，形象生动，姿态万千。穆奥仔细地欣赏着每一建筑，他用了 8 个小时，来回走了 16 公里，但连全部建筑的一半，甚至可以说连十分之一都没有看完。

真是奇迹。穆奥为了使人们尽快地知道他在森林里的伟大发现，匆匆忙忙地返回了法国。见人就大肆宣传他的发现，遗憾的是，却没有人相信他的话，穆奥到处受到人们的冷嘲热讽。数月之后，穆奥又一次到柬埔寨森林进行探险。可是在这次探险中他染上了疟疾，离开了人间。后来，有人相信了穆奥的话，来到柬埔寨的热带森林，证实了穆奥不是吹牛皮。

是谁，在什么时间，出于什么目的，建造了这么大的城市和寺院呢？据说 9 世纪初，柬埔寨人的祖先高棉族中的一人，从东南亚修行来到这里。后来，12 世纪到 13 世纪，吴哥窟周围挖掘了 12 公里长的环城沟，并且建造起有城郭的吴哥城。在城的东西两侧还挖掘了两个供农田灌溉用的蓄水池。东侧那个水池长 7 公里，宽 1.8 公里。西侧水池长 8 公里，宽 2.3 公里。这两个蓄水池在当时可以说是世界上最大的两个人工湖。

从吴哥城的规模可以估计出，这座古城最繁荣的时候，至少有 200 万居民。可是，为什么这样一个有雄伟的王宫和庄严的庙宇以及图书馆和蓄水池，有强大的军队和政权，繁荣昌盛的都城，竟然被丛生的莽草所淹没了呢？

有人猜测，是不是因为流行瘟疫或霍乱之类的疾病，使 200 万居民在不到一个月的时间里全部死去？另外也有人猜测，可能是发生了内战，市民们互相残杀，结果都死掉了，只留下这孤零零的建筑群耸立在这里。可是，如果说 200 万居民是同时死去的，这里应当留下很多骷髅和尸骨才对呀。此外，还有人这样猜测：说不定是外来的敌人攻占这座城后，将城里的所有市民赶到某一地方做奴隶去了。吴哥人到底因为什么不见了？一位研究柬埔寨古代历史的外国人有如下一些论断："亡国是由于奴隶们不断起来反抗所造成的。数万、数十万的高棉奴隶，为了满足国王的奢欲，忍饥挨饿，在采石场或在建筑城墙的工地上像牛马似地劳动，每天都有大批的奴隶死亡。有一天，奴隶中涌现出一个领头造反的领袖，他率领奴隶们起义了。他们杀死了奴隶主和狗腿子，把房子也烧了，将所有的贵族和他们的子女都杀死了，最后只剩下奴隶们了。后来奴隶们抛弃了这座城市，迁移到别的地方去了……"从此以后，这里杂草灌木丛生，再以后就变成茂密的热带森林，成了蝙蝠、眼镜蛇、猴子、豹等动物出没的地方。据说，吴哥窟在穆奥发现之前，已经静静地沉睡了500多年。

吴哥窟绝对是美丽的，当初为什么要放弃这个美丽的地方呢？这个谜至今没有人能解开。

【片言碎语】吴哥窟是东南亚主要的考古学遗址之一。占地面积400多平方公里，包括林地、吴哥窟遗址公园。这个公园有从9世纪到15世纪高棉王国各个首都的辉煌遗迹，吴哥窟是高棉古典建筑艺术的高峰，它结合了高棉寺庙建筑学的两个基本的布局：祭坛和回廊。祭坛由三层长方形有回廊环绕须弥台组成，一层比一层高，象征印度神话中位于世界中心的须弥山。在祭坛顶部矗立着按五点梅花式排列的五座宝塔，象征须弥山的五座山峰。寺庙外围环绕一道护城河，象征环绕须弥山的咸海。

楼兰古城之谜

楼兰，西域古国名，楼兰名称最早见于《史记》，曾经为丝绸之路必经之地，现只剩遗迹，地处新疆巴音郭楞蒙古自治州若羌县北境，罗布泊的西北角、孔雀河道南岸的7公里处。楼兰古城留给我们一个永久的不解之谜。

1900年3月，著名瑞典探险家斯文赫定带领一支探险队到新疆探险，他们在沙漠中艰难行进。我国维吾尔族人爱克迪在返回原路寻找丢失的铁斧，遇到了沙漠狂风，意外地发现沙子下面一座古代的城堡。他把这发现告诉了斯文赫定。第二年斯文赫定抵达这神秘城堡，发掘不少文物，经研究后断定，这座古城就是消失多时的古楼兰城。

楼兰城的再现，引得各国探险家争相前往探险觅宝。英籍匈牙利人斯坦因、美国人亨迁顿、日本人桔瑞超先后抵达这座“有高度文化的古城遗址”，掠走了一批重要文物。

楼兰城从沙丘下被人发现了，但一个更大的谜困惑着探险家们：繁华多时的楼兰城为什么销声匿迹，绿洲变成沙漠、戈壁，沙进城埋呢？

1878年，俄国探险家普尔热瓦尔斯基考察了罗布泊，发现中国地图上标出的罗布泊的位置是错误的，它不是在库鲁克塔格山南麓，而是在阿尔金山山麓。当年普尔热瓦尔斯基曾洗过澡的罗布泊湖水涟漪，野鸟成群，而今却成了一片荒漠、盐泽。也就是说，罗布泊是个移动性的湖泊，它实际的位置在地图位置以南2度纬度的地方。

普尔热瓦尔斯基部分解开了这个谜。1979年和1980年，新疆科学工作者对它进行了几次详细考察，终于揭开了这个被风沙湮没

1600多年的“沙中庞贝”之谜，使人看到了它的本来面目：

楼兰古城的确切地理位置在东经89°55′22″，北纬40°29′55″。它占地面积为10.8万多平方米。城东、城西残留的城墙，高约4米，宽约8米。城墙用黄土夯筑；居民区院墙，是将芦苇扎成束或把柳条编织起来，抹上的黏土。全是木造房屋，胡杨木的柱子，房屋的门、窗仍清晰可辨；城中心有唯一的土建筑，墙厚1.1米，残高2米，座北朝南，似为古楼兰统治者的住所；城东的土丘原是居民们拜佛的佛塔。

罗布泊怎会游移呢？科学家们认为，除了地壳活动的因素外，最大的原因是河床中堆积了大量的泥沙而造成的。塔里木河和孔雀河中的泥沙汇聚在罗布泊的河口，日久月长，泥沙越积越多，淤塞了河道，塔里木河和孔雀河便另觅新道，流向低洼处，形成新湖。而旧湖在炎热的气候中，逐渐蒸发，成为沙漠，水是楼兰城的万物生命之源。罗布泊湖水的北移，使楼兰城水原枯渴，树木枯死，市民皆弃城出走，留下死城一座，在肆虐的沙漠风暴中，楼兰终于被沙丘湮没了。

楼兰的消失跟人们破坏大自然的生态平衡也有关系。楼兰地处丝绸之路的要冲，汉、匈奴及其它游牧国家，经常在楼兰国土上挑起战争；为了本国的利益过度垦种，使水利设施、良好的植被受到严重破坏：公元3世纪后，流入罗布泊的塔里木河下游河床被风沙淤塞，在今尉犁东南改道南流，致使楼兰城郭岿然，人烟断绝、国久空旷，城皆荒芜。

【片言碎语】公元400年，高僧法显西行取经，途经此地，他在《佛国记》中说，此地已是“上无飞鸟，下无走兽，遍及望目，唯以死人枯骨为标识耳”。楼兰——这座丝绸之路上的重镇在辉煌了近500年后，逐渐没有了人烟，在历史舞台上无声无息地消失了。

权力围城的迷雾

查理大帝的加冕是出于偶然吗

查理大帝的加冕是出于偶然还是必然，是早有预谋还是顺理成章？一直以来是一个难解的谜。

法兰克王国是公元 5 世纪末到 10 世纪末由法兰克人在西欧建立的封建王国，在罗马帝国逐渐衰落的时候，法兰克人正逐步崛起。他们原来居住在莱茵河下游地区，属于日耳曼人的一支。486 年，一位叫克洛维的人率领军队把西罗马人赶出了高卢地区，以巴黎为首都，建立了墨洛温王朝。8 世纪前期，管理宫廷事务的权臣查理·马特逐步掌握了王国的实权。751 年，马特之子“矮子丕平”废掉墨洛温王朝国王，自立为帝，建立了加洛林王朝，但新王朝最强大的局面却是由丕平的儿子——查理大帝开创的。

查理生活的年代正是西欧封建化过程急剧进行的时候，查理所实行的政策措施客观上加速了这一进程，得到新兴封建地主阶层的拥护。查理是位好战的国王，为了建立一个强大的国家，他长年累月率军四处征战，使法兰克王国的版图不断扩张。经过 50 多次战争，查理使法兰克王国成为控制西欧大部分地区的大帝国：西临大西洋，东到多瑙河，北达北海，南至意大利中部，差不多囊括了昔日西罗马帝国的全部国土。

795年，罗马教皇阿德一世逝世，查理支持利奥三世当选为新的教皇，利奥三世为了答谢查理，在罗马为他大唱赞歌，从而引起了罗马贵族的不满。反对者冲进教皇官邸，逮捕了利奥三世，准备将他送进修道院受刑，扬言要刺瞎他的双眼，割掉他的舌头。利奥首先向拜占庭国王求救，却遭到了无情的拒绝。想法逃出监狱后他又向查理求援，查理亲自带兵护送利奥三世回罗马，用武力平息了这场纠纷。利奥三世对查理感激涕零，不惜抓住一切机会报答他。800年的圣诞节，罗马教皇利奥三世给查理加冕为“罗马人皇帝”，史称查理大帝。

查理大帝加冕

关于查理加冕称帝的问题，历史上存在着不同的说法，有人认为查理根本无意被加冕，那只是教皇一厢情愿的报恩行为。在《查理大帝传》中详细记述了加冕的全过程：800年12月25日，教皇召集了附近地区所有愿意参加弥撒的人们来到圣彼得大教堂，当晚一切显得格外隆重，教堂内灯火通明，音乐悠扬地回荡着。弥撒仪式开始了，查理望着基督像，全身心地沉浸在仪式的庄严之中。突然，教皇利奥三世大踏步地走到查理面前，将一顶西罗马皇帝的皇冠戴到他头上，并高声宣布：“上帝为查理加冕，这位伟大的带来和平的罗马皇帝，万寿无疆，永远胜利！”参加仪式的教徒也齐声高呼：“上帝以西罗马皇帝的金冠授予查理，查理就是伟大、和平的罗马皇帝和罗马教皇的保护人！”

教皇利奥三世本想用这样的方式给查理一个意外的惊喜，但他的做法并没有得到预期的效果，反而使查理感到突然和无所适从。查理觉得，“皇帝”这样的称号太令人反感了，自己并不需要被授予这些所谓的荣誉。他更担忧这个加冕背后的无穷隐患：拜占庭的罗马人对于他的皇帝称号肯定会万分仇恨，这甚至会对法兰克王国产生不可估量的后果。查理事后后悔地说：“如果知道教皇的策谋，就不会在那天去教堂，尽管那是一个伟大的节日。”

这是爱因哈德在自己的书中记录的情况，依此看，查理大帝是不愿意被加冕称帝的。很多学者采取这一说法，是因为爱因哈德从20岁起便被查理聘请到宫中掌管秘书，参与机要，一生中大部分时间都跟随在查理左右，深得查理的宠信，他的记载应该是比较可信的。

如果说爱因哈德说的是真的，查理不愿意称帝，除了顾忌拜占庭的罗马人的仇恨，还会不会有别的原因？普遍认为他忌讳的是教皇利奥三世。教皇主动给他加冕表面上看来是报恩，但同时也会趁机夺回一些权力。查理虽然是个纯粹的基督徒，但他也并不希望教会干预政权，为此，他曾刻意保持了“法兰克及伦巴德国家”的称号，当立他的儿子为王时，查理亲自主持了这一神圣仪式。

事实上，不管查理是否愿意罗马教皇为他加冕，他在实质上已经成为古罗马帝国的合法继承人和基督教世界的保护者，这次加冕是中世纪历史上的一件大事，影响极其深远，奠定了教廷和王廷对西欧进行双重统治的政治思想基础，开创了中世纪教皇为皇帝加冕的先例。它象征着皇帝的权力来自于上帝，受之于教皇，暗含着教皇权力依然高于皇帝的意思，为日后的教权与王权之争埋下了祸根。

【片言碎语】现代许多西方史学家对查理不愿意加冕称帝的说法表示怀疑，他们认为当时的查理拥有至高无上的权力，完全能够控制当时的局势。如果他不愿意，教皇利奥三世决不敢做出冒犯他的事情。

秦始皇铸造 12 金人的目的何在

秦始皇是中国历史上第一个封建制统一的王朝——秦王朝的开国皇帝。关于他的传奇故事在民间流传得甚为广泛。

在传说中，秦始皇既是一位功劳盖世的大英雄，是中华民族的骄傲，另一面他几乎又成了暴君、残忍的代名词。秦始皇为了永世享用他的征战功绩，做出了种种至今在世界上仍令人叹为观止的壮举，为世人留下了很多解不开的历史之谜，12 金人的铸造便是其中的一个。

在秦都咸阳，秦王宫阿房殿前，屹立着 12 个大铜人，因为铜是黄色的，所以又称作“金人”。他们身着外族服装，每个都非常巨大和沉重，很难运输，而且他们浑身雕有精细的花纹，且个个耀武扬威，精神抖擞，英勇无比，日夜守护着秦王宫殿。铜人造形之大，制作之精巧考究，为历史上所罕见。在这方面，有很多历史书籍记载。如据《史记·秦始皇本纪》记载：“二十六年……收天下兵，聚之咸阳，销锋铸鐻，以为金人十二，各重千石，置迁宫中。”贾谊的《过秦论》也有“销锋铸，以为金人十二”记录了 12 金人的故事。

令人奇怪的是，中国第一位皇帝秦始皇铸造这 12 个金人的目的是什么呢?为什么耗费巨资铸造这个笨重又没有实际作用的金人呢?围绕这个问题，存在两种主要说法。

秦始皇在统一全国后，秦王嬴政创立了“皇帝”的尊号，自称始皇帝。但由于吕不韦曾经专权的阴影和辛辛苦苦征战得来的皇位不易，为了实现自己当初“宣布子孙称二世、三世，以至万世，代代承袭”的宏伟愿望，所以他坐稳皇帝后始终在忧虑和思考如何确保长治久安，使江山传之万世的问题。而要坐稳天下，必须要解决的一个问题就是收缴和销毁流散民间的各种兵器，只有这样，才能防止别人的武力夺权。于是，他总是在寻找一个合理的借口，来收缴全国的兵器，机会终于来了。一天，在大臣们的陪同下，秦始皇正在观看舞灯笼和各种杂耍。正在看得高兴的时候，忽见一队杀气腾腾、手里拿着刀剑等兵器的武士上场表演。秦始皇看见后，又触动了自己长久以来的心病。这时候，恰巧临洮一个农民送来一条消息，说是见到 12 个巨人，而且他们当地还传唱着一道童谣："渠去一，显于金，百邪辟，百瑞生。"秦始皇听后龙颜大悦。于是他假托征兆，说这是顺应天意，下令收缴民间兵器，集中到大都咸阳，铸成 12 个铜人。实际上，秦始皇收兵器铸造铜人，完全是出于巩固自己皇位的考虑。

秦始皇 12 金人像

还有另外一个故事版本。有一天，秦始皇正在阿房宫中休息。突然，梦到天气大变，天空昏暗无光，并且伴有鬼神妖魔作怪，于是他非常惊恐害怕。正在他手足无措之际，忽然有一个白发苍苍、长髯飘飘的老道来到他的面前。这个老道精神矍铄，神采奕奕。他挥动着于中的指尘，指点迷津道："制十二金人，方可稳坐天下。"说完，随着眼前金光一闪，老道人便不见了。秦始皇也从梦中惊醒了。他梦醒后，宁可信其有，也不信其无，立即下令将全国的兵器收到咸阳，铸成了 12 个金人。

很多专家学者也曾指出，秦始皇一生非常相信方士道人的话，再加上建国之后的担忧心情，这种说法是可信的。但遗憾的是，今天我们是看不到这12个铜人的踪影了。那么，它们究竟到哪里去了呢?难道如此巨大的铜人会不翼而飞?目前，关于金人的下落问题存在着三种猜测：有人认为，当初楚霸王项羽攻克秦都咸阳后，曾经火烧阿房宫。在火烧阿房宫时，连同象征秦王朝永固的这12个金人也一起烧毁了。

还有一些历史学者指出，这12个金人是毁在董卓的手上。东汉末年，董卓率军攻入长安，将其中的10个金人销毁，并铸成铜钱，而剩下的两个被他下令迁到长安城清门里。到三国时期，魏明帝曹叡下令把这两个金人运到洛阳。当成千上百的工匠们运到溺城时，由于金人太沉，不得不放弃了这个巨大的工程，于是就停止了搬运。到了东晋十六国时，后赵的石季龙又把这两个金人运到了邺城。后来前秦的秦王苻坚统一北方，他又把这两个金人从邺城运回长安销毁。至那时，存在于世约600年的12个金人全部被销毁了。

另有一种说法是比较乐观的，他们根据史料记载认为，这12个金人并未被毁掉。因为12个金人是秦始皇生前的最喜爱之物，所以在秦始皇陵墓营造好后，这12个金人和其他精美的珍宝一起随着秦始皇的死去被当作随葬品葬于陵墓中了。

现在，由于一些技术等方面的原因，秦始皇陵墓的发掘工作暂时还不能开展，因此12金人的下落问题至今仍是一个未解之谜。也许到了我们的考古技术达到秦始皇陵墓开掘的那一天，这个历史上的未解之谜才有可能被解开。

【片言碎语】 司马迁在《史记·秦始皇本纪》中说，始皇二十六年，秦始皇为防六国遗民叛乱，命令军队收集天下的兵器，运到都城咸阳，令工匠销毁后铸成十二个金人，放在自己居住的咸阳宫中，以为这样便可以坐稳江山。司马迁所说的“金人”，就是铜人或铁人。

古罗马政治家苏拉退隐之谜

古代罗马著名的政治家、军事家苏拉在夺得最高权力后却又自愿放弃。他的突然引退，一直是千百年来人们感兴趣的问题。

谁不想拥有最高权力，谁不想处万人之上，君临天下？然而，古代罗马著名的政治家、军事家苏拉在夺得最高权力以后却又自愿放弃。他的突然引退，一直是千百年来人们感兴趣的问题。

苏拉公元前138年出生于古罗马的一个破落贵族家庭，他自幼喜爱文艺，善于交际。30岁之后，他时来运转，经济状况大为好转，战争中机缘巧合使其成为民族英雄，50岁时，他在元老院的支持下当选为执政官，后又经过与马略的两次斗争，终于建立了他的独裁统治。苏拉为了终身掌握国家的最高权力，不惜践踏民主传统，强奸民意，威慑元老院，最后终于取得终身独裁官职位，集军政财权于一身。苏拉为了确保自己的终身独裁统治，进行了种种“宪政改革”。他取消了民众大会的否决权，削减了保民官的权限，把自己的大量亲信安插在元老院。

可是，令人不解的是，苏拉在取得终身独裁统治权的第三年突然宣布辞职，最后竟以一个普通公民的身份到他的一座海滨别墅隐居。他曾经为争夺最高权力赴汤蹈火，甚至不惜以道德的堕落、国家的灾难和人民的生命为代价，而正当他的权势如日中天的时候，他却自愿放弃了这种最高权力，这是为什么呢？

至于引退的原因，苏拉本人没有说。据说，当他决定放弃他的权力时，曾在广场上发表过一次演说。他在演说中提出，如果有人质问他的话，他愿意说明辞职的原因，可是，在那种情况下，绝不会有人敢冒着生命危险去质问他。辞职以后，一个青年曾当面辱骂他，苏拉竟然默默忍受了这个青年的辱骂，但他说过这样一句话："这个青年将使以后任何一个掌握这个权力的人都不会放弃它了。"

由于苏拉本人并没有说明引退的原因，人们纷纷猜测。有人说他在三年独裁统治后还政于民是明智之举；有人说他是由于改革无望而激流勇退；有人说是他在满足权力欲望后厌倦战争、厌倦权力、厌倦罗马而向往田园生活；更有人认为是他患了严重的皮肤病，无法亲理朝政而无可奈何地放弃了政权。

虽然说人生的价值在于过程而不在于结果，虽然说要只问耕耘，不问收获，但苏拉由一个权力狂一下子转变为笑观花开花落的隐士，个中滋味只有他自己才能体会了。

【片言碎语】苏拉独裁是在罗马奴隶制城邦严重危机的情况下，元老贵族企图挽救其衰败命运而采取的个人军事专政。因苏拉独裁在共和体制规范内实施，目的在于恢复和巩固元老贵族的统治地位，所以其政策带有保守甚至反动的性质。苏拉依靠军队实行独裁统治，给予共和制沉重打击，为日后凯撒等人的独裁开了先河。

尼禄是火烧罗马城的凶手吗

发生在公元64年7月18日罗马城大火，其真正原因一直都是千古以来的历史疑案。然而大多数的人都相信，这是一场人为纵火的案件，而其中又因尼禄皇帝的暴行而成为最大的嫌疑者。

公元1世纪，古罗马曾十分繁荣，一度成为欧洲的政治、文化、经济、贸易中心。然而后来，这座繁华的城市竟在一场大火中变为废墟。这场大火究竟是怎么发生的，谁应该对这场大火负责呢？

大火是在公元64年7月18日烧起来的，起火地点是罗马城内的圆形竞技场附近。可怕的是当天有大风，火随风势迅速蔓延，一直持续了9天之久。这次大火烧毁了罗马城十四个区中的十个，可以说使整个罗马城毁于一旦。大火造成的财产损失也是空前的。很多宫殿、神庙和公共建筑物被烧毁，还有从战争中掠夺来的大量的金银财宝、艺术珍品以及不朽的古老文献原稿。这场浩劫是被记入历史的一场空前大灾难。

这场大火是怎么发生的，至今还没有一个定论。按照当时的说法，尼禄下令制造了这一起灾难。尼禄为什么会授意放火，历史上有两种说法，一是：尼禄对简陋的旧城感到厌倦，想建一座新城，于是烧了旧城；二是：尼禄为了一观火光冲天的景象，下令烧了罗马城。这两个理由听起来都很荒诞，但为什么有人认为是这两个原因呢？这两个原因成为纵火的理由对于别人来说或许显得荒诞了些，但对于尼禄好像就显得合理了。为什么这么说呢，来分析一下就知道了。

尼禄·克劳狄乌斯·德鲁苏斯生于公元37年12月15日，古罗马帝国皇帝，公元54年登基，关于他的传闻很多。他早期的统治是很仁慈的，罗马甚至处于鼎盛时期，但公元 59 年起他变得残暴，乱杀平民。尼禄幼年丧父，从小没有得到家庭的温暖，而他的母亲亚格里皮娜是个阴险多谋、酷好权势的女人，甚至在公元 54 年以残酷的手段毒死尼禄的继父克劳狄，让年仅 17 岁的尼禄登基，在这样的母亲教育和影响下成长的尼禄，其性格之怪异是可以想象的。年轻的尼禄登上王位后，开始担心 14 岁的异母兄弟布里坦尼克斯会要求得到其父的王位。于是，他在一次宫廷宴会上把毒药放进了布里坦尼克斯的酒中，毒死了自己这个 14 岁的兄弟。这是他的第一个杀人记录。尼禄同样没有放过自己的母亲，当时他的母亲要求分享他的权力，这使尼禄很恼怒，他想尽办法要除去自己的母亲。在一次宴请母亲后，送母亲的船在海上出了事故，尼禄在看母亲派信使送的信时，他在信里放了一把匕首，并以谋害为名处决了自己的母亲。尼禄的妻子们同样没有逃过尼禄的魔掌。尼禄的前两个妻子都是尼禄以不同的理由杀死的。这些都说明尼禄性情残暴，让人难以琢磨。所以他以何种理由烧罗马城都不足为奇。

还有一点能说明他是因为想建新宫殿而火烧罗马城的。在罗马城遭受重创后不久，尼禄在帕拉丁山下把自己的“黄金之屋”修建起来。这座“金屋”的陈设富丽堂皇，用了很多珠宝、黄金。整座建筑极尽奢华，尼禄还称赞说，这才像个人住的地方。另外，据记载，尼禄很想建一座以他名字命名的新首都。所以，火烧罗马城的理由是存在的。

另外，尼禄也有自己的另一面，从童年时代起，他对绘画、雕塑，尤其对音乐很感兴趣。他有很高的语言天分，他经常自己写诗，还经常举办一些类似于现在演唱会的聚会。他热爱艺术表演，甚至禁止竞技场的血腥表演。这样一位具有艺术家气质的君王在自我膨胀后，为了追求自己心目中的美好艺术，也出于对旧城的不满，放火烧城的可能性也是存在的。坚持这些观点的是古罗马史学家塔西佗。但是仅凭这些还不能断定火烧罗马的凶手是尼禄。前苏联学者科瓦略夫认为：根据民间传说，城市的被烧是出于尼禄的意思，他是想建一座新城。另一说法是，烧掉城市是为了让尼禄欣赏大火的情景，鼓励他去创造伟大的艺术作品。这些做法与事实不符，大火的发生是偶然的。特别要指出的是，火灾是 7 月中满月的日子开始的，而那样的日子里，它的美学效果并不怎么好。这就是科瓦略夫的观点，他只对后一种原因进行了解释，并没有给出前一原因的解释。

那么，说尼禄是纵火犯的这两个原因有什么漏洞呢？尼禄很爱财，他经常以莫须有的罪名掠夺他人的财产，而且他挥霍无度，可以说很缺钱。那么他为什么要火烧罗马城呢，这么大的损失，他愿意承受吗？想建新的就一定要把旧的毁掉吗？这些显然都不合理。

其实，在得知罗马城发生大火以后，尼禄采取了一系列的措施，阻止不良后果的发生，但是一切都无济于事，谣言还是到处散播，说是尼禄下令将罗马城烧毁的。更有好事者将事情描绘得惟妙惟肖，称亲眼看见尼禄穿着戏服唱着歌看着罗马城在大火中熊熊燃烧。尼禄在罗马城大火后，立即动手进行重建，这更加让人认为是尼禄一手导演了罗马城的大火。尼禄为了稳住民心，只能抓人顶罪，但是这种做法立刻引起了人民的不满，一时间怨声四起。之后，尼禄怀疑身边存在一个想谋害他的团体，于是开始大肆猜忌，最后残害了一大批人，也就是从那以后，尼禄的恶名开始广为流传。

【片言碎语】关于罗马城的被烧，人们更愿意理解为：一次偶然的失火，大火没有被及时扑灭，带来了巨大的损失，好事者编造谣言，诋毁统治者，企图制造混乱，从中渔利，于是历史上就留下了一个悬案，其实说白了那就是一起大的火灾而已，只是发生的时间和地点特殊了点，便给后世人留下了无尽的猜想。

彼得大帝的遗嘱到底是真是假

《彼得大帝统治欧洲的计划》亦称之为《彼得大帝遗嘱》，然而事实上到底有没有这份遗嘱呢?

1836年，法国一个名叫德奥的人出版了一本回忆录。在这本回忆录里，德奥首次披露了一份令世人震惊的《彼得大帝统治欧洲的计划》，因而引起轰动，回忆录立刻一售而空。

这份《计划》亦称之为《彼得大帝遗嘱》，其正文部分有14条。主要内容有：一、俄国长期保持战争状态；二、罗致各种人才；三、积极参与欧洲事务；四、瓜分波兰；五、征服瑞典；六、王室联姻；七、与英国结盟通商；八、沿黑海、波罗的海向南北扩张；九、挺进君士坦丁堡与印度；十、维护与奥地利的同盟关系；十一、挑动奥地利与欧洲各大国作战；十二、全面统治希腊；十三、利用法、奥中的一个制服另一个；十四、征服日耳曼和法国。

《遗嘱》暴露了沙俄妄想通过称霸欧洲进而满足征服世界的野心，涉及到欧洲十多个国家的安全。许多国家对此表示密切关注，《遗嘱》先后被译成多种文字出版。《遗嘱》的真实性如何?这是许多国家关注的热点。

德奥在回忆录中描述了他窃取《遗嘱》的详细经过。德奥是法国机要局成员，奉命打入俄国宫廷窃取情报。当时的俄国，由彼得一世的女儿彼得罗夫娜（即伊丽莎白）雄踞沙皇宝座。伊丽莎白是一个荒淫无耻的女人，她在宫廷里豢养了一批“面首”供她随时玩乐。德奥投其所好，成了一名走红的“面首”。德奥凭借这样的身份，不仅可以任意出入宫廷，还可以随便翻阅历代沙皇绝密档案，为他的情报工作提供了极大的方便。有一次，在圣彼得堡城郊的沙皇夏宫里，德奥在堆积如山的档案中意外地发现《彼得大帝统治欧洲的计划》。他阅读后，深知《计划》的价值，于是将全文完整抄录。1757 年，德奥将抄件全文呈递法国国王路易十五，引起法国政府的重视。

德奥的回忆并非杜撰，他确实奉命打入沙俄宫廷充当间谍，完全有可能获悉沙俄宫廷内部的绝密消息。更为重要的是，在德奥将《彼得大帝统治欧洲的计划》呈递法国国王 42 年后，流亡法国的波兰将军索科尔斯基向法国执政府提交了一份据称从沙俄档案中发现的《俄罗斯扩张计划概要》，内容竟与德奥的抄件相同。这么一来，《遗嘱》的真实性几乎不容人怀疑了。

但是，最有权威的前苏联历史专家说，《遗嘱》纯系伪造，断然否定它的存在，对于流传世间的种种传闻，表示不屑一谈，不值一驳。曾经关注过《遗嘱》的许多国家经过长年考证，亦认为《遗嘱》是伪造的。

据史料载，1724 年冬，沙皇彼得一世巡视芬兰湾后暴发肺炎，竟至一病不起。次年 1 月 7 日下午，彼得已处于弥留之际，他勉强写下了“将一切传给”几个字后便无法再提笔。彼得令唤公主，拟口授遗嘱。可是当公主来到榻前时，彼得已昏迷不醒，此后一言未发，直至 1 月 8 日凌晨死去。

实际上，彼得既没有留下书面遗嘱，也没有留下口头遗嘱，甚至连继位的遗嘱也未留下，所谓《彼得大帝遗嘱》有头有尾、有条不紊、读之成章、顺之成理，何来之有？

从《遗嘱》的发现经过看，高度机密的国家文件竟会夹在堆积如山的一般档案里，这是令人怀疑的。再则，依据德奥提供的线索，有关人员在沙俄档案中没有检索到所谓《遗嘱》原件。

从《遗嘱》内容本身看，全文的表述方式过于露骨，也是令人怀疑的。各国翻译的《遗嘱》文本，其内容虽大体相同，但文字与细节有较大出入。关于《遗嘱》的起草与修改时间，各种文本说法不一。

谁是《遗嘱》的杜撰者呢？专家们认为，只能是德奥本人。德奥出于邀功的目的，杜撰了《遗嘱》。流传于世以后，法国、波兰、土耳其等国的一些人可能又进行过加工和补充。至于波兰将军索科尔斯基发现的《俄罗斯扩张计划概要》，或许是与德奥不谋而合，或许另有幕后戏。专家们认为，《遗嘱》的文字虽然是杜撰，但内容完全可能是真情。

17 世纪的俄国是一个远离海洋的内陆国家。彼得代表了俄国农奴主和新兴商人的利益，要求夺取出海口，开辟新市场。彼得上台以后，立即着手制定了征服世界的蓝图。彼得发动了长达 21 年之久的北方大战，战胜了瑞典，夺取了波罗的海出海口。接着与波斯一决雌雄，获得里海沿岸一带。此外，又设法瓦解了波兰武装力量，两次对土耳其作战。1712 年，彼得下令将沙皇的宝座由莫斯科移至彼得堡，窥视整个欧洲。彼得还命令俄国海军总司令阿普拉克辛找到一条经北冰洋到中国和印度的航线。彼得的一生是穷兵黩武的一生，他尽毕生之力，终于使沙皇俄国从一个完全的陆地国家变成一个濒海帝国。

彼得大帝

彼得大帝如果在九泉之下有所知觉的话，能否为后代们解开这个秘密呢？然而彼得大帝已经故去，这个千古之谜恐怕永远无法解开了。

【片言碎语】说起彼得大帝，有人这样评价：“俄国的缔造是由于一个人的意志——彼得大帝的意志。生活在 19 世纪的革命导师马克思最为褒奖的 18 世纪的两个伟大帝主，一个是中国的康熙大帝，另一个俄国的彼得大帝。”后世人对彼得大帝有如此之高的评价，绝非虚言。

加尔各答黑洞事件之谜

加尔各答黑洞是座用来监禁英国俘虏的场所。1756年6月20日，监禁于此的英国俘虏很多人均窒息身亡，引起了国际争论，这件事到底是怎么回事呢？

1756年年4月8日，印度莫卧儿帝国孟加拉省纳瓦布 (太守) 阿拉尔瓦迪汗年迈病逝，死后无子。由其外孙西拉杰·乌德·道拉继任纳瓦布之职。道拉是个年仅20来岁的青年人，血气方刚。他对英国东印度公司商人在孟加拉境内滥发许可证，勾结贪官污吏和擅自在公司的总部加尔各答的威廉堡修筑工事、架设炮台等种种违法行径，深感不满。为维护其尊严和权力，打击周围的亲英势力，他决定先发制人，把一批英国商人驱逐出境。不仅如此，他还勒令英国人拆除设在加尔各答城内的防御工事，并交出受他们庇护的一些贪官污吏。

6月4日，他亲自率兵，占领科辛巴萨的英国商馆。翌日，又进军加尔各答。6月20日，兵临城下。加尔各答东印度公司负责人德雷克和威廉堡守军长官霍威尔稍作反抗后，即弃城投降。这样，道拉毫不费力地占领了加尔各答。一批英国生意人仓皇出逃，没来得及逃生的守军和英国人当了俘虏。当时道拉曾下令，在黎明到来之前，不得随意处置任何一个俘虏。然而，道拉手下怀有强烈民族感的印度士兵，将俘获的欧洲人，大部分是英国人，总共146人，一股脑儿地关进一间黑房子里 (只有一个小小的窗户)，待到翌晨6点钟房门被打开时，发现123人已窒息而死，仅23幸免。

这就是一些英国资产阶级史学家在他们撰写的印度史中大肆渲染的所谓加尔各答“黑洞悲剧”的简况。

可是，也有些英国学者持不同看法。例如，英国著名的史学家珀西瓦·斯皮尔，在其所著《牛津印度现代史（1740~1975）》一书中，就表示了不同的看法。他认为，“黑洞”事件未必可信，更不应将此事的责任归咎于纳瓦布道拉一人。因为全部事实的经过，只是根据当事人霍威尔一人之说。同样，许多印度史学家对这一传说也提出质疑。他们承认当时加尔各答的局势是非常复杂的，一些英国人在混乱中被打死也是完全有可能的。但这一批人到底是怎样死掉的，谁也说不清楚，于是，后来就流传了“他们被杀死在黑洞里”的说法。

英国历史学家一般的看法是，死于“黑洞悲剧”的总人数是123人。这一说法，主要依据霍威尔的口述，并无确凿证明。印度和巴基斯坦的一些史家，在他们的史学著述中，都表示不同意这种说法。例如，50年代出版的，由辛哈和班纳吉两人合著的《印度通史》一书中说，一般认为“黑洞”的说法有它错综复杂的地方，很难和事实一致。他俩的看法是，事发的那天晚上不可能有多到146个欧洲人留在加尔各答。“真正的人数大概只有60人”。后来之所以夸大到死了123人，很可能是出自那位“爱好虚荣的霍威尔”想以此来表现自己。

巴基斯坦学者拉希姆等人写的《巴基斯坦简史》中在提及这一事件时说：“按照德雷克的说法，总数为39人，其中16人在夜间死去。”不管是60人也好，16人也罢，他们究竟是如何死去的实在难以断定。由于当时加尔各答局势混乱，没有确凿可信的证据来说明究竟有多少英国人被俘和死掉。人所共知，其时适逢英法七年战争爆发之际。一方面，英国人耀武扬威，蠢蠢欲动，准备与法国殖民者争夺南印度霸权；另一方面，孟加拉人对“生意人”的横行霸道和巧取豪夺，深恶痛绝，所以当纳瓦布道拉率军攻打加尔各答城内威廉堡时，英国人肯定是孤立无援的。在混战中，死掉一些人，也是完全有可能的，霍威尔绘声绘色地夸大其词，只不过是想唆使英国人反对纳瓦布政府、后来这一传说就为英国一些史家所沿用，至于霍威尔本人却“因祸得福”，在死里逃生后，一度擢升为孟加拉省督。

黑洞事件中另一矛盾的地方是；这间黑牢（一度用作过军事监牢）

到底有多大，致使一夜之间在146人中竟有123人窒息而死。较多的说法是，这146人被关在一间20平方英尺的房间内，四周漆黑，只有一扇小窗供通气、所以到第二天一早闷死这么多人、根据印度学者巴哈塔查利亚著的《印度历史词典》中关于“黑洞事件”条目的释文，这间黑洞长18英尺，宽14英尺1英寸。然而。据印度文献目录学家夏尔马所编《印度争取自由斗争百科词典》的有关黑洞条目的论述，它仅仅18平方英尺大。如果真是如此，那是绝不可能容纳下这么多人的。由此可见，霍威尔的口述言过其实，令人难以置信。很显然，霍威尔的说法是别有用心的。英国人果真采取了报复手段，一度重新夺回加尔各答。

加尔各答城市

大约离黑洞事件发生一年时间，也就是在1757年6月23日，在孟加拉发生了著名的普拉西战役。当时英国殖民者克莱武率领3000名英印士兵，与纳瓦布5万大军在离加尔各答83公里的普拉西地方，两军对峙，双方决战结果，克莱武竟然以少胜多，一举打败了纳瓦布的大军。其实这并非出自克莱武的军事天赋，而是纳瓦布道拉的陆军总司令被英人收买，他在战场上按兵不动，倒戈所致。普拉西战役是印度沦为英国殖民地的开端。此战之后，不列颠人带给印度的灾难是远非黑洞悲剧中英国人所遭受的生命损失能相提并论的。它是属于另一种性质的，在程度上不知要深重多少倍。至于黑洞事件中究竟死了多少英国人，至今也还是一个疑团。

【片言碎语】英国著名的史学家珀西瓦·斯皮尔认为，“黑洞”事件未必可信，更不应将此事的责任归咎于纳瓦布道拉一人。因为全部事实的经过，只是根据当人霍威尔一人之说。同样，许多印度史学家对这一传说也提出质疑。他们承认当时加尔各答的局势是非常复杂的，一些英国人在混乱中被打死也是完全有可能的。但这一批人到底是怎样死掉的，谁也说不清楚，于是，后来就流传了“他们被杀死在黑洞里”的说法。

华盛顿为何不竞选第三任总统

乔治·华盛顿是美国首任总统，美国独立战争大陆军总司令。1789 年，当选为美国第一任总统，1793 年连任，在两届任期结束后，他自愿放弃权力不再连任，隐退于弗农山庄园。华盛顿被尊称为美国国父，学者们则将他和亚伯拉罕·林肯并列为美国历史上最伟大的总统。

在美国历史上，华盛顿绝对是一位重量级人物，作为美国的开国元勋，是他领导美国人民进行了艰苦的独立战争，从而彻底摆脱了英国殖民者的统治，使美国走上了自由之路。而且在战后，他组建了第一个合众国政府，确立了国家信誉，为美国的国家形态奠定了基本的结构形式。同时，他还很注重国家经济发展，促进了海上贸易的繁荣，制定了影响深远的土地政策。这一切，足以使他终生受到美国人的爱戴。

但是，在他第二次担任总统任期即将结束时，很多人准备再次推举他继续担任美国总统，并且当时的宪法上对总统连任也没有任何限制。可是，华盛顿毅然谢绝竞选第三任总统，并在 1796 年 9 月发表了著名的《告别词》，说服国会，让他卸任回家养老。

对于华盛顿这一出人意料举动的真实原因，许多历史学家已经进行了长期的探讨和研究，但是一直没有一个定论。而华盛顿本人不管是在当时，还是在回到家乡后，都没有公开表示过他拒绝连任的真实原因。尽管如此，历史学家们还是根据华盛顿的生平经历进行了大胆的猜测，以探究华盛顿拒任的原委。

有些历史学家认为，华盛顿主要是担心自己会卷入激烈的党派斗争中去，因而不想继续从政。当时美国历史上第一次出现了激烈的党派斗争，华盛顿本人也觉察到了选民中间日益增长的党派情绪，因此在其告别演说中，语重心长地呼吁团结，反对党派斗争，反对其他分裂势力。不幸的是，在党派斗争中他虽然长期保持中立，但在第二任总统后期，他失去了非党派的立场，成为了一个联邦党人。在这种形势下，他中断自己的从政生涯看来是一个开明政治家的最好选择了。

华盛顿像

另一些历史学家认为，舆论的攻击对华盛顿作出拒绝连任第三任总统的决定产生了主要影响。英国一位历史学家说："由于想要空闲，由于感到体力衰退和受到反对派的谩骂而气馁，华盛顿拒绝接受要他担任第三任总统的要求。"

美国许多历史和政治学家看法也大致相同。随着党派斗争的加剧，舆论界的斗争也愈演愈烈。在两派报刊互相攻击的同时，华盛顿在他第二任总统期间，也受到反对派无情的攻击。这种攻击如此激烈，以致弄得他焦头烂额，十分难受。他被指责为"伪君子"、"恺撒"，说他藐视公众。当他提出不连任第三任总统时，许多杂志在其头版头条中还把他的举动称为"恶毒的谎言"。费城的《曙光报》在华盛顿告退的次日宣称："这一天应成为合众国的纪念日……因为，原是我国一切灾难根源的那个人，今天已降到与他同胞们的平等地位。"

华盛顿在1797年3月2日的日记中写道："我现在把自己比作要寻找一个休息之处，并正在曲身倚伏其上的疲惫旅客。但是，人们听任你安安静静地这样工作，这未免太过分了，不是某些人能够忍受的。"

其实，上面两种意见是有着密切关系的，但究竟是哪一种在华盛顿的思想深处占主导地位，并产生了决定性影响，人们无法知道。除此之外，还有没有更深一步的原因促使华盛顿不想再继续担任总统，比如说华盛顿本人是否对权力的欲望开始淡薄，或者是身体的原因，现在也还是一个正在进行讨论的问题。

不管怎么样，华盛顿不顾公众的压力，坚决拒绝连任第三任国家总统，从而创立了美国总统两任传统的举动，是有深远影响和意义的。在当时，美国宪法还没有对总统连任作出规定。华盛顿创立的这一传统一直延续到罗斯福当选第三任总统为止。1947年国会鉴于总统权力不断扩大和有可能形成终身制的趋势，才制定了第二十二条宪法修正案，即"任何人不得任总统之职两届以上"，该修正案于1951年正式批准实行，从而又恢复了华盛顿创立的传统。

在退休不到三年后的一天，华盛顿由于偶感风寒，最后病情转重，可能是当时医疗技术的低下和医生的误诊，最后不治身亡。这位美国的国父虽然去世了，但他为美国留下的许多精神财富却永远留在了世世代代人民的心中。当他拒绝竞选第三任总统时，他是否会想到他的这一行为给美国政治带来的巨大影响呢？

也许这个美好的历史之谜并不需要我们想方设法地去解开，记住华盛顿的名字就够了。

【片言碎语】华盛顿1786年写给友人的信：在我看来，联邦只是个有名无实的空架子，而在其名下的议会亦是徒有其名，其政策措施多不被人们所关注、执行。我梦想要联合成一个国家，但我们又不愿给这个国家的管理者足够的权力去管理国家事务，岂不怪哉？

营救尼古拉二世为何失败

从1917年3月21日正式逮捕沙皇尼古拉二世到1918年7月16日将他处死，其间整整经历了16个月。在此期间，从俄国的保皇分子到临时政府的头面人物，以及一些外国使节一直在想方设法营救尼古拉二世，但是却一直未能成功。

俄国二月革命胜利后，彼得格勒苏维埃和临时政府将罗曼诺夫王朝末代沙皇尼古拉二世全家幽禁在彼得格勒附近的皇村的亚历山大罗夫宫中。8月14日，根据临时政府的命令，尼古拉二世和他的眷属起程前往西伯利亚额尔齐斯河畔的托博尔斯克，负责押送的是由科贝林斯基率领的一支卫队。26日，沙皇一家住进了博尔斯克城内的前省长官邸。不久，临时政府委派的全权代表潘克拉托夫到达该城。十月革命胜利后，逊位沙皇照旧待在那里，处境没什么变化。1918年4月，手持全俄苏维埃执行委员会主席斯维尔德洛夫签署的委任状的全权代表雅科夫列夫来到托博尔斯克接管看守任务，并且马上把尼古拉二世一家移到乌拉尔的叶卡捷琳堡，关押在商人伊帕季耶夫的私人邸宅中。7月16日深夜，乌拉尔州肃反委员会成员尤罗夫斯基奉命将末代沙皇尼古拉·亚历山德罗维奇·罗曼诺夫及其妻子、五个儿女还有四个仆役全部枪杀在监所。

有材料证明，就在沙皇刚刚被捕之际，临时政府的司法部长、负责领导警卫沙皇工作的克伦斯基便开始同英国大使布坎南进行秘密接触，传闻他们已经商定将尼古拉二世送到摩尔曼斯克搭乘英国军舰出国。后来又是克伦斯基作主将尼古拉二世转移到托博尔斯克的，有人认为把沙皇从这里送到境外不那么惹人注目。十月革命胜利后，克伦斯基一伙作鸟兽散，官方出面搭救尼古拉二世终成泡影。但民间保皇分子的营救活动却更为活跃。

早在沙皇身陷囹圄之初，就有一个名叫马尔科夫的人网罗人马，策划闯入皇村劫狱救驾。转移到托博尔斯克以后，当地大主教格尔莫根与陆续尾随而来的前宫廷人员、军官及一些外国人策划新的阴谋，据说一直停泊在城外河中的“圣玛丽亚号”帆船就是供沙皇出逃乘坐的。但是未等河面解冻，沙皇就被押送到叶卡捷琳堡去了。然而有材料显示，就在这次非同一般的旅途中，不是别人而正是苏维埃全权代表雅科夫列夫本人试图调转火车行驶方向，将沙皇送到远东再行出国。可是被人发觉，据说还是斯维尔德洛夫亲自打电话命令他返回叶卡捷琳堡的。还有人考证出这位苏维埃全权代表原来是德国间谍，不过事后雅科夫列夫并未受任何处分，后来他投奔叛军高尔察克，却又被当作红军间谍处决了，内情从此无从知晓。尼古拉二世被押到叶卡捷琳堡以后，叛军集中兵力围攻该城，当地苏维埃抢在叛乱者救出“皇上”之前执行了死刑。营救逊位沙皇的行动就这样无果而终。

为什么一次又一次的营救计划全都落空了呢？苏联以往的文献一般强调俄国人民的革命觉悟和果断行动起了决定作用。他们指出，临时政府就是在人民得知消息后群情激愤的情况下放弃送尼古拉二世经摩尔曼斯克出国的计划的。在托博尔斯克，看守的士兵自觉地加强了戒备，后来他们怀疑潘克拉托夫勾结阴谋者，便主动撤了他的职。在情况紧急时，鄂木斯克一支武装赤卫队赶到了托博尔斯克，对此，参加营救活动的前宫廷法语教师、瑞士人日里亚尔叹息不已：“我们的营救希望，看来要成为泡影了。”《尼古拉二世评传》的作者卡斯维诺夫充分肯定群众在挫败阴谋中所起的作用，他写道：“如果没有他们的警惕性和决心，罗曼诺夫一家肯定逃之夭夭了。”这么说是不是在整个监禁期间完全没有半点营救的希望呢？不是这样。由于当时俄国政局极其混乱，看守卫队几经更换，而长期负责警卫的科贝林斯基和潘克拉托夫对沙皇一家十分同情，只要有人活动，他们很可能会卷入营救行动。即使在苏维埃政权建立后，监禁也相当松弛，乌拉尔苏维埃认为1918年春尼古拉二世实际上处于“没有监视”的状态。可是16个月的时光一晃就过去了。如果不把雅科夫列夫那次真伪难辨的“营救”算在内，那么连一次尝试性的营救行动也没有。这又是为什么呢？

很多人把失败的原因归结为阴谋分子的涣散、怯懦与自私，他们内部也是以这类罪名互相攻讦的。比如英国首相劳合·乔治说：“罗曼诺夫一家的死亡是由于临时政府软弱造成的。”克伦斯基则反唇相讥，指责英国人出尔反尔，迟迟不派军舰来，并有意走漏风声，引起苏维埃和俄国民众出来阻拦。

尼古拉二世全家

可见，双方都不愿为营救尼古拉二世承担风险。除了慑于民众的反对以外，肯定还各有盘算，只是不知道到底是什么罢了。

民间保皇分子可以说没有政府那种顾忌。他们又是在什么地方失算的呢？很多人都认为占多数的阴谋分子是投机分子，主要是借救驾一事捞取名利，所以不敢冒风险，结果一事无成。可是事实上也有不少死心塌地的保皇派，比如许多人不惜花费重金，甚至冒生命危险千里迢迢尾随沙皇来到托博尔斯克，最后却毫无动静，个中缘由，显然有待人们彻底揭开。

于是有人认为症结在囚犯本身，责怪尼古拉二世优柔寡断，态度消极，怕冒风险。甚至说他关在皇村时就曾给劫狱的马尔科夫传过话，要他暂缓行动。沙皇想由政府安排出国，因为那样既体面又安全。后来他一直坚持要选择绝对稳妥可靠的方案。但此种说法亦缺乏证据，尼古拉二世在监所无事可干，成天写日记，可就是从中找不到与“营救者”进行联络接触的蛛丝马迹。

尼古拉二世最终还是死在枪口下，营救活动也就成了历史陈案，成了人们酒后饭余的话题，也成了感伤的文艺题材，但是其中一系列令人疑惑的不解之处，也就不得而知了。

【片言碎语】 尼古拉二世在位时间为1894~1917年。他对内镇压，对外扩张。却一事无成。1905年旅顺被日本攻克之后，首都发生流血星期事件，引发了1905年革命。由于斯托雷平改革而暂时渡过难关，但是又陷入更复杂的巴尔干问题。俄国军队在一战前线损兵折将的消息彻底摧毁了皇帝在俄国百姓心中保持了几百年的“小父亲”形象。

列宁遇刺之谜

如今俄罗斯绝大多数历史研究学家认为，卡普兰就是刺杀列宁的真凶，是右翼社会革命党委派的恐怖分子。但是，也有一些学者提出了相反的意见，究竟又是怎么回事呢？

1918年8月30日，列宁在做完演讲后离开位于莫斯科大谢尔普霍夫卡大街上的米海利松工厂，他穿过人群，走向自己的汽车，工人和水兵们簇拥着领袖，高声叫喊着，大家都沉浸在喜悦之中。突然，响起一阵枪声，列宁捂着胸口倒下了！愤怒的工人和水兵们冲上前，将一个女人打倒在地，这个女人就是臭名昭著的芬妮·卡普兰。这是我们许多人所熟悉的一幕，卡普兰也因为谋杀列宁而很快被处决。

然而，俄《共青团真理报》报道称，当时的情形并非这样。当晚

11时左右，列宁来到大街上，暮色已经很深，周围一片嘈杂声，因此，枪响的时候根本没人听见，只是当列宁倒下时，人群才一下子被恐惧所凝固。片刻之后，人们开始四处逃散，只有一个人十分沉着冷静——苏维埃步兵师政治委员助理巴图林。巴图林环顾四周，发现不远处的一棵树下独自站着一个妇女，只见她一只手拿着个破皮包，另一只手攥着把雨伞。巴图林走过去，搜了搜她的身，这个女人没有反抗。他在这个女人身上没有找到任何可疑的东西，但他最后还是问了句："您为什么向列宁同志开枪？"这个女人没有否认，准确地说，她是没有任何表示。这个女人就是芬妮·卡普兰。事发后，司机希尔把列宁抱上车，向克里姆林宫疾驰而去。医生诊断后发现，子弹击中列宁的颈部，没有生命危险。但稍后，治疗医生奥布赫写道："子弹若是偏离1毫米，弗拉基米尔·伊里奇肯定就没命了。"

打得真准！然而，档案资料显示，开枪的卡普兰几乎是个瞎子。正是这一点让许多历史学家对案件的真相产生了怀疑。列宁遇刺案疑点重重，女刺客在被捕后迅速遭枪决。

俄罗斯绝大多数历史研究学家认为，卡普兰就是刺杀列宁的真凶，是右翼社会革命党委派的恐怖分子。但是，也有一些学者提出了相反的意见，根据他们掌握的历史资料和有效证据看，卡普兰并未直接参加刺杀列宁的行动，因为当时她患有眼疾，视力很差，无法正常开枪射击。这些学者甚至还提出了大胆的假设和推理：刺杀列宁的行动成为后来"克里姆林宫大审判"的导火索！但是不论如何，正由于发生了卡普兰刺杀列宁事件，此后与之相关的事件也都成了苏维埃政权延续了将近一个世纪的高级机密，以至于最终成为"20世纪的黑洞"，俄罗斯历史永恒的谜团。《芬妮·卡普兰或者谁刺杀了列宁》一书的作者认为，该书的主人公芬妮·卡普兰，现在依然生活在这个黑洞里。

女刺客卡普兰在行刺后被逮捕，迅速遭到处决又是为什么呢？研究卡普兰在刺杀列宁未遂后境遇究竟如何，与俄罗斯那一段历史究竟有何内在联系？俄国1905年革命以后，卡普兰开始接近无政府主义者，并且开始参加他们的各种活动，她在革命者圈子里活动的时候用“多拉”的化名。卡普兰第一次参加恐怖活动是1906年，那年她16岁。那次，她策划组织参加对基辅行政长官的暗杀，但是没有成功，她被捕了。基辅当局军事法庭本来判处她死刑，但鉴于她实施的恐怖活动并没有成功，又将死刑改判终生苦役。因此，年纪轻轻的卡普兰很早就开始品尝铁窗生涯的沉重和痛苦。俄罗斯解禁的历史资料披露，她当时几乎完全失明，她后来被送往教会医院就医才恢复健康，但是，她的视力依旧没有恢复。也正因为如此，俄罗斯和西方的历史专家才提出一个半瞎的女人，是否真的就是刺杀列宁的枪手很值得商榷。

列宁

然而这场劳役对卡普兰来说，却毫无疑问地改变了她的政治生活，她在监狱结识了俄罗斯著名的右翼社会革命党活动家玛利亚·斯别里多诺瓦娅，卡普兰最初的思想开始从无政府主义转向社会革命党人的观点。1917年俄国二月革命后，她被大赦，获释出监，当时她27岁。就在那一年，爆发了震惊世界的俄国十月革命，她被迫转移到乌克兰的哈里科夫市，在那里接受了眼科手术治疗。关于这次手术，俄罗斯克格勃档案馆也有零星的文字记载。

根据俄罗斯国家档案馆和当年苏维埃安全情报机构的有关档案记载，卡普兰并不是像《列宁在 1918 年》电影里表现的那样，是在向列宁开枪后，向厂区外狂奔的时候被工人和水兵抓获的，而是在厂区之外的谢尔普霍夫大街被拘捕的。

俄罗斯作家兼学者尤里雅·史卡列娃女士在她的研究著作中曾经证实，卡普兰在被逮捕后三天遭枪决。行刑的现场就在克里姆林宫内，当时开来一辆轻型卡车，执行的枪声被卡车马达的轰鸣声掩盖了。卡普兰死后，她的尸体没有掩埋，而是被塞进一个铁桶里浇上汽油焚烧了。在莫斯科还看到一篇俄罗斯学者写的历史研究文章，说卡普兰在最开始的审讯中就承认，向列宁开枪的凶手就是她。并且她宣称，她之所以刺杀列宁就是因为她坚决反对十月革命，刺杀计划是 1918 年 2 月她在辛菲罗波里疗养的时候，立宪议会的领导人与她谈话之后制定好的。另外一份文件中有这样的说法："卡普兰在接受审讯的时候承认，立宪议会认为列宁出卖了革命，他的行为偏离社会主义思想几十年。"但是，卡普兰强调，开枪的决定完全是她自己做出的，没有任何党派具体指使。

当时负责审问卡普兰的苏维埃红军一心想撬开她的嘴，留下来的文字记录中，曾经有一段他们事前拟订审讯的宗旨，就是要让卡普兰最终供认出她是英国间谍派来的杀手，并且让她招认出幕后的指使人或者刺杀列宁的策划人是谁。

1918 年 9 月 3 日，卡普兰未经任何审判就在莫斯科克里姆林宫大院内的一个角落里被执行了枪决。当年负责人的记录里有这样的文字："这次，我们没有将她带到任何地方去，而是就在原地，在距离亚历山大罗夫花园不远的地方（过去这里是那些贵夫人们打着圆形的带花边的遮阳伞散步的地方，）将她枪毙了。"遗憾的是，卡普兰没有来得及将自己的秘密，也许是一个时代的秘密讲述出来，就被枪毙了，这不仅对历史，而且对苏维埃政权也是一个不小的遗憾，因为，事件的真相并没有完全大白于天下，死刑的执行太快了，以至于草率。卡普兰将自己的秘密带进了坟墓，而历史也将这个女人载入史册。

【片言碎语】 卡普兰刺杀列宁事件，此后与之相关的事件也都成了苏维埃政权延续了将近一个世纪的高级机密，以至于最终成为“20世纪的黑洞”，俄罗斯历史永恒的谜团。《芬妮·卡普兰或者谁刺杀了列宁》一书的作者认为，该书的主人公芬妮·卡普兰，现在依然生活在这个黑洞里。

希特勒的头盖骨变性之谜

法西斯头子希特勒一生臭名昭著，然而，正因为其臭名远扬，才让人对他更感兴趣，甚至对于他的性别问题人们也产生了怀疑。

位于莫斯科的俄罗斯国家档案馆珍藏着一块带有一个弹孔的头盖骨碎片。一直以来它被认为是德国纳粹头子阿道夫·希特勒的头骨。而美国科学家经过脱氧核糖核酸（DNA）检测发现，这块头盖骨来自一名女性。这给希特勒之死增添了一个问号。

美国康涅狄格大学考古学家尼克·贝兰托尼在获得俄方批准后，亲自飞往莫斯科，提取这块头盖骨的DNA样本并将其带回美国。康涅狄格大学应用遗传学研究中心研究员琳达·斯特劳斯博对样本进行分析。

英国《每日邮报》报道：“分析过程与处理一些犯罪案件时进行的DNA化验过程一样。”令她欣喜的是，时隔60多年后，这块头盖骨碎片仍能提取出有活性的遗传物质。

“虽然其中所含遗传信息有限，但我们仍能解读一二。”她说。检测结果显示，这块头盖骨碎片属于一名年龄在20岁至40岁的女性。

贝兰托尼也说，这块头盖骨较薄，而男性头盖骨应该更结实些。另外，从头盖骨接缝处看，它应当属于40岁以下的人，而希特勒当时已经56岁。

这块头盖骨碎片一直被认为是希特勒已死的“铁证”。

1945年4月，攻入德国首都柏林的苏联红军一个法医小组在总理府地堡附近挖出被认为是希特勒的尸体。这具尸体的头骨有部分缺失，疑似开枪自杀所致。但其下颌与牙齿的情形与希特勒牙医的供述完全吻合。

希特勒的头盖骨

一年之后，在斯大林“追查希特勒下落”的命令下，那块缺失的头盖骨碎片终于在地堡外找到。头骨上那个弹孔似乎能够确定无疑地说明希特勒已经死亡。

这块头盖骨碎片与早先发现的希特勒下颌骨以及他自杀时坐的、沾有他血迹的沙发残骸一起被封存于苏联情报机构。

关于希特勒最后的日子，第二次世界大战结束以来流传最多的说法是：1945年4月30日，希特勒为了不被盟军逮捕而蒙羞，选择用自杀来结束生命。他和情妇爱娃·布劳恩双双服下氰化物毒药，他还朝自己头部开了一枪。

据一些“目击者”称，希特勒和布劳恩的尸体被人用毯子裹着搬到总理府地堡外花园内，尸体随后被放入一个弹坑中并浇上汽油焚烧。

一些历史学家怀疑这种传统观点的正确性，认为这是纳粹的宣传策略，故意将希特勒描绘成“宁死不屈”。

【片言碎语】贝兰托尼等人的新发现给希特勒的死因和死亡时间再次增添神秘色彩。“这个头盖骨碎片应该也不属于当时33岁的布劳恩，”贝兰托尼说，“虽然她年龄和性别都符合，但过去文献中没有任何关于她开枪自杀或被枪杀的记录。”

国会纵火案之谜

国会纵火案是德国纳粹党策划的焚烧柏林国会大厦，借以陷害德国共产党和其他进步力量的阴谋事件。希特勒通过此次事件成功解散德国共产党。

1933年2月27日晚上，德国首都柏林繁忙了一天的街道上开始渐渐安静下来。

“国会起火了！”随着一声叫喊，只见坐落在共和广场旁的国会大厦浓烟滚滚，火焰顿起。一道红光照亮夜空，很快火舌吞噬了大厦的中央圆顶，这座用10年时间建成的巨大建筑物笼罩在浓浓的烟雾和火光之中。

国会议长戈林很快来到现场。他满脸通红，两眼放光，挥动着双拳，大声喊着：“这是共产党干的！这是共产党反对新政府的罪证！我们一定不能再坐等！我们要毫不留情地对付他们，把他们抓起来杀掉！”

几分钟后，德国总理希特勒和宣传部长戈培尔来到现场。希特勒对一旁的外国记者说道：“这是神的指示，我们要消灭共产党人！”

当夜，德国政府发表通告宣布是共产党人放火烧了国会大厦，并声称纳粹冲锋队在现场抓到的一个名叫卢勃的荷兰“共产党员”是“纵火犯”。

第二天，希特勒党徒按照早已拟定好的名单开始了大搜捕。希特勒又颁布了紧急法令，勒令解散除法西斯党以外的一切政党，取缔工会及一切结社、集会。

盖世太保横行无忌，到处抓人、杀人，德国共产党领袖恩斯特、台尔曼和1.8万名共产党员被捕入狱。连正在德国的共产国际西欧局领导，保加利亚共产党主席席格·季米特洛夫和另外两名保共活动家也遭到逮捕。

很显然，这是个蓄谋已久的阴谋。

当时，资本主义经济危机之后的德国政局动荡不定。希特勒抓住时机，用蛊惑人心的口号煽起一部分德国资产阶级的复仇心理和反对共产主义情绪，1933年初，希特勒骗取了资产阶级信任，担任总理，建立了法西斯军事专制的德意志第三帝国，加紧实行自己的侵略战争政策。

以台尔曼为首的德国共产党在德国人民当中威望很高，对法西斯主义斗争也最坚决，成了希特勒的“眼中钉”。为防止共产党人在选举中获胜，并进一步控制全国，法西斯分子大造反对共产党舆论。“国会纵火案”正是在这种形势下发生的。9月，纳粹分子宣布在莱比锡法庭公开审理这个案件。开庭前一天，世界许多新闻工作者和进步律师组成的“国际调查委员会”，公布了大量人证物证，证明被控告的共产党人无罪，并提出有根据的怀疑：国会大厦是纳粹党领导人烧的，或是在他们指使下烧的。保加利亚、德国、法国、美国的25名律师还自愿为季米特洛夫辩护，但纳粹帝国法庭不允许被告人自由选择辩护人。于是，季米特洛夫决定自己为自己进行政治辩护，与法西斯分子作针锋相对的斗争，戳穿他们的阴谋。开庭第三天，轮到季米特洛夫出庭。他说：“不错，我是一个布尔什维克，无产阶级革命家……但是，正因为如此，我不是一个恐怖主义冒险家，不是阴谋家，不是政变的组织者，也不是纵火者……”实际上国会着火那天，季米特洛夫根本不在柏林。

季米特洛夫慷慨陈辞，严正地驳斥了法西斯分子嫁祸于共产党的卑鄙手法。他把法庭变成了讲坛，利用它来阐明共产党、共产国际的纲领和策略。

法庭庭长听着这位政治宣传家的长篇演讲，觉得他好像变成了法官，是他在掌握着审讯的方向。他慌忙打断季米特洛夫的演讲，拉出了所谓的“纵火犯”卢勃，问道：“你跟纵火犯是什么关系？你们是怎样密谋的？”季米特洛夫转过身，两眼炯炯有神地盯着卢勃说：“你当众说明，你什么时候见过我？是什么时候认识我的？”“我不认识你，也没见过你。”卢勃答道；季米特洛夫对着整个法庭朗声说：“问题无疑是很清楚的。在这场审判中，卢勃只不过是被操纵的木偶，可怜的木偶被送交法庭，而操纵者已逃之夭夭。作为一个无辜的被告，尤其是作为一个共产党员和共产国际的成员，我对立即彻底查清国会纵火案，捉拿真正的元凶，是很感兴趣的。”

庭长眼看季米特洛夫要把审判引向追查幕后策划者，又立即打断他的话，对他进行威胁。季米特洛夫毫不畏惧，直截了当地提出了一个对法西斯分子最可怕的问题：“纵火者不是通过通往国会的通道进去的吗？”

庭长失去了自制，吼叫起来：“这个问题不准讨论！”随即宣布休庭。

法庭后来又进行了几次审判，结果都以失败告终。纳粹党头目们发现他们的策划正在失去控制，便决定由纳粹头子戈林到法庭“作证”。

戈林指手划脚地胡说了半个钟头，季米特洛夫发言，开始反问戈林：“那个荷兰人在起火之前正是在警察宿舍里过的夜，他是怎样潜入国会的呢？应当先从警察和他们的头头中找出纵火犯来。”

戈林气得高声尖叫：“我不是来让你像法官似地来审问我的，你是早该上断头台的罪犯”。

戈林的失态表现使法官都感到难为情了，他连忙结束了这场争论。纳粹分子的这一招又告“失灵”。

在莱比锡审判中，季米特洛夫给了刚刚上台的德国法西斯第一次政治道德上的无情打击。由于他的英勇斗争，同时，各国共产党、法西斯受害者国际援救委员会和其他反法西斯组织也举行了大规模的声援活动，莱比锡法庭终于被迫无罪释放季米特洛夫等四人，但判处卢勃死刑。“国会纵火案”的“谜底”后来也真相大白。

原来，是纳粹党的柏林冲锋队队长带领他的部下，经过通到国会大厦下的一条地下暖气管通道，钻到国会大厦，洒上汽油和易燃化学品，点了火，然后从原路回到戈林的议长府。同时，纳粹冲锋队找到了对放火有癖好的荷兰人卢勃，让他再放了几把火。

【片言碎语】希特勒利用“国会纵火案”控制全国的目的是暂时达到了，从1933年开始，德国开始了公开的战争准备。整个欧洲都笼罩在紧张不安的气氛中。

法国总统密特朗枪击案之谜

密特特1981年至1995年间任法国总统，是法国历史上伟大的政治家之一，同时也可以算得上是法国政坛上的常青树。他的一生跌宕起伏，就像一部离奇的长篇小说。

法国总统密特朗在天文台公园遭枪击事件，是他的政治生涯中影响至深却又扑朔迷离的一段经历。

1959年10月15日《巴黎新闻》头版头条披露了一条耸人听闻的消息：“极端殖民主义分子准备暗杀一批主张谈判解决阿尔及利亚问题的人士。悲剧有可能在明天发生，杀人凶犯别动队已经越过西班牙边境，黑名单已经确定。”

可是就在当天夜里，当时还是国会参议员的密特朗同几个朋友用完餐后开车回家。汽车行驶了一会儿，密特朗感觉不对劲，原来在他的后面一直有一辆黑色轿车跟着。想起这几天听到的传闻，他紧张起来，故意开车绕来绕去，可是兜了好几个圈子，却怎么也甩不掉跟踪的车。急中生智，他把车快速开到参议院南边的天文台公园，然后从车上跳下来，翻过公园的铁栅栏，趴在花草丛中。这时，背后响起了一阵密集的枪声，事后他被告知，在汽车上找到了至少七个子弹眼。

消息很快传开了，整个巴黎到处都谈论着这件事，第二天各大报纸的头版头条都醒目报道：参议员弗朗索瓦·密特朗昨日深夜在天文台公园遭暴徒枪击，幸免于难。人们联系起前一天报纸上新闻，认为密特朗一定是在杀人凶犯别动队所列的黑名单上名列榜首。一时间，声援和慰问的信件如雪片般飞来，密特朗成了"英雄"。

谁也没有想到的是，事情只过了一个星期，就发生了翻天覆地的变化，天文台枪击事件竟成了密特朗的一桩政治丑闻。22 日，前右翼议员罗贝尔·佩斯凯向记者宣称，这起枪击案是密特朗自己策划、由佩斯凯一手执行的。他是在核实密特朗已不在车内之后，才让他的同伙阿贝尔达于龙开枪的。佩斯凯还说，事发前，他特意给自己写了两封信，一封以"待取邮件"方式寄巴黎，一封是寄往卡尔瓦多斯的挂号信。且两封信均有邮戳为凭。他还说明，行动前，他曾于 10 月 7 日、14 日和 15 日分别三次会见密特朗，共同策划，商定行动路线和方式方法。佩斯凯说得活灵活现，在他的描述中，天文台事件分明成了密特朗沽名钓誉的"苦肉计"。

而此时此刻作为当事人的密特朗，除了矢口否认外，拿不出任何证据来证明自己的无辜。密特朗说，事发前佩斯凯确实三次悄悄见过他，但佩斯凯是来告诉他，从可靠消息得知，暗杀名单中密特朗名列榜首，叫他平日要小心提防。佩斯凯还出谋划策：一旦发现汽车被盯梢，千万别往家门口开，因那里无处躲藏，还是逃往天文台公园比较安全。佩斯凯还要密特朗保守秘密，因为他透露的是机密情报，一旦发生什么事，请求密特朗不要向警察局报告。所以发生枪击事件后，密特朗真的信守诺言，事先没有告诉任何人，事后也没有告诉警方。因此，现在的密特朗是有苦难言，百口莫辩。

于是，密特朗顿时从一个受害者、“英雄”变成了一个政治骗子，不仅成为政敌攻击的目标，甚至许多朋友也嗤之以鼻，纷纷离他而去。在此之前，密特朗由于其政治主张一直与戴高乐相对立，而与戴高乐之间的关系闹得很僵。所以，在1959年1月戴高乐就任第五共和国总统之后，密特朗的政治生涯转入低谷。先是丢掉了在前七年间历任不同部长的优势，然后还在国民议会选举中丢掉了连选连任11年的议员席位，不得不重操律师旧业。即使在1959年4月当选为参议员，但其政治影响显著变小。在这个时期出现“天文台事件”丑闻，无异于雪上加霜。密特朗几乎被逼得走投无路了。1996年密特朗逝世后，密特朗夫人回忆起这件事还说：“他们本想把他从肉体上消灭，结果，他在精神上被击垮了。”

可是就算是如此，戴高乐的首任总理米歇尔·德勃雷还是不肯就此罢手，趁着这个机会，给已被打翻在地的密特朗身上再踩上一只脚，向参议院建议取消密特朗的议员豁免权。11月25日，参议院就此案进行讨论时，密特朗愤怒地指责政府是这桩丑事的主谋或帮凶。

实际上，在一个月前，也是这个佩斯凯，曾经恐吓过总理布尔热·莫努里，后者报告了国家安全局长，佩斯凯才停止纠缠。而这次密特朗的遭遇同布尔热·莫努里一模一样，使用的是同一手法。最终，参议院仍以175对27票通过了暂停密特朗议员豁免权的议案，这无疑加重了对密特朗的政治上和精神上的打击。

这起离奇古怪的天文台公园枪击案，迄今一直是个没有解开的谜。密特朗认为：“有人即便不想置我于死地，至少是想让我名誉扫地。”佩凯斯的口气也变来变去，他于1959年11月4日，被指控参加议会爆炸案遭逮捕后几年，坦白天文台事件的幕后策划者是戴高乐派头面人物。不过，他拿不出真凭实据，一般人都不相信他的说法。但同情密特朗的人都认为，此案是戴高乐派的情报部门操纵的，目的在于从政治上消灭第四共和国时期留下来的最危险的对手，而密特朗是首当其冲的人员。

密特朗总统在法国政坛上创造了一系列的奇迹。他是好几个政治纪录的创造者，很多至今还无人能超越他：自 1944 年 8 月进入戴高乐临时政府至 1995 年 5 月离开爱丽舍宫，驰骋政坛 50 余年，成为 20 世纪法国政治生涯最长的人物；1947 年 1 月，出任退伍军人部部长，时年只有 30 岁，成为 1804 年第一帝国以来最年轻的部长，直到如今也没有人能打破他的这一纪录；连任两届总统，在爱丽舍宫足足待了 14 个春秋，是迄今为止法国任职时间最长的总统；当总统不到半年，便被确诊身患癌症，却严守机密，与疾病抗争，达 13 年半之久，为历届法国元首绝无仅有；以右翼分子发迹，而以左翼代表登上权力顶峰，成为法国政界一道独特的风景。

【片言碎语】这件案子尽管到现在还存有不少迷团，但却足以说明政坛波涛的险恶，翻手为云，覆手为雨。但是，坚强的密特朗并没有向逆境妥协，经过奋斗，终于登上了总统宝座，而且一干就是 14 年。

埃及艳后之死

埃及艳后即克丽奥佩特拉七世是古埃及托勒密王朝的最后一任法老。传说中她是为了保持国家免受罗马帝国吞并，曾色诱凯撒大帝及他的手下马克·安东尼。

传说中的埃及艳后是一位“旷世的肉感妖妇”，她曾使强大的罗马帝国的君王拜倒在其石榴裙下。克丽奥佩特拉生于公元前 69 年，是亚历山大大帝征服埃及后托勒密王朝册封的君主之一。她的父亲托勒密十二世，指定他的长子托勒密和她共同执政，统治埃及。公元前 51 年克丽奥佩特拉登上王位。历史上，埃及艳后用毒蛇自杀的故事全都来自于希腊传记作家普鲁塔克的叙述。尽管这是一个让许多后人洒泪的悲情故事，但它的真实性如今得到了法理学家和犯罪专家的广泛质疑。

疑点一：毒蛇自杀事件。专家提出的第一个疑点是：埃及艳后克丽奥佩特拉用毒蛇自杀的叙述，最早见于公元 1 世纪希腊哲学家普鲁塔克的名人传记中。可问题是，普鲁塔克是在埃及艳后死去 75 年后才诞生到人世，他叙述的内容中充满了太多矛盾、错误和不可能的巧合。

疑点二：自杀有悖常理。埃及艳后之死的第二大疑点是：克丽奥佩特拉在自杀前，曾向屋大维送出了一封自杀信。美国明尼苏达州明尼阿波利斯市犯罪研究专家帕特·布朗说：“这显然不符合自杀者的性格。一个决心自杀的人绝不会事先向某人先送出一份示警性的遗书，好让他跑来拯救自己。”

疑点三：中毒死得太快。第三大疑点是：如果克丽奥佩特拉是中蛇毒身亡，那么她死得实在太快了。史料记载，克奥佩特拉用于自杀的是一条埃及眼镜蛇，在实验数据中，被眼镜蛇咬中最快的死亡也要两小时；尽管医学史也记载着一些中了眼镜蛇毒后20分钟内就死亡的事件，可屋大维的卫兵接获命令冲到埃及艳后住处时，距埃及艳后遣人送信仅相隔几分钟时间，但当卫兵到达现场时，埃及艳后已经香消玉殒了。

埃及艳后像

疑点四：女仆之死存疑。法理学家提出的第四大疑点是，克丽奥佩特拉的两个女仆之死不合情理。英国牛津大学热带医学和传染病学教授戴维·沃热尔说："这儿有一个误解，并不是毒蛇每次咬人都能释放出毒液。如果三个人一起被毒蛇咬中，那这个概率将更低。"

疑点五：屋大维有嫌疑。帕特·布朗称，众多证据都显示埃及艳后之死十分可疑，她很可能是死于一场精心策划的政治谋杀。历史事实显示，最有嫌疑的正是后来成为奥古斯都大帝的屋大维。一个历史事实佐证了法理学家对屋大维的怀疑，他后来又杀死了克丽奥佩特拉和凯撒的私生子凯撒利昂。屋大维具有谋杀动机。据帕特·布朗称，"在埃及从没有女仆陪主人自杀的传统，为什么那两名女仆埃拉斯和查米恩在埃及艳后恐怖自杀后，不立即撞门喊卫兵帮忙，而是选择一起死亡？答案非常简单：屋大维除掉了所有目击者。”

【片言碎语】有人说，埃及艳后克丽奥佩特拉是“尼罗河畔的妖妇”；有人说，埃及艳后克丽奥佩特拉是世界上所有诗人的情妇，是世界上所有狂欢者的女主人；罗马人对她痛恨不已，因为她差一点让罗马变成埃及的一个行省；埃及人称颂她是勇士，因为她为弱小的埃及赢得了22年的和平。

佛朗哥为何没有参加第二次世界大战

1975年，82岁的佛朗哥死了。他是法西斯独裁者中唯一寿终正寝之人。他统治下的西班牙是唯一没有参加第二次世界大战的法西斯国家。他曾经宣称：在一个受尽苦难和蹂躏的欧洲中，西班牙是一块快乐的绿洲。这是“国家主义运动”的成绩。

1939年的欧洲，战争已如箭在弦上，一触即发。佛朗哥告诉墨索里尼，他准备竭尽全力使欧洲相信：发动一场全面战争是无意义的。9月1日，德军进攻波兰。3日，英、法对德宣战。同一天，佛朗哥公开呼吁使战争局部化。他声称，愿意和其他国家一起来商讨结束一场有可能导致“亚洲式的野蛮残暴”的战争。4日，西班牙宣布了“中立”。

是佛朗哥有“保卫和平”的善意？或者是他有未卜之明，知道轴心国必遭失败？否则，作为欧洲三大法西斯国家之一，且又和德、意在刚刚结束的西班牙内战中结成了非同寻常的关系，西班牙为什么不和德、意同步而却独树一帜呢?

有人认为，佛朗哥不参战是因为国内经济、政治危机。当时，西班牙内战刚刚结束，国民经济濒于停滞状态，食品严重不足，灾荒频繁，人心浮动。必要的进口工业材料和设备供给不足，黄金、外汇储备十分短缺。政治方面，共和派、君主派右翼集团和共产主义者左翼集团依然保有不可忽视的社会力量和影响。长枪党内部酝酿着的种种不和、猜忌、争斗又削弱了党的独裁统治能力。故而佛朗哥首要解决的问题是发展国民经济、稳定政局、确保独裁统治。显然，这种看法的问题在于：国内危机并非不参战的可靠理由，解决上述危机的最快捷而有效的办法，可能正是对外战争。

另一种说法是，佛朗哥不参战是因为同盟国的利诱、拉拢。西班牙和直布罗陀、丹吉尔特殊的地理位置使盟国担心，一但西班牙加入轴心国作战，直布罗陀海峡必为其控制，大西洋与地中海航路中断，后果不堪设想。为此，1940 年 3 月，英国同意向西班牙提供 200 万英镑的贷款，并允许它从盟国进口某些禁运的工业原材料，英国还从阿根廷快速运送一批食品到西班牙以解决其燃眉之急。1941 年初，美国以红十字会的名义援助西班牙价值 150 万美元的食品和药物。随后，罗斯福又设法让国会同意放松美国商人向西班牙输出石油的控制。这种说法也有明显漏洞：人所共知，佛朗哥和希特勒、墨索里尼的“兄弟式”关系，没有德、意的直接插手，佛朗哥难以建立其独裁政权。而且，1940 年 5 月，意大利宣布把西班牙的债款从 70 亿里拉减少到 50 亿里拉。德国则始终向西班牙提供军火、机械、精密仪器。1940 年 10 月 23 日，在昂代会谈中，希特勒表示，如果佛朗哥参战，他可指望得到梦寐以求的直布罗陀，在战后分赃时更能大捞一笔。希特勒同意向西班牙提供部分石油、小麦、棉花、橡胶和肥料等物资。由此观知，如果说佛朗哥“唯利是图”，那么德、意所提供的“利”是超过盟国的。而且，当时形势德、意极有胜利可能，“分赃”并非全是空言。佛朗哥为什么不贪此“利”呢?

第三种说法是，佛朗哥反对的，只是苏联。因为苏联是支持西班牙国内左翼力量的后台。佛朗哥曾经说过，西班牙和西方世界的真正敌人是苏俄，西方国家之间的任何战争都不过是为俄国人“火中取粟”。1941 年 6 月，德国进攻苏联，佛朗哥立即表示支持德国的军事行动，并很快组织了 1.7 万人的长枪党志愿军，称为“蓝色师团”，参加对苏作战。佛朗哥强调，“蓝色师团”只表明西班牙抵制苏俄的一贯立场，这并不等于参加轴心国一方作战。

这种说法不无道理。但是，西班牙国内左翼力量虽然尚存，却已渐趋衰落，不至于对佛朗哥政权产生致命威胁。如果说把佛朗哥看成是反对共产主义的健将，或者说他是“意识形态至上者”，那么为什么 1943 年德军失去对苏优势后，佛朗哥落井下石似地撤回了“蓝色师团”呢？佛朗哥与各国的交往表明，他是一个讲求实际的人，不会因为反对苏联而放弃参战可能带来的利益。

佛朗哥

还有一个为人所忽略的疑点是：希特勒为什么会能容忍佛朗哥的种种“背叛”而不对西班牙开战？1940 年夏，德国已经完成了对低地国家和法国的控制。从战略需要而言，德军急需穿越西班牙攻占直布罗陀和北非的丹吉尔以便将地中海置于自己手中。这可以说是事关成败的一招。奇怪的是，当佛朗哥表示，西班牙对任何入侵企图都将加以抵抗时，德国停止了行动。同年6月14日，西班牙出兵占领国际共管的丹吉尔，随即向希特勒提交了一份西班牙参加轴心国的条件，其中包括对直布罗陀、法属摩洛哥和阿尔及利亚的奥兰省的领土要求。在部分要求得到承认后，德西双方议定共同对直布罗陀采取军事行动。可是，当德军做好一切准备，而且供给了西班牙作战所需重武器并通知第二年1月开始行动的时候，佛朗哥明确表示西班牙当时还不能参战。尽管希特勒表示，战后一定满足西班牙的要求，但佛朗哥仍然拒不参战。

德国便停止了这一战略行动。人所共知，德军当时在欧洲几乎是如入无人之境，只要战争需要，不管是中立国与否一概入侵，而对西班牙的这一“不轨”行为，怎么会一反常态，变得如此宽宏大量了呢？而佛朗哥出于什么动机，居然能在关键时刻，出乎意料之外地没有参加第二次大战呢？凡此种种，令人百思不得其解。

【片言碎语】佛朗哥死后，国内有些人用香槟酒庆祝，大街上空空荡荡，悄然无声，人们长期的积怨倾泻在这种空荡和安谧之中。西班牙当代最著名的诗人之一阿尔维蒂说：“西班牙史上最大的刽子手死了，地狱的烈火烧他，也不足解恨”。然而，当时的美国总统福特为他的死感到悲痛，认为佛朗哥经历了西班牙史上一个有意义的纪元。

诡异的宫廷秘闻

武则天首席男宠神秘暴死之谜

武则天当政期间因为有了新的男宠，她的首席男宠薛怀义妒火难忍，一把火烧掉了自己督造的耗资巨万的明堂，之后暴病而死成为一个千古之谜。

武则天的女儿太平公主为母亲献上了冯小宝。冯小宝出身太低微，一个江湖卖药郎，太不靠谱，就算出了家，出身还是改不了，进宫仍不像话。这时，武则天想到太平公主的丈夫，也就是自己的女婿薛绍，她让薛绍认冯小宝当叔叔。这么一来世上从此再没有了冯小宝，只有改装版的薛怀义。薛怀义这个“灰小伙”，童话般地当上了洛阳白马寺的住持，六根净了五根，就那一根不清净，频繁出入太后的寝宫。一个风韵犹存权势显赫的寡妇，和一个出身卑贱的午夜牛郎之间，会产生传说中的爱情吗?

说起薛怀义的死，十分蹊跷，也是一桩疑案。这得从他吃醋说起。有一个叫沈南璆的御医，常常给武则天看病，一来二去日子长了，武则天就喜欢上了沈御医。这让薛怀义心里很不是个滋味，他心想，我对你体贴又贴体，我修明堂，打突厥，功劳一大把，你怎么可以移情别恋呢？薛怀义认为，武则天的心已经给了御医沈南璆，他失恋了。

失恋的人要么把自己灌醉，要么把这个世界灌醉。薛怀义选的是后者。正月十六夜里，薛怀义纵火，焚烧天堂，火势迅猛很快蔓延到明堂，大火熊熊把神都的黑夜照耀得如同白昼一般亮堂。到天明时，天堂和明堂一同化为灰烬。昔日气派壮丽的建筑转瞬成了一片焦黑的残渣。

对明堂和天堂失火一事，朝廷大臣当然要议论，有人认为这是上天给予的警示，武则天应该放权。还有的却是拍马屁，这是祥瑞，吉祥的预兆。这两种截然不同的说法，搞得武则天心里也不安，谁都愿意听好话，可好话的真实成分有多大？一场大火把神圣标志给烧了，倒成好事了，这能让人相信吗？武则天更相信这是上天的警示。因此，薛怀义这一把火不单烧毁了大周王朝的标志性建筑，还给武则天留下了深刻的心理阴影。表面上是一派风平浪静。薛怀义毫发未损。半个月后，就在天册二年二月四日这天，薛怀义突然死了。

武则天

不用说，所有人这时都会想到，一定是武则天秘密杀害了情人。她不公开杀，是因为怕丢脸。薛怀义纵火烧毁明堂和天堂，罪大恶极应当处死，这合情合理，可问题是，他纵火的理由是和御医沈南璆争风吃醋。这要是公之于众，武则天的脸往哪儿搁？

这时候，一个叫宜都内人的宫女给武则天讲了一通阴阳之道，说男为阳，女为阴，豢养男宠，是以阴求阳，是走向毁灭，所以一定要除掉男宠。武则天惊出冷汗一身，随即雇凶将薛怀义暗杀——这个故事出自于李商隐的《宜都内人传》，这是一本小说。小说除了虚构还是虚构，可信度非常有限。只能当笑谈。

那么，薛怀义被杀案的真相是怎么样的呢？案发现场在哪儿？作案凶手是谁？此案有两个版本。先看第一个版本：

案发现场：洛阳宫城内瑶光殿

案发时间：夜晚

作案凶手：太平公主乳母张夫人率领的一帮武士

案发过程：武则天召唤薛怀义当晚到瑶光殿幽会。当晚，薛怀义赴约，却未见武则天，见到另一个女人张夫人，张夫人身后还有一帮武士，如狼似虎扑过来，把薛怀义按翻，拳打脚踢，一顿暴打，将他活活打死。

案情记录：《旧唐书》

版本二：

案发现场：洛阳宫城内瑶光殿

案发时间：夜晚

作案凶手：武则天堂侄武攸宁

案发过程：武则天派人召唤薛怀义当晚到瑶光殿幽会。当晚，薛怀义赴约，却未见武则天，见到一个男人武攸宁，武攸宁身后还有一帮武士，如狼似虎扑过来，把薛怀义按翻，拳打脚踢，一顿暴打，将他活活打死。

案情记录：《资治通鉴》

分析这两个版本，首先我们可以得出一个结论：薛怀义很倒霉。其次，《旧唐书》和《资治通鉴》记录的案发现场、案发时间和案发过程都如出一辙。只是作案主犯不同，一个是太平公主乳母张夫人，一个是武则天堂侄武攸宁。哪一个更适合作案，或者说更值得武则天信任，而被派去作案呢？一般认为，应当是太平公主。

第一，从亲属关系上看，太平公主是武则天最宠爱的女儿，武攸宁只是堂侄。要说信任，武则天当然更信任太平公主，指派她去做这件事更为妥当。

第二，太平公主行事谨慎，有头脑有权谋，深得武则天喜爱。

第三，太平公主是武则天和薛怀义的介绍人。当初是公主把他推荐来，如今他闯下滔天大祸，公主去收场自然是再合适不过。暗杀行动要的就是一个“暗”字，知道的人越少越好。太平公主自然知道内情，那么何必要让堂侄武攸宁也知道呢？从这一点来看，就算不受武则天指使，太平公主也会产生除掉薛怀义的想法。虽然，薛怀义得宠时并没有深入过国家政治，也不是宰相，但他恃宠而骄，彻底伤透了武则天。公主作为介绍人，多少会受到一些牵连，不如派自己的乳母带人去暗杀，一了百了，既遂了母亲武则天的心愿，自己也很安全。当然，这一点仅仅是分析。

薛怀义死后，武则天派人把他的尸体运回了白马寺。尸首在寺内被焚烧，建塔一座。

【片言碎语】薛怀义不满足于专任侍寝，他对任何事都有过人的聪明。垂拱四年，薛怀义受命督建明堂和天堂，耗资巨万，建筑物雄伟华美，令人瞠目。薛怀义因功被擢为正三品左武卫大将军，封梁国公。他还多次担任大总管，统率军队，远征突厥。他利用当时流行的对弥勒佛的信仰，和法明等僧人编写了《大云经》4卷，献给武则天，称武则天是弥勒佛下生，应当取代唐朝成为天子。从而为武则天提供了对抗儒家男尊女卑理论的思想武器，更助于她名正言顺地登上皇位。

冈比西斯“自死”之谜

公元前522年，波斯国王冈比西斯在从埃及返回波斯途中突然“自死”身亡。冈比西斯是否“自死”？怎样“自死”？死于何处？这些在历史上仍是疑团。

古埃及人说，冈比西斯是因刺杀了埃及神牛“阿庇斯”，遭到神的“报复”才死去的。

古代埃及实行多神崇拜，他们认为牡牛都是属于阿庇斯神的。在敬事农业的古埃及人的心目中，阿庇斯是最伟大的一位女神，他们举行最隆重的节庆，用洁净的牡牛和牡牛犊作牺牲来奉祀这位女神。当冈比西斯溯尼罗河而上远征埃塞俄比亚人失败，从底比斯返回孟斐斯时，埃及人正在举行这种盛大的祝祭。据说，阿庇斯神要隔很久才会出现一次，而现在已向他们“显现”。失败后心情沮丧的冈比西斯把埃及人庆祝阿庇斯“显现”的狂欢，看作是针对着他的不幸遭遇的嘲弄，于是把报告这一消息的为首几个埃及贵族杀死，并责令埃及祭司将“阿庇斯”带来。原来，此“阿庇斯”是一只永远不会再怀孕的母牛所生的牛犊。根据埃及人的传说，母牛因受太阳照耀而怀孕，生出“阿庇斯”，其标识是：黑色，前额上有一块四方形的白斑，背上有一个象鹰那样的东西，尾巴上的毛是双股的；在舌头下面又有一个甲虫状的东西。当祭司把“阿庇斯”领进来时，冈比西斯立即拔出他的短刀，向牛犊的腹部戳去，但戳中的却是它的腿部。接着，冈比西斯又下令痛笞祭司。杀死那些正在庆祝节日的埃及人。“阿庇斯”卧在神殿里，也因腿被戳伤而死去。

古埃及人说，冈比西斯由于做了这样一件错事而变得疯狂起来，犯下了一件件令人发指的罪行，如杀死亲兄弟，残害亲姐妹，活埋波斯知名贵族等。后来，他从埃及前往苏撒，想惩办篡夺了波斯王位的米底祭司 (即高墨达)，但在途中有次上马时，他的佩刀刀鞘的扣子松掉了，于是里面的刀刃就刺中他的股部，正好伤着了他自己过去刺伤埃及神牛“阿庇斯”的同一部位。结果骨头坏疽，大腿溃烂，冈比西斯便因此而死掉了。以上说法记载在古希腊历史学家希罗多德《历史》一书中，其他一些古典作家大体沿用此说。近代以来有许多历史学家在叙述冈比西斯之死时，也往往采用希罗多德所记述的埃及人的说法，不过一般都剔除了其中的有关因果报应这一明显不符合科学的成分。

在古代，除了埃及人的这一说法之外，波斯国王大流士镌刻在贝希斯敦岩壁上的著名楔形铭文也谈到冈比西斯之死，但写得极为简略，其中的波斯文原文仅用一组词语表示。但这组词语是什么意思呢？学术界有着几种种不同的译文和解释。

一种译文是“自杀”。此说出现于上个世纪的末叶，已为贝希斯敦铭文研究者的多数所采纳。持此说者认为，冈比西斯在得知高墨达起事之后，在绝望中以自杀来结束自己的生命。

另一种译文是“自然死亡”。此说由德国学者苏尔兹于 1912 年首次提出。他在一篇探讨这个问题的专文《论冈比西斯之死》中，利用了 20 种印欧语的成语资料，得到冈比西斯是“自然死亡”的结论。雷曼·豪普特发表于 1919 年的著作《琐罗亚斯特生存年代考》也提出了同样的观点。

第三种译文是“自死”。持此说者将贝希斯敦铭文的波斯文原文同阿卡德、埃兰异文相对照，并参考了其他的波斯铭文，指出：贝希斯敦铭文波斯原文中表示冈比西斯之死的这组词语意为“自死而死”，很难将其解释为“自杀”，而且在亚述楔形铭文中表示“自杀”的词语完全是另一个样式；这组词语也不表示“自然死亡”，因为阿卡德异文中未含此义，其它的波斯铭文中表示“自然死亡”的词语也与此不同。他们认为，“自死”之说和希罗多德的记述相吻合，这种表达方式反映了古代波斯的一种传统观念——推崇居鲁士，贬低冈比西斯，它隐隐约约地暗示了大流士的观点：冈比西斯之死未能逃脱因其所犯罪行而遭受的惩罚。

此外，还有一些学者认为冈比西斯是被“他杀”身亡的。有的说，冈比西斯“是被玛高斯僧人所杀”。也有的说，冈比西斯“是军人中的阴谋的牺牲品”。

关于冈比西斯死亡的地点，同样也有不同的说法。据希罗多德记载，冈比西斯在临死之前曾询问他所在的那个城市的名子，人们告诉他说是阿格巴坦那，冈比西斯听后叹息道：“居鲁士的儿子冈比西斯注定是要死在这里的了!”希罗多德强调指出：“这个事实证明，神托所预言的乃是他要死在叙利亚的阿格巴坦那。”但近代有人考证，古时叙利亚无此城名，因此推测冈比西斯可能死于叙利亚某个乡村，而希罗多德不知其名。在古代作家的记述中还有另外的一些说法：克捷西以为，冈比西斯是因胯骨遭受偶然的剑伤而死于巴比伦的；按普林尼的《自然史》记载，冈比西斯死于米底的阿格巴坦那城；约塞夫·弗拉维则说，冈比西斯死于大马士革。

种种猜测到底谁是谁非，哪一个更符合事实，恐怕冈比西斯之死成了一个千难解之谜。

【片言碎语】冈比西斯一世是波斯阿契美尼德王朝的早期成员。他是居鲁士一世之子，居鲁士大帝的父亲。冈比西斯二世是波斯阿契美尼德王朝国王，居鲁士二世之子。

皇女和宫为何下嫁德川家茂

和宫下嫁将军德川家茂发生于幕府末期风云动荡的年代，因而有一段不平常的过程，而围绕和宫与德川家茂的婚姻又有许多不同的说法，才使这件事格外带有神秘气氛，成为一大难解之谜。

皇女和宫 4 岁时被许婚给贵族有栖川宫炽仁亲王，如果没有幕府末期西方列强侵迫，政治动荡，她原可以很平稳、很宁静地度过其一生的。然而，尽管历史上中外古今弱女子被作为政治交易的筹码是不乏其例的，但贵为天皇之女的和宫这次也身不由己地被政治的狂风怒涛推到历史舞台的前面。德川幕府后期，由于西方列强的侵迫，掌握政治大权的慕府虽然拖延再三也不得不屈从于其强大压力之下，同意开国并与西方各国通商，但受到朝廷和尊王攘夷派的激烈攻击。为了缓和慕府与朝廷的紧张关系，以平息普遍的不满情绪和政局动荡，幕府决策机构一方面重新明确幕府受命朝廷的上下委任关系，另一方面推进“公武合体”运动，即朝廷幕府的联合。作为“公武合体”的一项重大步骤，便是幕府奏请朝廷，希望将孝明天皇之妹和宫下嫁第 14 代将军德川家茂。为此，幕府进行了许多活动，比如中止家茂与贵族伏见宫贞教亲王之妹伦宫的婚姻谈判，散布和宫的婚约者有栖川宫因为封禄甚少而对与和宫结婚感到不安等流言。但尽管如此，和宫一如既往地加以拒绝，而幕府则还是再三奏请，以至于群情哗然，指斥幕府的横蛮无礼。

孝明天皇迫于无奈，曾想让自己未满 2 岁的女儿代替和宫嫁给将军德川家茂，无疑幕府不会同意。最后 16 岁的和宫只得满心不情愿地于 1861 年 12 月从京都来到江户，次年 2 月，与同年龄的德川家茂正式举行婚礼。

婚姻生活持续了 4 年，而家茂为了征讨反对幕府的长州藩从江户出发，扎营大阪，在第二次征讨中因败报频传，忧急交加，终于因狭心症发作而亡，死时年仅 20 岁。和宫因此而剃发为尼，遁入空门改称静宽院宫。

1867 年孝明天皇突然病死（有流言传被毒死），1868 年维新派受命朝廷，推举和宫原来的婚约者有栖川宫炽仁亲王为东征大总督，举兵倒幕。德川幕府已处于岌岌可危之中，和宫也被拖入一种非常尴尬的处境。但是以西南各藩为主体的朝廷的官军兵临江户城下，江户面临一场战火浩劫，和宫竟然接受幕府的大臣胜海舟之请求，致信原婚约者有栖川宫请求停止攻击江户以免毁于兵火，并且请求宽大处理德川一族。而这个请求和其他人的活动汇合一起，最后促成了江户的和平开城，同时和宫也在风云动荡的年代又起了一次重大的历史作用。此后和宫又活了 10 年左右，于 1877 年在她 31 岁时去世。

一开始是顽强地拒绝与将军结婚，被迫无奈结婚之后又是短暂的结婚生活（仅 4 年），而且传说第 13 代将军夫人对和宫非常傲慢与冷淡，而和宫始终处于将军府严密的监视之下，因此许多小说都把和宫作为政治交易的牺牲品和悲剧式人物来描写，不少人也对此一掬同情之泪。但是对这种说法也有相反的意见，比如据将军府中的人的说法，和宫与德川家茂夫妻感情甚笃，家茂出征前一夜夫妻俩谈至深夜，和宫还要求家茂顺路到她的故乡——京都时替她买西阵出产的腰带，这后来作为家茂最后的礼物按家茂的遗言被送到和宫手中，和宫接到后，睹物思人，竟茶饭不思，终日饮泣。而在德川将军中不娶第二夫人者也只有家茂一人了。又比如和宫在朝廷官军兵临城下之际为德川一族说情，也似乎不是完全被逼无奈。而更有的人认为，就和宫而言与有栖川宫炽仁亲王的婚约原属幼时长辈所定并非出于自由的选择，相反和宫本人希望避开传统的皇族内部的通婚，寻求新的人生而与家茂结婚。这般说来，和宫又不是纯粹的政治交易的牺牲品和不幸者，相反倒是因与家茂结婚而曾经非常幸福了。

和宫被迫下嫁将军，但后来又似乎与将军感情甚笃，她究竟是否完全是个悲剧性人物似乎有了疑问，而和宫死后手中的德川家茂的照片也似乎可以向世人说明她对家茂的至死的怀念。但是，谁又能断然确定，这不是其他人在她死后放在她手中的呢？这本身也是一个谜。

【片言碎语】和宫是仁孝天皇（1817~1846 年在位）第八个女儿、孝明天皇（1846~1867 年在位）的妹妹，原名亲子。

孝庄太后下嫁之谜

孝庄太后是否下嫁了多尔衮？这是许多清史爱好者所关心的。从顺治帝 6 岁即位到多尔衮去世，一共是 7 年的时间。人们在关注这段历史的同时，更多地关注这对叔嫂不平常的关系，由此引出许多猜测、议论和故事，成为清史研究中的一个疑案。

孝庄太后在清宫 62 年，青年时帮助丈夫崇德帝皇太极，中年时辅佐儿子顺治帝福临，老年时辅佐孙子康熙帝玄烨。她从来也没有走到政治前台，但是她的一生对清初政治起到重要影响。孝庄太后是一位非凡的女性，也是跨越清初五朝的重要人物。

崇德八年（1643 年）皇太极逝世，多尔衮第二次参与了争夺大位的斗争。这一年，多尔衮 32 岁。争夺的结果是：豪格退出，只有 6 岁的福临即位，多尔衮与郑亲王济尔哈朗共同辅政。

第二年，清朝迁都北京，封多尔衮为叔父摄政王。顺治五年

（1648 年）11 月，多尔衮被尊为皇父摄政王。顺治七年（1650 年）12 月，多尔衮到塞外围猎，病故于塞外喀喇城，年 39 岁。“太后下嫁”说，自民国以来，沸沸扬扬。

关于皇太后下嫁多尔衮的说法及其讨论，大概有下面几种说法：

第一，关于“建夷宫词”。张煌言《建夷宫词》曰：上寿觞为合卺樽，慈宁宫里烂盈门。春官昨进新仪注，大礼恭逢太后婚。（《张苍水全集》）张煌言（苍水）（1620~1664 年）是浙江宁波人，这时他在江南抗清。张煌言虽然是当时之人，但是他并没有在北京，而是远在江南。他对清朝的态度是对抗、敌视，出在敌人之口，记在异乡之文，不能成为历史的直接证据。“慈宁宫里烂盈门”一句，是说喜事在慈宁宫里办的，因为皇太后住在慈宁宫。根据历史档案记载，慈宁宫在李自成临撤出皇宫时被焚毁，顺治十年（1653 年）修葺，皇太后才搬居慈宁宫，多尔衮则死于顺治七年（1650 年），他与皇太后怎能在此举行结婚典礼呢？

第二，关于“亲到皇宫内院”。多尔衮死后追其罪时，有一条罪状是：“又亲到皇宫内院。”（蒋良骐《东华录》）朝鲜《李朝大王实录》也作了相同的记载。在后来修的《清世祖实录》里却删掉了这句话。这说明多尔衮到“皇宫内院”确有其事。而删掉这句话，恰表明事有隐衷。史家对此作出推测：皇太后与多尔衮也许有暧昧关系。即使是关系暧昧，也不等于皇太后下嫁了。

第三，关于“下嫁诏书”。民国时出版了一部书叫《多尔衮摄政日记》，文中说：“时家君方任阁读，奉朝命检库藏。既得顺治时太后下嫁皇父摄政王诏……”这位刘先生父亲见过的《太后下嫁诏》未见发表，别人也没见过。所以这个证据目前还不能成立。有人写书说，刘文兴是个喜欢开玩笑的人，当年为了让自己的书好卖，才故意制造了这么一个噱头。

第四，关于“未葬昭陵”。清朝的皇帝陵分三处：一处是关外三陵——永陵、福陵（沈阳东陵）、昭陵（沈阳北陵），一处是河北遵化的清东陵，另一处是河北易县的清西陵。皇太极葬在关外三陵之一的沈阳北的昭陵。按照清朝陵寝制度，孝庄太后死后应葬在昭陵，就是同皇太极合葬。但是，她不仅没有葬在昭陵，而且葬在清东陵的风水墙外。于是就引出了许多说法。有人说因为孝庄太后下嫁了，死后无颜回昭陵见夫君，所以把她葬清东陵大门旁，给子孙看门。事实上，到孝庄去世她已经在关内生活了近半个世纪，接受了汉族棺葬的习俗，所以对于自己的后事，孝庄太皇太后向皇孙康熙帝有过交代："太宗文皇帝梓宫安奉已久，不可为我轻动。况我心恋汝父子，不忍远去，务于孝陵近地安厝，则我心无憾矣。"就是说，她不愿意惊动太宗皇太极的亡灵，而愿意陪伴英年早逝的儿子顺治。康熙帝最后采取了一个临时举措，把太皇太后生前在紫禁城里最喜欢住的寝宫拆了，搬到东陵风水墙外，修起一座"暂安奉殿"，将孝庄太皇太后的梓宫（棺材）暂时安置在那里。雍正帝即位以后，于雍正二年将暂安奉殿改建为陵（因位于太宗昭陵西，名昭西陵），既遵循了祖制，又满足了孝庄太后的遗愿。再说，从昭西陵的规制看也显示出墓主的崇高地位，根本看不出有"轻蔑"的意思，所以"为子孙看守陵门"云云不足为据。

第五，关于"青梅竹马"。有人说庄妃与多尔衮是"青梅竹马"，自小时候就相恋，所以太后下嫁是有感情基础的。其实，庄妃出生在蒙古科尔沁，多尔衮则出生在满洲赫图阿拉，两地相距甚远，二人并无"青梅竹马"的可能。

第六，关于"保儿皇位"。有人说孝庄皇太后为了保住儿子福临的皇位，不得不委身于多尔衮。实际上，多尔衮本意是自己继承皇位，根本没打算让侄子福临继位。顺治帝即位以后，如果孝庄以"色情"巴结多尔衮，只会让皇权更加容易地落到多尔衮之手。事实上，孝庄皇太后依靠孝端皇太后，对多尔衮既重用，又牵制，采取了非常复杂的政治手段，才使多尔衮最终没有突破摄政王的圈子，而保证了顺治小皇帝的地位。

第七，关于"弟娶其嫂"。满洲确实有"兄死弟娶其嫂"的习俗。但清太宗皇太极开始改革满洲的婚姻习俗，规定："不许乱伦婚娶"

（《清太宗实录》卷十一），严禁转房婚，不许娶庶母、婶母、嫂子、侄妇等。

第八，关于“尊称皇父”。有人说多尔衮被称为“皇父摄政王”，既然被称作是“皇父”，那就证明顺治帝的母亲孝庄太后嫁给他了。顺治五年（1648 年）11 月，尊多尔衮为皇父摄政王，这就如同后来光绪皇帝尊称慈禧太后为“皇阿玛”一样。都是尊称，并不能证明多尔衮做了顺治帝的继父。

孝庄太后

第九，关于“朝鲜史证”。类似太后下嫁颁诏告谕这种朝廷大事，照例是应当诏谕属国的。当时作为清朝属国，朝鲜对于清朝发生的大事有详细的记载，留下了珍贵的历史资料《李朝大王实录》。朝鲜的《李朝大王实录》没有“太后下嫁”颁诏告谕的记载。

第十，关于“顺治报复”。顺治七年（1650 年）12 月，多尔衮病死。顺治八年（1651 年）2 月 15 日，也就是福临亲政一个月零三天，就定多尔衮十大罪状，命将多尔衮削其爵号，撤其庙享，黜其宗室，籍其财产，没其府第，毁其陵墓，继子多尔博归宗。有人推断，因为多尔衮逼孝庄太后下嫁，所以才引起顺治帝如此的仇恨。这种说法不能说一点道理没有，但不能作为孝庄太后下嫁的依据。

第十一，孝端不允。布木布泰的姑姑孝端皇太后尚在，她不会允许自己的侄女下嫁，败坏皇家的体统，有辱皇家的尊严。

第十二，关于笔记无载。当时在京的大小官员、来京科考的举子，至今没有见到一篇“太后下嫁”的记载。如果说当时怕犯忌讳而正史无载的话，可是私家笔记、文集、手稿、秘录等也不见记载。

如此看来，孝庄太后下嫁多尔衮，既无文献根据，也无档案依据。

【片言碎语】 探讨孝庄太后下嫁疑案，可以得到以下启示：第一，不要单纯用世俗的眼光看待孝庄太后与多尔衮的关系；第二，弄清事实真相，才可以廓清戏说历史的迷雾；第三，皇太后和多尔衮在皇帝年幼、江山不稳、国运维艰的局势下，以大局为重，和衷共济，形成合力，共渡难关，取得胜利，给后人留下宝贵的历史经验。

俄国末代沙皇一家生死之谜

1917 年，俄国掀起革命浪潮，最后一任沙皇尼古拉二世被迫退位。此后，尼古拉二世与家属被捕，并于一年后在叶卡捷琳堡被处决。然而沙皇唯一的儿子、沙皇继承人阿列克谢和沙皇的一个女儿的遗骸至今下落不明。这也成为上世纪俄国最大的迷案。

如今，一些考古学家表示，他们已经找到了沙皇子女的遗骸，如果这些遗骸被确认是真实的，那么俄罗斯上个世纪的最大一桩迷案将就此终结。

叶卡捷琳堡的郊外，在一个不起眼的土堆里，隐藏着这个国家上世纪最大的秘密。

穿过一块空地，眼前出现一片白桦林。树林中的一处沼泽地里，曾隐藏着俄国末代沙皇尼古拉二世和他的家人的残骸。他们的尸体曾经被泼上硫酸、肢解后混入泥中，直到 1991 年，才被挖出来。但这并不是故事的结束。他们的尸体被埋藏在其他地方，还是像谣传中说的那样，他们已经逃脱了处决？

沙皇尼古拉二世是罗曼洛夫王朝最后一任统治者。1917 年，尼古拉二世在风起云涌的国内革命局势中被迫退位。1918 年 7 月后，尼古拉二世全家包括沙皇夫妇和五个儿女，还有一个医生、一个厨子、一个男仆和一个女佣被押往西伯利亚，辗转到达叶卡捷琳堡，关押在伊帕季耶夫寓所。

1918 年 7 月 16 日晚，午夜时分，他们接到命令，要他们去地下室集合。没有人知道在那个地下室里，究竟发生了什么。

当事人的记忆由于时间的流逝，许多变成了相互矛盾的。唯一可以确定他们去向的是，7 月 18 日，沙皇已经被处死。

在 1918 年 7 月的那场处决中，一共有 11 个人被枪决。人们通过 DNA 检测，却仅辨识出 9 具尸体。沙皇的儿子阿列克谢和某个未确认身份的女儿的尸体消失了。他们的尸体被埋藏在其他地方，还是像谣传中说的那样，他们已经逃脱了处决？这个秘密困扰了俄罗斯人数十年。

苏联时期的一份秘密档案，当年主要行刑者的回忆揭示出了线索。历史学家维塔利·西托夫为了寻找遗骸，仔细地研究了当年的回忆录文件，他表示：“从他们所用的词句中可以发现信息。”

雅科夫·尤洛夫斯基是当时执行枪决的行刑队队长。他回忆说，为了让尸体不被发现，他们起初将沙皇全家的尸体丢在一个矿井里，随后才移到路边的一处沼泽地埋葬。据尤洛夫斯基的回忆，他们故意将两具尸体和其他的尸体分开埋葬，因为，一旦保皇党人试图寻找先皇的残骸时，他们只会寻找埋藏 11 具尸体的场所，9 具尸体则不会引起他们怀疑。

但是怎么分开呢？尤洛夫斯基用了一个俄语词“tutzhe”来表示。

这个词的意思有“就在此地”、“附近”和“马上”。许多人因此理解为，第二处坟墓就仅挨着第一处坟墓。但西托夫认为，这个词的意思可能是指尸骸埋葬在这一区域，但距第一处有一定距离。他们还认为，第一处埋葬点周围是沼泽地，而为焚烧尸体，行刑队肯定要找一块干地。

根据回忆录，西托夫和其他的考古学者以及侦探一起来到了掩埋沙皇一家遗骸的地方。白桦林在风中沙沙作响，似乎在指示方向。走过一段路后，他们在距掩埋沙皇一家的沼泽地大约 60 米的丛林中，找到了一些焚烧尸体的遗迹。

新出土的骨头属于两个青年，一个为男性，年龄介于 10 至 13 岁之间；另一个为女性，年龄在 18 至 23 岁之间。

1919 年 3 月，索霍洛夫被任命为侦察长，全权负责调查沙皇之死，寻找他们的遗骸。1924 年，索霍洛夫在巴黎出版《俄国皇帝一家被杀的司法调查》，在这本书里说，行刑队枪决后把人丢到废矿井，用硫酸处理后又用汽油烧毁，没有留下尸体残留物。1926 年，苏维埃政府出版《沙皇最后的日子》，证实了索霍洛夫的说法。

另一位参与者，叶卡捷琳堡的考古学家谢尔盖·波戈列洛夫说，他们在埋葬的地点发现了子弹、被火烧过的骸骨碎片以及陶制的器皿等。初步分析，这个器皿曾装过硫酸。当年负责行刑的一个人曾说过，当火枪队对沙皇一家行刑后，为销毁他们的肉体，曾把酸性液体倒在他们身上。

原来，这么多年中有许多人来到这里，掘地三尺寻找皇子和公主的残骸，他们挖掘那个矿井，找寻沙皇栖身地附近的区域，却无数次与王子和公主失之交臂。

该地区的法政科主管涅沃林表示，他们已经获得移交来的 44 块骨头，将进行详细的分析。涅沃林说，他们知道阿列克谢王子患有血友病，所以会检测骨头的基因。

目前可以确认的是，新出土的骨头属于两个青年，一个为男性，年龄介于 10 至 13 岁之间；另一个为女性，年龄在 18 至 23 岁之间，据推测，她有可能是17岁的阿纳斯塔西娅，也有人说她是19岁的玛丽亚。如果新发现的遗骨被证实是末代沙皇子女的，那么将会填补一项历史研究的空白。

【片言碎语】1997年，在沙皇一家死难80周年后，由俄罗斯总统叶利钦亲自主持，并且有东正教会人士参加，为末代沙皇尼古拉二世一家举行了隆重的安葬仪式，他们的遗骨被安葬在罗曼诺夫家族的传统墓地——保罗要塞的教堂里。

肯尼迪遗孀再嫁之谜

1968年10月20日，希腊的一个教堂里举行了一场轰动世界的婚礼。39岁的新娘仪态万方，楚楚动人，而68岁的新郎不但比新娘矮了一截，而且已显出老态。这就是美国前总统约翰肯尼迪的遗孀杰奎琳和希腊船王、亿万富翁亚里多德·奥那西斯的婚礼现场。

1968年10月15日，《波士顿旅行者先驱报》以头版发布新闻：杰奎琳·肯尼迪不日将嫁给希腊船王、亿万富翁亚里多德·奥那西斯。

这条新闻引起了全世界的瞩目，特别是在舆论界引起的震动堪与前总统约翰·肯尼迪遇刺引起的轰动相比。这样，总统的遗孀守寡不到5年，嫁给了一位希腊人。

欧美甚至全世界舆论界对这桩婚姻充满了异议。婚礼第二天，各大报纸言辞激烈，《纽约时报》以《气愤、震惊和失望是我们的回答》为题发表文章；西德一家报纸则以《美国失去了一位圣人》为题表达了他们对杰奎琳的不满。在美国纽约第五大道杰奎琳的公寓里，守在那里的特工人员不断收到斥责杰奎琳的成捆的信件；电视评论员指责前第一夫人贪得无厌；报界则普遍认为杰奎琳如今已成了国家的叛徒。但杰奎琳也有支持者，熟悉她的一些朋友为她鸣冤叫屈，认为杰奎琳做出了一个“聪明的抉择”。

这位前第一夫人寡居4年多来，虽然社交活动广泛，但她全身心用于纪念亡夫的活动和抚养一双儿女。虽然偶而也有些“恋情”，但从未想到会再嫁，而且居然嫁给一个60多岁的老头，这便成了众矢之的。但真正的原因谁也不能了解。

也许大多数人认为她出嫁给船王完全是出于金钱的需要。希腊船王奥那西斯是世界上有名的亿万富翁，他死后的遗产共有10亿多美元。持杰奎琳为了钱而再婚者摆出下列事实：她自从成为第一夫人以来，就具有强烈的购物欲，在做第一夫人期间，家具、时装、化妆品、室内装璜、古玩、艺术品等等是杰奎琳采购的热门货，她已习惯于到最高档次的商店，而且从不问价钱，为此她与肯尼迪总统的母亲长期有矛盾，也曾与总统吵过架。而自从嫁给奥那西斯后，她更是挥霍无度，10分钟内可能已进出了世界数家豪华商店，花了至少10万美元，奥那西斯后来忍无可忍，常常把账单摔在桌子上，大叫：“尽管我是富翁，但我们难以理解，这个女人为什么一下子买200双鞋？除此之外，我还得给她买成打的手袋、裙子、睡衣、外套!”大卫·海曼认为，从她在白宫做第一夫人时起，杰奎琳就发现了用购物兑换现钱的办法，她不高兴用的衣物就卖给旧货商店，所以她对钱的欲望简直像无底洞，在寡居四年多后偶然遇到这位亿万富翁，她顿感“不胜惊喜”。法裔艺术家兼作家雅克·哈维认为，杰奎琳和奥那西斯互相选择对方，很可能是出自经济上的需要，杰奎琳可以从丈夫那里得到大把钞票。有人认为他们的婚姻是“亵渎感情的一笔交易”，对杰奎琳而言，奥那西斯的财富迷住了她，在约翰·肯尼迪总统死后18个月内，“几乎有两打世界上最棒的男人，在杰奎琳手指上心甘情愿被操纵，但杰奎琳毫不为之所动”，尽管她孤身一人，但她始终对社交圈的女人构成威胁，她们担心自己的丈夫有朝一日被这个女人勾过魂去。“她的个性、身份和容貌成为所有人屏息凝神的焦点”，但她最终却选择了“只有 5 英尺高、既无魅力又不可爱的乏味透顶的老头子”，不是图其金钱，还会有什么别的呢?

肯尼迪遗孀

但另一派观点并不以上述为然，比如赞成这桩婚姻的人认为杰奎琳与阿里 (即奥那西斯) 结婚并非图财，好莱坞影星伊丽莎白·泰勒从女人角度认为，杰奎琳“找到了一个迷人、和谐、体贴的伴侣”，这位“机智的希腊海盗”，以其地中海式的幽默出现于社交场合，他喜欢热闹，善于调情，这与杰奎琳孤僻、不好热闹的情性形成映照。奥那西斯富有魅力，特别是对于女人，他“是个从不唯唯诺诺的大丈夫，杰奎琳就是喜欢这种永远不会听命于杰奎琳·肯尼迪的、有主见的男人”。许多当时的女性认为 (以女性的眼光) 船王自有其魅力，再加上他的金钱和地位，杰奎琳终究还是嫁给了丧妻多年、个性突出的富翁。杰奎琳的邻居拉里也说：“人们都传说奥那西斯给了杰奎琳很多钱，但我看来杰奎琳图的并不是这些，因为他们的确十分相爱。在我看来，杰奎琳找了个吸引人并精通恋爱门道的家伙。”至于这点，对船王颇为了解的莉莉说：“(与英俊、潇洒的约翰·肯尼迪相比)，我看最迷人的还是阿里，他有一种令人着魔的气质。”杰奎琳就是看到了阿里的迷人之处。

另外还有一种说法，认为杰奎琳嫁给船王是为了逃避凶杀，为了自身和一双儿女的安全。肯尼迪家庭是权势地位超人的家族，也是多灾多难的家庭。当肯尼迪总统遇刺身亡后，她悲痛欲绝，好几个月不能从悲愤中恢复过来，她对环境充满着警惕，时时担心自己和子女被谋杀。1968 年 6 月 6 日，前总统弟弟鲍比·肯尼迪参加总统竞选时遇刺身亡，再次重现肯尼迪家庭历史上恐怖的一幕，尽管杰奎琳有“超乎寻常的预见力——她预感到鲍比会象他哥哥一样遭遇不幸”，但这一天到来时她无法承受这一打击，在鲍比葬礼后，悲痛之中的杰奎琳声言要离开美国，并且说：“我诅咒这个国家。如果他们再下毒手，我的儿女无疑将首当其冲”，人们还未来得及注意她的打算，《纽约时报》头版赫然登出了她将与奥那西斯共结连理的新闻。所以这种自我保护的意识早已在杰奎琳心中生根，因为自她进入肯尼迪家族以来，她就为因这个家族的权势和荣耀而带来的种种灾祸而忧心忡忡。就在鲍比遇刺后一年，肯尼迪总统又一弟弟特迪·肯尼迪出了车祸，同车的情妇玛丽丧生，这类事件使得杰奎琳心惊肉跳。

轰动世界的婚礼于 1968 年 10 月 20 日在希腊一个小教堂举行。(7 年后船王的葬礼亦在此地举行)。39 岁的新娘显得年轻出众；68 岁的新郎尽管足蹬一双高跟鞋，但仍旧比她要矮上一截。前总统的“10 岁的女儿卡罗琳落然而苍白，她的弟弟显得萎靡不振，始终盯着自己的脚站在一旁，令杰奎琳神色不安”；并排站立的还有奥那西斯的一双儿女——他们显得既紧张又忧郁，然而杰奎琳究竟为什么要嫁给年迈的希腊船王，恐怕直到永远还是一个谜。

【片言碎语】作为美国第一夫人的杰奎琳，是美国著名的肯尼迪家族成员，由于她的穿戴极富个性，她独到的审美情趣，成功地倡导了美国的流行时尚。

伊丽莎白女王为何终身不嫁

伊丽莎白是英国都铎王朝最后一位杰出的女王。在她统治期间，英国国教制度最终确立，国内政治稳定，经济发展；对外方面英国取得了海上霸权，在东方扩张势力。然而这位英国近代史上深具影响的女君主，为什么却终身不嫁呢？

1558 年，玛丽一世驾崩。因其膝下无子女，伊丽莎白便在英格兰新兴资产阶级、新贵族和新教徒的拥戴下，继承大典，称伊丽莎白一世。伊丽莎白自幼聪慧，貌美，并接受了良好的教育。她才思敏捷，博览群书，通晓意大利、法兰西、西班牙等国语言。在她统治期间，注意任用贤才，积极推进国家在政治、经济、宗教等各方面的改革；她在位 44 年，带领大英帝国进入“黄金时期”，成为当时欧洲最富强的国家，为英国的强盛做出不可磨灭的贡献。但是，她却终身未嫁，引起了人们对她的种种猜测，难道守身如玉 67 年，号称“嫁给了英格兰”的伊丽莎白女王从来没有过正常人的情欲？一生都未有过惊心动魄的爱情经历吗？她的政敌为此攻击她有生理缺陷，因此不能够像正常的女人一样结婚生育；持反对观点的人们则说她曾有过私生子；也有很多人认为，她的父亲亨利八世三次杀妻，六娶皇后，对她影响深远，以伊丽莎白的美貌、品行、才干、地位，获得欧洲各国国王、贵族的青睐与追逐，一直就未间断过，据记载，伊丽莎白在少女时代曾与英国贵族汤姆斯·西摩尔关系密切，他们之间的关系也一度成为宫廷的绯闻。但西摩尔追求伊丽莎白主要是想利用她争夺王位，后因阴谋败露，西摩尔被杀，他们之间的这段恋情也就告终。

1568 年。西班牙国王腓力二世（1556~1598 年在位）向伊丽莎白求婚，亦遭到拒绝。腓力二世曾是伊丽莎白的姐夫，她同父异母的姐姐玛丽·都铎的丈夫。他早就对伊丽莎白另眼相看，在她遭受玛丽监禁期间曾给予了特别的关照。但伊丽莎白对是否缔结这桩婚姻非常冷静和慎重，玛丽与腓力的结合，曾经给英国带来危害，人们的记忆犹存。她相信腓力向她求婚是为了吞并英国的计划。于是，她以双方的宗教信仰不同为由，委婉地拒绝了腓力的求婚。以后，伊丽莎白又陆续拒绝了其他一些国家王公贵族的求婚，如瑞典王艾力克、罗马皇储查理大公等等。

人们一直相传，伊丽莎白一世虽然终身未曾婚嫁过，但她一直都有个情人，这个神秘的情人就是当时大英帝国的莱斯特伯爵·罗伯特·达德利。

伊丽莎白与达德利在孩童时代就已相识，是青梅竹马的玩伴，两人之所以始终没能缔结良缘，是因为达德利早已结婚（他曾有过两任妻子，第一任妻子神秘死亡），女王当然不能成为达德利的第三任妻子。据说，伊丽莎白女王与达德利长年保持着通信关系，女王喜欢在信中称呼他为“甜蜜的罗宾”，并给他取了个昵称：我的“眼睛”。

美国的福尔杰莎士比亚图书馆曾公开展览过达德利写给伊丽莎白一世的一封情书。这封情书写于 1588 年 7 月 20 日或 27 日，是达德利正在海上指挥英国舰队与西班牙舰队交战间隙写给女王的。在这封情书中，达德利称呼伊丽莎白为“最最甜蜜的女王陛下”和“我最最亲爱的女士”。有趣的是，他两次将代表“最”的英文单同“most”中的“o”双写，变成了“moost”，中间都空了一格，并在两个“o”正面加上“眉毛”，这样就成了一双”眼睛”。达德利在信里感谢“甜蜜的”女王给予了他“最伟大的安慰”，落款“R.莱斯特”。这也是他给其他人写信从来都没有用过的落款。

在写完此信后一个多月，达德利就战死在沙场，享年 56 岁。达德利的死讯令伊丽莎白女王几乎崩溃。她把自己锁在卧室里，好几天不眠不食。最后英国财政大臣和其他内阁大臣不得不破门而入，将女王抬出卧室。1578 年，伊丽莎白女王已经 45 岁，仍然待字闺中，法兰西国王亨利二世的四弟，年仅20岁的安如公爵向她求婚，据说，伊丽莎白女王当时答应了求婚，但在即将举行婚礼的前几天，突然变卦，这次拒婚差点使伊丽莎白女王丧命。

伊丽莎白是新教徒，在罗马天主教皇的眼里，她继承王位是不合法的，合法承继人应是苏格兰的玛丽·斯图亚特女王。玛丽·斯图亚特是苏格兰詹姆士五世与法国盏斯家族的玛丽所生的女儿，也是英王亨利七世的曾孙。而安如公爵则是玛丽·盖斯的外甥。伊丽莎白的悔婚，使玛丽·盖斯极其恼怒，她发誓要给伊丽莎白以颜色。一袭来自法国的丝裙，毒死了伊丽莎白的女官，惊魂未定的伊丽莎白决定反击。她派华星汉前往苏格兰引诱玛丽·盖斯，然后在床上杀了她，翻看欧洲历史，我们不难看出，由古至今，各国王室成员的婚姻，都很难由当事人自己做主。王室婚姻的缔结与国家的政治、经济、国际关系、对外战略密切相连。因而，王室婚姻也包含了太多的阴谋诡计和利益舍取。伊丽莎白之所以终身未嫁，并非是因为她有生理残疾，也并非是她太挑剔，而是因为她睿智，她早已看得太透、太穿。所以她义无反顾地选择了独身，一生致力于英国的强大、昌盛。

正如她在宣布解除与安如公爵的婚约时所说："我无须再选择佳婿结婚。因为我在举行加冕典礼时，已将结婚戒指戴于我国臣民的手上，意即我将与全体臣民为伴，将我的生命与贞洁献给英国。"

【片言碎语】翻开欧洲历史，我们不难发现一点：自古以来各国王室成员的婚姻，都不能由当事人做主。王室婚姻是国家政治、国际关系的附属物。因而，这种婚姻包含着太多的阴谋，算计和利害关系。伊丽莎白女王当然明白这些。也许看的太穿，太透。她义无反顾的作出了独身的选择，一生致力于英国的强大、独立地位。

希特勒和情妇爱娃的死亡之谜

希特勒和情妇爱娃的死亡到底是怎么回事？他们是不是真的自杀呢？历史留给我们思考的无限空间。

1945 年 4 月，苏联红军突破柏林防线，希特勒指挥部内一片混乱。4 月 24 日，希特勒紧急召见警卫分队长沙乌布，商谈军事文件处理问题，希特勒的私人侍从林格被命令不许进入。不一会，沙乌布走出希特勒办公室，要求林格把保存在他那里的两只装着军事文件和几沓德国马克的箱子浇上汽油烧毁。

25 日，希特勒把贴身侍卫林格叫到屋内，宣布了可能是他一生最难做出的一项决定：如果柏林失守，他和爱娃将自杀。为防止尸体落入苏联军队手中，他命令在他死后将尸体和他居住的防空洞全部焚毁，现在应该准备好两箱汽油，放在防空洞入口处，随时准备使用。

苏军已接近希特勒的总指挥部，德军高级将领纷纷逃命。4 月 29 日，希特勒派一名叫费格良的军官去外面侦察情况，谁知费一去不返，令希特勒大为光火。费在希特勒身边负责通讯工作，除工作关系外，还与希特勒有一层亲属关系，他是爱娃两个妹妹之一的格列捷莉的丈夫。

希特勒亲自下令在柏林全城搜查费格良，终于将其逮捕。经讯问证实，费因惧怕落入苏军手中，准备逃离柏林。希特勒下令立即处死“叛徒”。费大为震惊，试图同爱娃见面，让她说服希特勒改变决定。但爱娃只派使女接见了他，明确告知不准备为他说情。费格良被带到防空洞附近的公园内，当众摘去军功章和肩章。一阵枪声过后，费倒在血泊中。

爱娃听到希特勒的死亡决定，显得很镇静，她愿与希特勒一起共赴黄泉。但在此之前，她有一个小小的要求，她要与希特勒举行婚礼，正式成为他的夫人。

4 月 29 日，希特勒与爱娃的婚礼在简陋的防空洞中举行，柏林街上隆隆的炮声为这场特殊的婚礼凭添了几分肃穆。德国宣传部的一名高级官员作为证婚人主持仪式，正式宣布他们成为夫妻。婚礼结束后，希特勒夫妇与其他人一起共同组织了一个简陋的茶宴。婚礼显得有些凄凉，因为他们明白，婚礼距他们的黄泉路不远了。

4 月 30 日，希特勒开始实施自己的“死亡计划”。早晨，保镖把希特勒喜爱的一只狗带进卧室，希特勒准备检查一下毒药的性能。狗吞食毒药后，马上死去。

下午 3 时 45 分，希特勒走进属下的办公室，与部下告别。随后，他返回自己的办公室。两名贴身保镖跟随他进入办公室，想同他做最后的告别。此时的希特勒早已失去了过去叱咤风云的风采，成为一个无助的老人。他希望属下能向西突围，请求德国盟军的支援。最后，希特勒再次提醒保镖，不要忘记他焚毁尸体的嘱咐。

希特勒情妇爱娃

两名保镖刚刚走出办公室，里边便传来的一声枪响。众将旋即推开了办公室的门，一幅惨景出现在面前：希特勒歪倒沙发上，上身穿白衬衫，扎黑色领带，灰色西服；下身全是黑色，黑裤黑袜黑皮鞋。子弹从右太阳穴穿入，周围墙壁和地面上溅满血迹。

爱娃服毒后已停止了呼吸，蜷曲着坐在希特勒右边，身上薄如蝉翼的纱裙也溅满了血迹。地上扔着希特勒使用过的两把手枪。

遵照希特勒生前旨意，大家把两具尸体平放在地面，洒上汽油焚烧。几个小时后，几名保镖把两人尸骸合葬在附近。5 月 5 日，苏联红军从地下挖出了希特勒和爱娃的尸体。

根据林格和久恩舍的供述，希特勒自杀的原因是：希特勒惧怕柏林失守；他的健康每况愈下；希特勒不肯在对手面前投降 (当时传说苏联发明了一种能使人昏睡的瓦斯气，他担心苏联军队突然使用这种气体，使他来不及自杀而落入苏军之手)；不想被苏军生俘，他怕自己和爱娃被处死后，尸体被苏联示众。

苏联方面还怀疑，挖出的尸体可能不是希特勒本人，尸体可能被人偷换过。在对久恩舍的审讯过程中，苏联方面提出过“希特勒尸体是否有可能被他人尸体代替”的问题，但希特勒保镖坚决否认这一点。久恩舍说，不能想象尸体被偷梁换柱，因为希特勒从未有过替身，也没有过同胞兄弟，别人不可能跟他长得那么像。

【片言碎语】事实上苏联特工部门并不完全相信希特勒随从的供述。苏联方面怀疑希特勒是在服毒后被保镖开枪打死的，但并未获得这方面的证据。

英王爱德华八世为何“不爱江山爱美人”

1936年12月11日英国历史上出现了爱德华八世自愿放弃王位，而与一个曾两次离婚的平民妇女结婚的惊人之举。这究竟又有哪些鲜为人知的故事呢?

20世纪30年代初的英国，受到了资本主义经济大危机的沉重打击，产生了英国历史上第一次外贸逆差，随之，政治、财政危机接踵而来。英国统治者要国民“勒紧裤带”渡过难关。当经济危机稍有缓和时，1936年1月英王乔治五世去世，由其子爱德华八世继任王位，称爱德华八世，但爱德华八世坚持要与生于美国又两次离婚的平民妇女——华里丝·沃菲尔德（也称为辛普森夫人）结婚。而引起了一场“宫廷危机”。

华里丝·沃菲尔德并没有漂亮的容貌，超人的才华，和追逐王储的众多美女根本不可相比。可是在1931年11月，王储在伦敦第一次遇到虽人近中年，依然窈窕如初的华里丝时，却为她通晓事理、举止潇洒的风度所倾倒。王储与华里丝一见钟情、相见恨晚。王子很快把华里丝视为知音，并和她一同度假、游玩，如胶似漆，形同夫妻。但是王储的这一举动却遭到了父母、王室、内阁及各自治领政府上上下下的竭力反对。身患重病的乔治五世曾忧心忡忡地对首相鲍尔温说：“我死之后，这个孩子不出几个月就会毁掉自己!”

乔治五世病逝之后，王储登基，就宣布要与华里丝结婚。鲍尔温首相则说，立一个曾两次离婚的美国平民女子为王后，这“太荒唐了!”新国王身边的谋臣们也苦心劝他以王职为重，暂断与华里丝的情丝，而爱德华八世却回答：“我现在所知道的最高责任是考虑自己配不配当华里丝的丈夫，我所向往的幸福就是永远同她在一起。”并坚决表示，如婚事不成，宁肯退位。

而他的妈妈玛丽太后就气愤地说：“你不想当国王，你的乔治弟弟会当得更好！”1936 年 12 月 3 日新国王与华里丝订婚的消息就像暴风般卷过整个英国，全国舆论哗然。要江山还是要女人，这一严肃的问题，摆在新国王面前，要求他必须立即作出抉择，然而他断然地选择了要心爱的女人，并对鲍尔温首相说：“无论当国王还是不当国王，我都要结婚，为了达此目的，必要时我将退位。”

由于政治暴风骤临，性格刚强的华里丝在“存心勾引国王，妄想当王后的‘美国冒险家’”等各种诽谤、咒骂声中，悄然离去，不愿因自己的存在，而使国王遭到恶意中伤。于是她从国外写信给爱德华八世，表明愿作自我牺牲，劝国王割断情丝。可是爱德华八世却说：“即使我独自一人同你在一起，也比一顶王冠、一根权杖和一座御座更令我心悦。”这把爱情高于一切的誓言使华里丝在忍辱中得到了安慰。

12 月 11 日在位不到十个月还未及加冕即告退位的爱德华八世，向国民发表告别演说，他满怀激情地说：“我的朋友们，没有我所爱的那个女人的帮助和支持，我感到不可能承担我肩负的重任。”在发表讲话几小时之后，他便登上了皇家海军的一艘驱逐舰离开了他统治不到一年的大英帝国，去寻找另一个“爱”的新天地。

1937 年他的弟弟乔治六世接任王位，封爱德华八世为温莎公爵。他同华里丝在法国结成伉俪。从此，他们一起甜蜜地度过了 35 个春秋。还把他们幸福生活的重大时刻都刻在首饰上。华里丝尽管一生未曾得到英国王室授予的“公爵夫人殿下”的荣誉；尽管她的婆母拒不承认她这儿媳；尽管谨慎的新任国王乔治六世兄弟也拒不会见这位嫂夫人，但她觉得和公爵生活在一起是最大的幸福，万事不足为憾。她在暮年常对朋友说：“我这样一个女人，怎样才能报答他为了我而放弃的一切？”丈夫为了她而宁可放弃英国国王的权势与地位，并还遭到全国从上而下的种种非议。这种男性的痴情将使她永远难于忘怀。

1972年温莎公爵病世，享年78岁。华里丝在对丈夫的深沉思念中，度过人生的最后14年。她每天都亲手整理丈夫的遗物，并按他生前的模样摆放好。在她生命的最后阶段除了整理回忆录外，就是沉浸于丈夫生前所喜爱的音乐声中。

1986年4月24日，华里丝因肺炎在巴黎郊外逝世，终年90岁，这段延续了半个世纪的动人爱情故事降下了帷幕。它将作为"历史上伟大爱情一例"被留在人间。

1987年4月2日至3日，华里丝生前200件首饰珠宝在其新婚度蜜月的地方——美丽的莱茵湖畔布伦斯维克公爵庭园中，以比预估价高6倍的价格全部拍卖。遵照华里丝的遗嘱，将其大部分的饰物赠与法国，以表在他们陷于困境时所给予款待的感激之情。将95件珠宝所得的7500万瑞士法郎献给了巴黎的巴士德研究院，该院已决定将此巨款用于癌症和艾滋病的研究，让这些真挚爱情的见证物造福于人类。

【片言碎语】华里丝一生未能为公爵的举动进行公开的辩解，也更不可能为自己洗刷所蒙受的种种恶语。而人们对爱德华八世"不爱江山爱美人"的原因也有多种看法：有人认为是受"现代派思潮"影响的王子要以此举来冲击腐朽的君主制度；也有人认为是王子经受不住华里丝美色的引诱；还有人认为王子是为了真挚的爱情。总之大家看法不同，莫衷一是。将来也许能从他们已公布于众的80多封情书中，探究出这爱情的真谛。

杨玉环有何美体秘诀

天宝四年杨玉环入宫，得唐玄宗宠幸，封为贵妃。27岁的杨玉环除了“善歌舞，通音律”外，还独创一套杨氏护肤养体法。唐玄宗被她倾城倾国之色所折服，对后宫发出这样的感叹：“朕得杨贵妃，如得至宝也。”

杜牧有诗云：“一骑红尘妃子笑，无人知是荔枝来。”很多人从这两句诗中知道了杨贵妃是一个爱吃荔枝的主儿。《新唐书·玄宗贵妃杨氏传》也记载：“妃嗜荔枝，必欲生致之，乃置驿传送，走数千里，味未变已至京师。”由此看出，杨贵妃在百果之中独爱荔枝，几乎到了不惜血本的程度。那么，她为什么爱吃荔枝呢？这恐怕是一个鲜为人知的秘密。

原来，杨贵妃看中的，是荔枝的排毒养颜功效。荔枝中含有丰富的糖分，具有补充能量、增加营养的作用，吃了荔枝，既可以迎合以胖为美的时尚，又可以把体内毒素排出，真是两全齐美。更重要的是，荔枝拥有丰富的维生素，可促进微细血管的血液循环，防止雀斑的萌生，同时能让皮肤光滑。

俗话说，一只荔枝三把火。荔枝火气很大，吃多了就会起内热，严重的会得溃疡或流鼻血，杨贵妃也不例外。然而，面对美体中出现的问题，杨贵妃积极收集民间偏方，研究制定了一套成熟对策。五代王仁裕在《开元天宝遗事》记载了杨贵妃的两个解热润肺的秘诀：一是含玉鱼，二是吸花露。书载：贵妃素有肉体，至夏苦热，常有肺渴，每日含一玉鱼儿于口中，盖藉其凉津沃肺也。又载：贵妃每宿酒初消，多苦肺热，尝凌晨独游后苑，傍花树，以手举枝，口吸花露，藉其露液润于肺也。杨贵妃的这两手绝活儿，与吃荔枝相得益彰，可谓史上独树一帜。

“帝辇恒从十月来，羽骑云游应山绿”。据记载，从公元745年至755年的每年十月，唐玄宗十年中都撇开公务，坚持不懈地和杨贵妃一起来华清宫，享受温泉洗浴带来的奇妙感觉，直至第二年的暮春才返回京师长安。“春寒赐浴华清池，温泉水滑洗凝脂。侍儿扶起娇无力，始是新承恩泽时。”这是唐代大诗人白居易对贵妃在华清宫内赐浴的真实写照。

当然，杨贵妃在华清池洗浴绝非单纯意义上的洗澡，而是另有美体的成分在其中。据说是当年华清池的洗浴温泉水中，有专门的女性美体专用配方：防风、荆芥、细辛、当归、羌活、皂、香日草、藿香、白芷、蒿木、川芎、甘松、水红花、茉莉花、单桂花等分，捣成粉末后煎汤沐浴，能够消除身上奇异难闻的怪味，三天之内其香不散，皮肤也会变得润滑无比。这样的一个热水澡一洗，出水芙蓉的美体效果立马就会跃然而出。

除了自然美体之外，杨贵妃还特别注重人工美体和自我包装，以人造肤香来巩固自然美体的成果，借以达到长期受宠的目的。杨贵妃靠人工修饰进行美体的做法，与《旧唐书》所记载的“太真智算过人，每倩盼承迎，动如上意”相吻合。

五代王仁裕《开元天宝遗事》记载的红汗和红泪两件事，就透露出了杨氏美体法的另一个重要信息。书中有两处记载：“杨贵妃初承恩召，与父母相别，泣涕登车，时天寒泪结为红冰”。“贵妃每至夏月，常衣轻绡，使侍儿交扇鼓风，犹不解其热。每有汗出，红腻而多香，或拭之于巾帕之上，其色如桃红也”。红冰，红汗，这两种看似离奇古怪的生理现象，成为人们神传杨氏美态的证据。

很多人不理解的是，古代女子擦脂抹粉到底是擦脸上还是擦身上？如果是只擦脸，杨贵妃的身上为何会出现红汗呢？其实从汉代开始，女性化妆时不但擦脸，而且要把上半身擦满香粉。到了唐代，女性夏日要在身体上遍扑“傅身香粉”，因为女性所穿的轻罗浅纱都是半透明的，肩、胸、双臂和脖颈都是裸现的，化妆时不但要脸，还要照顾其它部位。欧阳修《系裙腰》的“系裙腰，映酥胸”就是描写的这种穿着。

那么，导致杨贵妃流红冰、出红汗的香粉到底是什么东西呢？据古书中记载，“涂傅之香”的大致成分是：滑石、心红、轻粉、麝香等。几种原料同研极细，用之调粉如肉色为度，涂在身上，有香饥利汗之功效。

另外，《旧唐书》杨贵妃列传有这样一段记载：“上皇密令中使改葬于他所。初瘞时以紫褥裹之，肌肤已坏，而香囊仍在。内官以献，上皇视之凄惋，乃令图其形于别殿，朝夕视之”。从这里可以看出，杨贵妃人工制造香肤美体的另一个策略就是挂香囊，并且是从生到死都挂在身上，这种香囊的原材料也不过是麝香之类的香料，其主要功效与香粉大同小异。

【片言碎语】杨贵妃打造丰体香肤绝非仅用一种办法，她运用的是多策并举的综合美体法。其美体保养的办法概括起来大致有吃荔枝、含玉鱼、吸花露、洗水疗、擦香粉、挂香囊六大秘籍。杨贵妃的生活实践证明，这六大秘籍不但是行之有效的，而且也是物有所值的，有些方法甚至是超乎常人想像的。

文艺圈逸事寻迹

托尔斯泰离家出走之谜

1910年11月20日列夫·托尔斯泰在离家出走途中辞世于阿斯塔波沃火车站。这一噩耗令世人震惊，整个俄罗斯乃至全世界都在为失去这样一位伟大的文学巨匠而悲伤。悲痛过后，人们不禁要问：作家为什么在83岁的耄耋之年要离家出走呢？

多少年来，对这一疑问的探索和争执一直没有停止过。研究者分析比较多的首先是家庭因素，尤其是作家的妻子索菲亚·安得烈耶夫娜。传记作者康·洛穆诺夫认为托尔斯泰晚年精神痛苦主要是由家庭不和引起的。托尔斯泰的密友切尔特科夫更是直截了当地把出走的原因完全推到索菲亚身上。舆论认为，自1862年结婚以来，虽然夫妇感情在前期很好，但从托尔斯泰的世界观发生急剧转变之后，夫妇思想的鸿沟就愈来愈深，以致彼此本来融洽的感情发生裂变。早在1885年和1897年托尔斯泰就曾两度打算出走，但矛盾毕竟没有到足以决裂的地步，所以均未成行。可是裂痕也一直未能弥合。当托尔斯泰在1910年7月秘密立下关于文学遗产的遗嘱后，索菲亚本已不太正常的精神愈加烦躁，她急于了解遗嘱的内容，以致在10月27日深夜背着托尔斯泰在书房里搜寻。这下使得托尔斯泰“已经满溢的忍耐之杯中又添加了最后一滴。出走的决定在他心中突然形成，不可更改了。”当晚后半夜，托尔斯泰便在小女儿萨莎和医生玛科维茨基的协助和陪同下悄然离开了生活几十年的雅斯纳雅·波良纳庄园，踏上了不幸的出走旅程。

此外，研究者们也没有忽视家庭不和的其他因素。除子女们分成同情父亲和母亲的两派外，小女儿萨莎“竭力将父亲推上与母亲斗争的道路”，最后帮助父亲出走，亦是事端的直接责任者。

然而，包括托尔斯泰部分子女的许多研究者不赞同上述观点。高尔基就坚决反对把索菲亚看成“扫把星”，并正确评说了她在托尔斯泰生活和事业中的重要地位。罗扎诺娃也认为，“并不是夫人的精神状态，她的歇斯底里发作和喜怒无常，才使得托尔斯泰难以忍受继续留在自己家里”。伊利亚·托尔斯泰更是诘问：“难道我父亲从家里逃走，真是因为和他共同生活了48年的妻子……的某些变态?”他们觉得切尔特科夫才是罪魁。

托尔斯泰像

托尔斯泰在深入研究道德哲学和宗教伦理的基础上，形成了“不以暴力抗恶”、“道德上自我完善”、“放弃私有财产”为核心的托尔斯泰主义。并开始过简朴生活，从事体力劳动，接近农民，实践其理想。作家的理论吸引了一批崇拜和追随者。这些托尔斯泰主义者不仅坚定了作家放弃地主阶级养尊处优的生活方式、消除他同普通百姓之间的鸿沟的愿望，而且最终促成了托尔斯泰与家庭决裂。其中对作家影响最大的是切尔特科夫。

切氏本为上层贵族的出色军官，但他抛却军职，舍弃锦绣前程，回到自己的庄园和农民生活在一起，并把部分财产分给农民。这种共同的道德理想把他俩紧紧联系起来。托尔斯泰和切尔特科夫刚刚接触后便在日记中写道："他和我真是心有灵犀一点通"，两人的友谊从1883年开始一直延续到作家逝世。而且，切氏在托尔斯泰作品出版、思想的传播、手稿的收集保存多方面作出了巨大的贡献。所以，作家"想不出比切尔特科夫更好的朋友了"。同时，切氏也介入和干预了托尔斯泰的私人生活，并直接导演了文学遗产继承权之争。切氏从"放弃私产"的原则推导出"非版权所有"的主张，致使托尔斯泰在1891年就宣布，凡1881年后出版的他的著作，任何人可以免费再版。1909年托尔斯泰又作出任何人可以免费出版他1881年以前尚未出版的全部文稿的决定，由切氏负责有关事宜。但切尔特科夫并不满足于此。他于1910年7月22日草拟了一份关于文学遗产继承权的最后遗嘱，让作家签了字。主要内容是作家的一切文著、手稿、日记、信件全由萨莎继承，并移交切氏出版。随后他还给托尔斯泰写去一封"充满了责备和控诉"的长信。再加上其他托尔斯泰主义者不断写来言词过激的信，指责作家"说的是一套，做的和生活的又是一套"，终于促成矛盾空前激化，托尔斯泰"感觉到自己被撕成两半"，左右为难，进退维谷，遂下定决心到庄稼人的茅舍度过余生。

但是，把出走的责任全推在切尔特科夫身上亦欠公允。对于托尔斯泰这样一位道德高尚、意志坚强的老人，不大可能由他人操纵摆布。假如没有早在19世纪80年代已产生的离家出走的思想基础，遗产之争的后果就不一定会如此。所以，有人便认为出走的原因应从托尔斯泰的内心深处去找。他的崇高理想和沙皇专制下严酷现实的尖锐对立才是他精神长期痛苦的根源，离家出走客死他乡不过给这种痛苦平添了几分悲剧色彩罢了。话又说回来，如果夫人能从道义上理解丈夫，如果切尔特科夫等人不那样推波助澜，一个 80 多岁的老人会下决心冒着严寒、拖着衰竭的身躯，背井离乡去实践其所谓的主义和理想吗？可见，出走的原因并不简单。研究和分析尽可以继续，但有谁又能真正弄清作家当时的心理状态呢？

【片言碎语】 列夫·尼古拉耶维奇·托尔斯泰是俄国作家、思想家，19 世纪末 20 世纪初最伟大的文学家，19 世纪俄国伟大的批判现实主义作家，是世界文学史上最杰出的作家之一，他被称颂为具有“最清醒的现实主义”的“天才艺术家”。主要作品有长篇小说《战争与和平》、《安娜·卡列尼娜》、《复活》等，也创作了大量的童话。他的作品描写了俄国革命时的人民的顽强抗争，因此被称为“俄国十月革命的镜子”列宁曾称赞他创作了世界文学中“第一流”的作品。

歌坛巨星列侬何以被刺身死

闻名于世的“甲壳虫”乐队创始人、欧美歌坛巨星约翰·列侬在纽约达科他寓所门口被人枪击而死。他的死是突然发生的，致使人们对事件的发生充满疑惑：凶手为什么要杀死列农？这是不是一次蓄意谋杀？

历史停在了 1980 年 12 月 8 日的深夜。闻名于世的“甲壳虫”乐队创始人、欧美歌坛巨星约翰·列侬在他纽约寓所门口被人枪击而死。列侬死后，全世界都为之震惊，成千上万的人在哀悼他，人们悲痛、惊叹、沮丧、愤怒，其深度和广度不亚于对谋害诸如肯尼迪兄弟等有威望的政治家，或者像精神领袖马丁·路德·金这样的世界性人物的反应，因为列侬是一代人的象征。由于这一切是在突然和可怕的情况下突然发生和失去的，致使人们对事件的发生充满疑惑：凶手为什么要杀死列侬？这是不是一次蓄意谋杀？

1982 年，美国一家影片公司以极快的速度抢先拍摄了影片《约翰·列侬之死》。该片描述蜚声歌坛的巨星列侬的艺术生涯，一组组镜头再现了列侬与众不同的丰姿，同时再现了那个凄惨夜晚。影片上映后，再次激起了人们对列侬的怀念，并促使人们去进一步探索列侬被枪杀的真相。

关于列侬被杀的原因，目前尚未取得一致意见，主要观点有：一是认为列侬因拒绝为人签名而被人枪杀。

列侬是闻名于世的“甲壳虫”乐队的创始人，成立于 20 世纪 50 年代末期的英国，60 年代主宰了摇滚乐，自 1963 年至 1970 年，该乐队发行了 18 套唱片。他们的音乐、爱德华七世（指 20 世纪头 10 年）时代的服饰和象拖把似的长发吸引了青年人，受到青少年的狂热崇拜，也受到各种音乐爱好者的重视。这独特的以敲打乐组成的乐队成了英国利物浦的代表，风靡欧美各国，在世界各地巡回演出及唱片专集的大量发行，替英国赚了许多外汇。1965 年，英国政府特意为乐队颁发了大英帝国勋章。乐队在顶峰时，又向好莱坞影坛进军，在短短几年中，他们拍摄了《“披头士”来表演》、《啊！啊！啊!》等数部音乐片，而列侬更是乐队的核心成员，他不但演唱出色，而且创作了不少迷人动听的歌曲，许多代表作品被灌制了大量唱片，在国内外发行流传，使列侬名声大振，拥有了越来越多的歌迷和崇拜者，许多人以能得到列侬的签名为荣。因此，当列侬拒绝为可能是歌迷或崇拜者的凶手签名时，便遭到了恼羞成怒的凶手的枪杀，这是很自然的事。如我国出版的《电影世界》1981 年第 6 期中《“披头士”歌星约翰·列侬》一文说：“他在纽约的大门口，因拒绝为人签名，被一个莫名奇妙的凶手开枪打死。”

二是有人引用约翰·列侬的遗孀小野洋子的看法，认为“凶手可能是糊涂人”。这类人常想用制造轰动的事件来使自己出名。于是，凶手选择了名震世界的约翰·列侬。但是，赞同或附和这种观点的人不多。

三是认为列侬的被刺是一次谋杀，并不象第一种观点那样是一次突发事件，凶手为枪杀列侬做了周密的布置。美国学者杰伊·科克斯1981年在《时代》周刊撰文认为："有官方的记录，列侬之死将被称为谋杀。这是一次暗杀，是他们无法理解的有意的凶杀。"科克斯还列举以下事实证明谋杀是成立的：⑴事后查明，谋杀列侬的是一个在佐治亚州出生、住在夏威夷的前保安人员，名叫马克·查普曼，年方25岁。他于谋害列侬前两天赶到纽约，住在离列侬家有九个街区的基督教男青年会里，开始和许多崇拜者一起等在列侬的住所门前。星期六晚上，查普曼叫了一辆出租汽车，叫司机把车开到洛林威治村。星期一下午，查普曼找到列侬，请他签名。列侬急速地把名字草草签上，随后钻进一辆等着的汽车去录音场录音。但是前一天晚上，查普曼突然离开了青年会，搬到谢拉顿中心的一家饭店去住，并且大吃了一顿，仿佛是为了取得某种值得自豪的成就预先慰劳自己。在列侬给查普曼签名以后几个小时，他再一次等着列侬。⑵12月8日夜晚，查普曼在列侬的公寓门口等到了列侬。"列侬先生"，查普曼在黑暗中叫了一声，列侬刚要转过身去，只见穿着黑雨衣的查普曼突然从阴影里冲了出来，举枪朝列侬射击。第一发子弹飞快地穿进了列侬的胸膛，接着至少又是三发子弹。警察抓住他的时候，发现他身上还带着列侬签过名的纪念册。照科克斯的说法，列侬并非因为拒绝签名而遭凶手枪杀的，凶手另有企图。但查普曼为什么要杀死列侬，科克斯没有说明。有人推测查普曼可能是个偏执狂或是歇斯底里症一类患者，这些人在情绪激动后便无法控制住自己的行为。

四是有的艺术界人士认为列侬被枪杀的主要原因在于他的艺术实践和艺术主张。列侬和其合作者很清楚，他们所从事的摇摆舞音乐是一种巨大冒险和感情丰富的应用艺术，他们所创作的歌曲比任何事情都会使更多的人起来反对摇摆舞音乐的欢乐和奔放，尤其是那些艺术主张与"甲壳虫"乐队相左的人们。"甲壳虫"之所以在全世界轰动一时，是和他们的理想主义有关。他们的理想主义走在时代前面一两步，激励时代前进。列侬们认为，速度缓慢的歌曲可以使心脏停止跳动，而速度快的歌曲则成为机智、庸俗的爱情和高度寓言式的冒险的刺激素。这些歌曲合在一起，便成为一代人的最大的希望和最美的梦想的集合体。这种艺术实际和主张，无疑具有鲜明的挑战意义，自然会遭到反对派的攻击和忌恨。另外，列侬和“甲壳虫”乐队其他成员比，更加倾向政治，其中后期的作品包含有对社会的评论；列侬还是一个参加和平运动的积极分子，从而不为传统所束缚。所以这一切都说明，列侬常会处在易受攻击的地位，甚至有被杀的可能。事实上，不管是在录音室里，还是在音乐会上，列侬曾多次遭到别人攻击，生命受过多次威胁。早在 1964 年，在法国举行第一次“甲壳虫“音乐会时，列侬在后台收到一张条子：“我要在今天晚上九点钟把你打死。”据此，不少人推断查普曼很可能是一个言行和列侬大相径庭的人，故而枪杀了列侬；或者是受雇于人的凶手。

列侬在被害的那天下午接见旧金山电台记者访问时说过：“我希望前程万里。”但时至今日连刺杀列侬的真相也只有靠后人来弄明白啦！

【片言碎语】约翰·列侬对于摇滚乐，是一位举足轻重的开创者，他被喻为百年来最具影响力的伟人之一。一般的音乐创作人的感觉是一时的，唯有隽永恒长的音乐，才会让我们濡沐创作者的人文气息，才有可能让歌曲流芳百世，列侬作为一位音乐艺术家，如今虽然辞世超过三十年，但他所留下的风范和音乐将长驻人心。

谁是《呼啸山庄》的作者

在文学界，大多数人都认为，《呼啸山庄》的作者是英国作家艾米莉·勃朗特（1818~1848年）。然而，谁又能证明这一点呢？

《呼啸山庄》一书的初版是在1847年12月问世的，作者当时的署名是“艾莉斯·勃哀尔”，出版商是托马斯·科特雷·牛比。这部小说描写了18世纪末英国北部约克郡偏僻地区弃儿出身的希斯克利夫被恩肖家收养后的辛酸经历。他热爱恩肖的女儿凯瑟琳，但遭到恩肖一家的强烈反对和歧视。当凯瑟琳嫁给了富商林顿之后，希斯克利夫蓄意对这两个家庭进行报复，并一直延续到他们的第二代。这部小说结构非同一般，富有奇特的想象和戏剧性的构思安排，笔法流畅而细腻，因而深受广大读者的喜爱和青睐。

当艾米莉谢世之后的1850年10月，她的姐姐夏洛蒂·勃朗特（《简爱》的作者）主持再版《呼啸山庄》这部小说时，出版商牛比已经把原稿不慎丢失了。当小说刚开始发行时，就有人对交口称誉的《呼啸山庄》一书的真正作者产生怀疑了；当小说原稿不复存在之后，《呼啸山庄》一书的著作归属问题就更是成为人们争论不休的谜题。

有人主张《呼啸山庄》的真正作者不是艾米莉·勃朗特，而是她的同胞哥哥布兰韦尔·勃朗特。当时，已故布兰韦尔的一位名叫威廉·迪尔顿的旧友，在英国《哈利法克斯报》上撰文，肯定《呼啸山庄》是布兰韦尔写作的一部成功之作，称艾米莉是《呼啸山庄》作者的说法是失实的。在当时，英国作家盖斯凯尔夫人在写作《夏洛蒂·勃朗特传》一书中提到《呼啸山庄》系妹妹艾米莉所著，为此，迪尔顿还专门为此书的作者问题公开责难盖斯凯尔夫人。迪尔顿回忆说：他曾和布兰韦尔决定各写一出戏或一首诗来比试各人的水平高低，他们还约定了聚会的时间和地点，并且找了另外一位朋友来当仲裁人。那天布兰韦尔到会之后，说是要当场朗诵自己写的一首名叫《死神》的长诗，但当他伸手去找随身带来的诗稿时，发现自己错拿了自己正在写作的一部小说的原稿。迪尔顿在文章中十分肯定地说："布兰韦尔这部小说开始部分的人物和背景与《呼啸山庄》中描写的人物和背景是一模一样的。"

1879年，布兰韦尔·勃朗特的另一位朋友弗朗西斯·格兰特也在报章上发表文章，宣称布兰韦尔当年曾亲口告诉他正在创作一部小说，当他拿到《呼啸山庄》一开始读这部小说时，就已经预知故事中所有的人物情节了，因为布兰韦尔曾经在他面前一而再，再而三地念过这部小说的手稿了。所以，《呼啸山庄》的著作权应归于布兰韦尔名下。

对此，勃朗特一家的观点则是一致肯定《呼啸山庄》是艾米莉创作的，她在此书最初出版时署名"艾莉斯·勃哀尔"正是她本人姓名的笔首英文字母，同时也承认了此书的著作权归她所有。老勃朗特先生说过，他的儿子完全不可能写出这样一部作品来，布兰韦尔既没有写过《呼啸山庄》的任何文字，也未插手过该书的构思编排。布兰韦尔的文风与艾米莉迥然不同，如果人们了解到布兰韦尔的生平思想和写作风格，就不会枉费心机地把他和《呼啸山庄》的作者等量齐观了。只要熟读了艾米莉创作的其他大量文学作品，也就不难看出《呼啸山庄》的真正作者非她莫属。

艾米莉的姐姐夏洛蒂·勃朗特也在《呼啸山庄》第二版序言中指出：《呼啸山庄》的主题构思与情节安排在勃朗特一家人中间，只有艾米莉是最熟悉最有体验的。艾米莉幼年丧母，父亲是一位偏僻乡村的穷牧师，她在童年时代曾在专门为穷苦牧师的子女寄读的学校上过学，也曾与姐姐夏洛蒂一同远赴比利时异国他乡学习法语和德语，准备将来自己开办学校，但这个愿望始终未能实现。为生活所迫，艾米莉还担任过待遇微薄的家庭教师。艾米莉性格倔强，文风简洁明快，是一个不信教，罕言寡语而具有强烈自我感的人，她的几位哥哥姐姐在性格上都比她怯弱得多，这正是艾米莉能够创作出这部传世之作不可或缺的前提条件。同时艾米莉也是一位卓越的诗人，一生中写下了大量清丽而深刻的隽永诗文。《呼啸山庄》既是一部感人心腑的不朽小说，也是一首完美动人的叙事诗。

《呼啸山庄》在世界文学宝库中是一颗璀璨的明星，尽管其中的人物情节已经为成千上万的读者所熟悉，长久地留在人们永恒的记忆之中。

【片言碎语】《呼啸山庄》以艺术的想象形式表达了19世纪资本主义社会中人的精神上的压迫、紧张与矛盾冲突。这是一部毫无理想主义、毫无虚假的安慰，也没有任何暗示说操纵他们的命运的力量非人类本身的斗争和行动所能及。对自然，荒野与暴风雨，星辰与季节的有力召唤是启示生活本身真正的运动的一个重要部分。

蒙娜丽莎的微笑为何神秘莫测

意大利文艺复兴运动代表人物、艺术大师达·芬奇有一幅名画：《蒙娜丽莎》，通过画中人的面部表情，尤其是嘴角浮现出来的永恒的微笑，显示出了一种不朽的艺术魅力，她的微笑是那么的神秘莫测，这到底是怎么回事呢？

《蒙娜丽莎》现悬挂在巴黎卢浮宫的一间正方形大厅内，吸引着来自世界各地的参观者，据统计，1989年有295万人次，1990年为400万人次，1991年达634万人次。

《蒙娜丽莎》这幅名画，又称作“微笑”，画中蒙娜丽莎的微笑充满了神秘莫测。但是，达·芬奇笔下的蒙娜丽莎却是实有其人的。她是佛罗伦萨一位富有的女市民。达·芬奇刚开始为她画像时，她年仅24岁。据说，在这之前不久，蒙娜丽莎心爱的女儿刚刚去世，因此她整天愁眉苦脸，闷闷不乐。为了唤起模特儿发自内心的微笑，画家一边为她画像，一边请人在她身边奏乐，如此这般千方百计地引出这位美人的一刹那的微笑，仿佛稍纵即逝。你看：蒙娜丽莎嘴角微皱，眉宇舒展，脸部则显出了刚可察觉的微笑。这微笑似乎是从脸上掠过似的，既显示了她内心的激动，又没有失去安详的表情，显露了人物内心深处微妙的心理活动，引人遐想，令人神往。不是吗？蒙娜丽莎的微笑，有时让你觉得温文尔雅，令人陶醉；有时仿佛内含哀愁，似显凄楚；有时又略呈揶揄之状，虽则美丽动人却又有点不可接近……自从《蒙娜丽莎》问世几百年来，人们在她面前品味着、揣测着、争辩着，她的微笑神秘莫恻，令人百思不得其解。

当然、讨论蒙娜丽莎的笑容，关系创作者的艺术思想及表现手法。这一问题的探讨决不同于中世纪经院哲学家们争论一枚针尖上可以站几个天使那样无聊。学者们是从科学的观点，认真地在研讨着蒙娜丽莎的微笑因何神秘莫测？

有的从审美心理学的观点出发认为，同一件艺术品，不同的人或同一个人在不同的心境下观赏，往往会有不同的感受，人们凭借自己的生活经验，能从中不断发现作品的新含义。

有的学者如美术史学家詹森，从美学角度指出，这一神秘微笑的造成是因为作者力图要在一个个性非常具体的人物身上，创造出他理想化了的美的典型，力图要使一闪即逝的面部表情，成为一种喜悦的永恒的象征，正是这种矛盾的结合产生了令人觉得出奇的客观效果。

有的画家则从绘画技巧上进行探讨，说达·芬奇为这个坐在阳台上的少妇，设置了一幅透视不一的背影，当人们的视线集中在左边，感到远景下降而人物上升；反之，当人们集中到右边看时，觉得远景上升而人物下降。画像中的人物五官，其位置亦在游移不定之中。加上作者把体现人的笑容的嘴角、眼角部位，又画得若隐若现，界线不甚分明，这就使得画中主人公的微笑颇费猜疑。

有的研究者从医学角度，别出心裁地研究了蒙娜丽莎的“生理状况”，认定她患有内斜视，甚至发现她右下脸上有一霰粒肿。而现代派画家迪费则坚持认为蒙娜丽莎应是有胡须的，为此他大笔一挥，硬给蒙娜?丽莎嘴上添了两撇八字翘须。令人观后啼笑皆非。

著名的精神分析学说的创始者弗洛伊德则将此问题同达·芬奇的母亲联系起来。他认为，画家由于离别生母，多年来随父与继母生活，不免思母之情甚切，他从“蒙娜丽莎”模特儿的脸上和嘴唇间发现了他母亲那样的微笑，唤起了他无意识中对母亲的爱，但画家已不能再从那唇上得到亲吻，于是便以高超的画艺把那迷人的美连同他自己的感情全部表现在画布上，以至使那微笑具有诱人的魅力。

蒙娜丽莎

需要指出的是，不仅达·芬奇笔下的蒙娜丽莎的微笑是神秘莫测的，而且有关画中主人公的身份、年龄及该画真品究竟藏在何处，也莫衷一是，众说纷坛，这就使得蒙娜丽莎的微笑越发显得扑朔迷离了。且略举一二：据意大利学者皮德利梯和苏联教授昂斯基研究的结果，认为《蒙娜丽莎》实际上是“一个妓女的肖像”！一反过去此乃贵妇人之说，此论一出，学术界哗然。

至于画中人的年龄，一些研究家也认为并非如过去“定论”说的只是一位二十几岁的妙龄女郎，而是已经“人到中年”——她应该在三十七八岁或四十岁以上。

达·芬奇的《蒙娜丽莎》原画藏于巴黎卢浮宫。但几百年来，不少收藏家各自称他们藏有真正的《蒙娜丽莎》。此画1911年失窃，两年后失而复得，这就使得《蒙娜丽莎》的真品究竟藏在何处的公案，更显得“雾失楼台，月迷津渡”了。据说，全世界已有形形色色的假《蒙娜丽莎》200多幅，英国前首相撒切尔夫人就收藏有4幅，她说：“我实在太喜欢《蒙娜丽莎》了，但它又是一件孤品，所以只得以赝品自娱。”更有趣的是，1984年美国东部缅因州波特兰美术馆又收到一幅《不微笑的蒙娜丽莎》，经使用现代科学技术手段测定，此画确是当年达·芬奇的手笔，画中的人物除“不微笑”外，其余都酷似蒙娜丽莎本人。画家们由此推测，这幅《不微笑的蒙娜丽莎》可能是作者同时画的一幅底稿……

【片言碎语】欧洲文艺复兴时期有一首广为流行的诗歌：“青春多美丽，时序若飞驰。前程未可量，奋发而为之！”它充分地显示了那些摆脱神学思想禁锢，憧憬未来与锐意进取的人们的精神境界，且抛开“蒙娜丽莎”的微笑何以神秘莫测不论，说达·芬奇的《蒙娜丽莎》为这首流行诗篇作了一个生动的例证，恐怕也不为过分。

《摩西》雕像的原型到底是谁

意大利文艺复兴时期艺术大师米开朗琪罗的雕像《摩西》以沉思和明哲的神情出现在世人面前，他那充满睿智和活力的脸部，鲜明地反映着爱与恐，这两种人类不同的情感。那么摩西雕像的原型是谁呢？

关于摩西的原型历来说法不一。有的说原型是教皇尤里二世。自从尤里成为新的教皇后，即召米开朗琪罗去罗马，是一位做建筑师的朋友把雕塑家推荐给了尤里二世，据专家们考证：尽管他们两人的关系不很融洽，但如果没有尤里二世，米开朗琪罗未必有机会施展其全部的惊世之才，尤里二世将文艺复兴的中心从佛罗伦萨移到罗马，使艺术达到了盛期。尤里二世为使自己不朽，决定为自己建造一座举世无双的陵墓，并拨款派米开朗琪罗到采石场挑选大理石；尤里二世还常与米开朗琪罗谈论陵墓的事，并商定其中的雕像要各有含义，都是圣徒、英雄。因此，米开朗琪罗极有可能以尤里二世为原型。又据苏联艺术史家考证，许多著名人物都成了米开朗琪罗的模特儿。如但丁、科隆、教皇尼古拉三世、克列门七世和保罗三世等，尤里二世当无例外。

有的学者以为米开朗琪罗本人是摩西雕像的原型，米开朗琪罗的许多雕像，无法在实际生活中找到相似的形象，在鉴赏米开朗琪罗的雕塑艺术时只有深刻了解了大师所处的时代、个性方可入门。我国学者左庄伟在《西方裸体艺术鉴赏》一书中指出：、“米开朗琪罗所创造的这些典型，并非生活中模特儿的再现，而是存在于大师心目中的形象，是他自己个性的再现，要在一个艺术家心中找到这样的典型形象，艺术家本人必须是个热爱正义、坚强勇敢、不畏强暴的英雄，是个生性孤独，好深思，慷慨豪放，容易激动的人。当时他周围尽是欺诈与压迫、专制与不义，自由与故土受到摧残，连自己的生命也受到威胁，觉得活着不过是苟延残喘。他既不甘屈服，只有整个身心逃避到艺术中去；在备受奴役的沉默之下，艺术家的伟大心灵和悲痛的情绪只有在艺术中才可尽情倾诉”。因此，包括摩西雕像在内的不少作品就是米开朗琪罗本人伟大心灵的产物。还有的学者、专家甚至把摩西说成是宇宙物质的化身：头发代表火焰，胡须代表水，身躯和衣服代表岩石。照这样看来，摩西雕像是一个抽象概念的结合体，代表了一种意念，它无法在生活中找到原型。有的则声称找到了摩西同西克斯丁教堂里的先知的某种联系，但未能进一步提供出有力的证据。在摩西原型是谁的争论中，还广泛流行着这样一种说法：米开朗琪罗在成功地塑造了青年“大卫”之后，在塑造“摩西”的过程中，又把“大卫”的许多特征揉进了年老的“摩

摩西像

西”之中。有不少艺术家对这种说法持肯定态度。经对两座雕像的对比分析，发现两者在不少细微的方面有某种相同之处，如紧锁的眉头、眼睛的结构、瞳孔的转动方向等。这说明“摩西”是以“大卫”为原型的。苏联学者哥洛维尼根据自己的研究成果，提出了一个新观点：“摩西”的原型是瓦扎利写的《最伟大的画家、雕塑家和建筑师传记》一书中所论述的大画家达·芬奇。他首先采用犯罪侦查学和人类学的分析方法，通过对“大卫”和“摩西”脸部正面的各种数据的比较，证明这两张脸完全不同，而对两人脸的侧面的比较更说明了这一推断的正确性。“大卫”的上唇前突，盖过下唇；而“摩西”的下唇前突。前者的鼻尖明显下收。

哥洛维尼认为“摩西”原型是达·芬奇的理由有三条：（1）当时的艺术理论家后扎列夫指出，“米开朗琪罗无论如何也不会摆脱达·芬奇的影响。”1501 年至 1505 年，两人都住在佛罗伦萨。1513 年至 1516 年，达·芬奇居于罗马，在梵蒂冈的贝尔维捷拉教堂工作；米开朗琪罗则在罗马圣彼得广场附近的画室潜心塑造“摩西”。两位艺术家天天见面。达·芬奇虽比米开朗琪罗大 23 岁，但他总是怀着敬意去对待那些“有才能的人”，尽管他们之间存在着激烈的竞争。此外，在文艺复兴时期，意大利的大师们一向崇尚在自己的创作中表现艺术世界的伟人。米开朗琪罗继承了这一优良传统，在创作“摩西”的过程中，自然地掺入了达·芬奇的形象。（2）达·芬奇出奇地漂亮，有无可争议的仪表风度，体态潇洒，有吸引人的力量。米开朗琪罗把达芬·奇塑造成《圣经》中的先知不仅仅是因为他外表的壮美，古哲学家、亚历山大的斐洛称“摩西”为“最伟大的和完美的人”。歌德则指出：“达·芬奇是全人类的楷模。”因此在选择“摩西”的原型时，雕塑家米开朗琪罗不但考虑了达·芬奇那“崇高的美”，而且考虑了他那非凡的优秀品质。（3）从人类学的角度分析，也能证得此说，达·芬奇有两张借助镜子画的自画像，侧面、正面各一幅，其精确性很高。

再仔细看“摩西”脸的正面和侧面，就会发现达·芬奇的像和先知“摩西”。雕像的正面和侧面完全一样：平缓高阔的额头有明显前突的弧形；鼻梁凸起、鼻尖下收；撅起的双唇，深陷的眼睛，健壮的脖颈。就连鼻根部的皱纹、宽大的颧骨、鼻骨所组成的棱形平面及十分前突的下唇也极为相象。按罪行调查学家方法绘制的比例线仔细研究达·芬奇自画像和“摩西”雕像，更证实了作者的推断：达·芬奇和摩西雕像的脸是相同的。至于“摩西”的胡子，这不过是“雕塑转变为绘画”的现象罢了。雕塑家加长了达·芬奇波浪状胡子的长度。因此，“摩西”的原型只能是达·芬奇。

摩西雕像的完成时间约在1513年至1515年之间。在漫长的年月中，有关“摩西”原型的推断仍旧是各种假说，尤里二世说、米开朗琪罗本人说，物质化身说、达·芬奇说，究竟哪一种说法更为接近事实呢？这场争论势必还会继续争论下去。

【片言碎语】《摩西》雕像是意大利文艺复兴盛时佛罗伦萨派艺术的特色，亦是罗马雕刻的作风，即明白与简洁。

世界名画《拉福尔纳里娜》是不是赝品

和画坛巨匠凡高一样，拉斐尔在他37岁的盛年突然死去了，而世界名画《拉福尔纳里娜》是不是赝品成了一个争论不休的话题。

据说拉斐尔因深深坠入一位面包师女儿的情网而致死，人们纷纷谴责她使画家英年早逝。不过，拉斐尔却情有独钟，生前对这位面包师的女儿倾吐了无限爱意，曾专门为她画了一幅肖像画，取名“拉福尔纳里娜”。这在当时是第一幅袒露胸部的当代妇女肖像。拉斐尔死后75年，他的情妇的这幅画像首次在市场上出现了。为了使来客一睹为快且不感到难堪，主人特意在镜框上装了两扇门。几百年来，谁都没有怀疑拉斐尔这幅名闻于世的画像是不是赝品。可令人吃惊的是，最近几年来一直有人对这幅名画的真伪问题提出异议。意大利著名的修复文艺复兴时期绘画作品的专家和名作鉴别专家切利尼教授认为这幅肖像画是赝品，像他以前所发现的那些一样。他说，这幅画很可能是拉斐尔死后 20 至 30 年由他人伪造的，甚至不是一幅根据拉斐尔的未完成之作或他的草图加以复制的。

切利尼的观点经报纸披露后，顿时引起了一场轩然大波，为弄清事物真相，佛罗伦萨埃迪德什美术作品研究所在 1985 年对这幅画进行了鉴别，并委托著名专家毛里齐奥主持。据说鉴定的结果印证了切利尼的观点，所发现的疑点有四条：

(1)如切利尼所说，该画系分两次绘成：戴在那女子左臂的镯子上有“拉斐尔·乌尔比努斯”的字样，可据说原来是“拉斐尔·乌尔伯斯”。乌尔比努斯和乌尔伯斯都是乌尔比诺的意思，是拉斐尔的家乡。该女子戴这样的“标记”是不可思议的，因为这与拉斐尔敏感多虑的特征格格不入。肖像的伪造者将拉斐尔的名字拼写于上，很可能是为了达到以假乱真的效果。

(2)那女子鹅蛋形的脸上眼神放荡，一点不觉廉耻，18 世纪英国作家认为她“根本算不上美，不是什么窈窕淑女”，倒是第一次初稿上的面庞看上去更自然些。此外，她的唇部不甚丰满，左臂也较瘦些。

(3)事实上，该肖像画背景的两侧还有两条河、一座双拱桥和一座塔的废墟。经 X 光摄像片子分析，与其说这是佛罗伦萨，不如说它更像北部意大利。

(4)该肖像画油采未干时，上面曾留下至少 8 个指纹。鉴于目前还没有确凿的拉斐尔本人的指纹可以对照，这些似乎用处不大。但是，佛罗伦萨美术作品研究所正在用各种射线对拉斐尔那幅圣母玛利亚坐在椅子上更著名的作品进行研究，并肯定地说：我们在这幅作品上也找到了指纹。如果两画的指纹相吻合，就会证实“拉福尔纳里娜”确是出自拉斐尔之手；否则，就说明它是一件赝品。

然而，不少学者和研究者仍坚持“拉福尔纳里娜”是拉斐尔的真迹，切利尼等人的疑点毕竟只是一种猜测，不足以从根本上证实这幅名画是件赝品，何况佛罗伦萨美术作品研究所也没有进一步提供有说服力的证据。对一幅名作的真伪问题，应取慎重态度。

【片言碎语】不管这幅世界名画是真是假，现在都已经不重要了，因为人们恐怕永远也无从考证了。

《罗摩衍那》中的罗刹王罗婆那的尸体是否还存在

《罗摩衍那》是举世闻名的印度史诗，里面的罗刹王罗婆那战死后的尸体是如何处理的，近年来一直被人们争论不休。

《罗摩衍那》主人公罗摩王与古代斯里兰卡国王罗婆那的激烈战斗，构成了全史诗情节的高峰。按照传统的说法，罗婆那战死后即举行了火葬，但是近年来有人却提出了不同的看法，认为罗婆那的尸体在将近3000年后仍然完好无损地保存在拉加拉山峰的石窟中。

泰国马拉瓦德教团的教士特玛难陀是位学识广博和威望甚高的佛教界元老。据他考证，罗婆那的尸体是采用了科学的药物处理办法后保存下来的。

大量的史料表明，古代斯里兰卡和埃及的关系极其密切，两国不仅有频繁的文化交往，而且还通过海路发展商业贸易。特玛难陀借用西方考古学者对埃及金字塔中至今保存完好的法老及其王后的木乃伊卓有成效的研究成果，断言《罗摩衍那》中的罗刹王——罗婆那当政时期，人们就通晓了这门学问，即“斯里兰卡从埃及那里学会了使用化学药物长期保存尸体的方法”。

特玛难陀称，为了供人瞻仰，罗婆那阵亡后，尸体停放在一座山丘上。

葬礼自然是按照国殡规模进行的，还邀请了许多友好国家的元首。罗婆那的兄弟毗湿那、正宫皇后曼都陀哩、姊姊特哩查达前来凭吊。当时埃及国王斐罗也来吊丧，他卑称“罗摩森瓦加”以示臣服于罗摩。而某些西方学者因为对梵文确切含义不甚理解，而将“罗摩森瓦加”读作“罗摩森”，这时由于不理解“瓦加”两字的意思，如同称呼乔治五世一样也将埃及国王斐罗称为“罗摩五世”。事实上，当时埃及国王甘当罗摩的藩属，此与“罗摩森瓦加”的原意相吻合。在前来吊唁的埃及国王一行中，有对保存尸体造诣颇深的专业人员，他们遵照罗摩的命令，在罗刹国的协助下，通过科学处理使罗婆那的尸体存留于后世。他们选用一种特殊的裹尸布，按照传统的礼仪将尸体安置在经过一番装饰的山洞里。罗婆那的尸体存在于两山之间被茂密的森林包围的山洞中，要想涉足那块经常有凶猛的野兽和毒蛇出没的地方极其困难。据特玛难陀的叙述，有一次他在迷途中确实到过那里。那时天色已晚，四周一片漆黑，只见从山洞里发出一道神秘的光。他判断这种极像镭的放射线的光来自罗婆那的尸体，事后，他向斯里兰卡政府呈送了一份调查报告的副本，指出这具尸体可能停放在山洞中的祭坛上，周围或许还有其他东西。

特玛难陀的关于罗婆那尸体这一新的研究动态立即在斯里兰卡引起了轰动、并引起东方考古界和史学界有关人士的关注。遗憾的是由于某种原因并没有受到当地政府的重视。

按照印度的传统说法，罗婆那死后是火葬的，这显然是基于蚁蛭所创作的史诗《罗摩衍那》中的故事。但是在其他东南亚国家传世的《罗摩衍那》版本却不相同。

印度尼西亚出版的《罗摩衍那》记述道：“在罗摩的密集的‘箭

雨’袭击下，罗婆那只好退却，不料陷入不知名的两山间峡谷中。他越陷越深，突然觉得好像被鳄鱼束缚了手脚。尽管他拼命挣脱，但无济于事。终于自食恶果，走向世界末日……”这里没有提及火葬问题。

泰国出版的《罗摩衍那》这样记述道“有一次，罗摩闪电般地将‘帕拉赫马拉特拉’（一种投掷物）向罗婆那胸膛投去。罗婆那倒在地上，临死前微睁开眼睛，自感末日来临，想起叫其弟·毗湿那来解救，这时神猴河努曼未费吹灰之力便置他于死地……”这里同样没有提及火葬。

在泰米尔文日报《靳达摩尼》上，斯里兰卡著名的考古学家V.M.苏伯拉赫孟耶撰文支持特玛难陀的说法。他写道：“湖的附近确实存在罗婆那的尸体。罗婆那酷爱音乐，每当月圆日依稀传来阵阵的琵琶声和松籽油的芳香。

罗婆那又是湿婆神信徒，每天都要烧香祷告。在谈及罗婆那的木乃伊终究会大白于天下时，他说：“关键的问题是，洞口有块巨石，只要想法将它搬掉就能进去了，不过这块巨石好像具有神奇的魔力，搬掉它并非容易之事。”

特玛难陀发表在僧伽罗文日报《塔瓦斯》的文章也绘声绘色地描述道：“山巅有一处地道，沿地道往前走可见一湖泊，湖对岸便是罗婆那石窟，至今未曾有人知晓。石窟中很可能还有殉葬的服饰、金银、钻石、珍珠以及其它珠宝，由于器物发光而使洞中能见度很高。”

印度那格普尔大学副校长、著名考古学家江沙卡尔教授从斯里兰卡实地勘查回来后，用马拉文写作了一部专著，也断言罗婆那的尸体至今仍保存在斯里兰卡。

此外，还应当注意到远在蚁蛭写作史诗《罗摩衍那》之前，罗摩衍那的故事便在南印度、越南、泰国、马来西亚等一些国家和地区传播。而蚁蛭在史诗中所描写罗婆那被火葬的情景，大抵与当时北印度盛行的这种殡仪习俗有关。至今那里每当印度教徒举行罗摩胜利庆典时，都要进行火烧罗婆那的有趣表演。

【片言碎语】虽然争议依然存在，但各国学者对罗婆那尸体之谜的深入探讨，终将为研究古代南亚历史增添极其重要的考古资料。

拉索是一个保守的作曲家吗

一般的音乐爱好者非常熟悉意大利作曲家拉索的无伴奏合唱曲《回声》，可是拉索在音乐史上的地位并非是以此曲奠定的。拉索是文艺复兴时期最伟大的音乐家之一，佛莱芒乐派的传统在这位高大人物身上达到了顶峰，意大利人称他为世界性的人物，他的艺术成就是一个半世纪佛莱芒复调音乐的顶点，它们集中体现了文艺复兴时期音乐成就的神韵和光辉。

正是由于拉索的音乐天赋，以致后来被一个到处搜寻年轻音乐家的意大利贵族拐走了。他被弄到西西里总督府，服务于贡扎加的费迪南公爵，在最初的音乐经历中，他漫游意大利艺术胜地，从曼杜瓦到米兰，从那不勒斯到巴勒莫；21 岁时便成了享有“罗马和世上所有教堂之母”之称的圣约翰·拉特兰教堂的合唱团领班（伟大的帕勒斯特里纳后来也曾担任此职位）。在 1554 年他从意大利来到安特卫普，在那里出版了他的第一本重要著作即《安特卫普圣歌篇》，这是一本著名的 17 首无伴奏圣歌集。不久拉索又有了一生中最重要的一位保护人，即巴伐利亚的阿尔伯特公爵，从此拉索到了慕尼黑的宫廷，这位公爵大人使他的名声鹊起，拉索的声誉从此传遍欧洲——这如同 300 年后勃拉姆斯的名声为舒曼夫妇促成一样，拉索的黄金时代自此开始了。他从一个乡下人成为一个有地位的上等人乃至贵族。他在巴伐利亚宫廷娶了一位贵族小姐，他们的4个儿子后来都成了音乐家。他死后，儿子们出版了他的歌集《音乐大全》，因而，在音乐史上，拉索较之后来的李斯特，在事业和生活上要春风得意得多。

关于拉索的创作原则和创作风格，音乐界有着不同的观点。权威的《新格罗夫音乐及音乐家辞典》认为拉索同帕勒斯特里纳一样，是一位保守的音乐家。研究文艺复兴音乐史的专家霍尔德·布朗的观点正相反。还有些人认为他两种风格兼而有之，或者说他完全超越了纯宗教音乐的创作原则。

持第一种观点的学者认为，如果把拉索同帕勒斯特里纳作一个比较的话，两人有许多共同之处：他们都是虔诚的天主教徒，在音乐创作上都有着无穷的天赋和天衣无缝的技巧，并且都醉心于使用这种技巧和创作原则；也许是他们的地位决定了其创作上的保守，他们的许多风格相同，如频繁地使用三度跳和以一度来解决的装饰音等。另外，二人的作品主要是圣乐，帕勒斯特里纳的作品是清一色的圣乐，拉索尽管周游列国，但一生留下的作品如52首弥撒曲、100首圣母颂以及1200首经文歌等等，大都也是圣乐作品，仅从这方面而言，他是保守的作曲家就能令一般的音乐爱好者信服。然而专门研究文艺复兴音乐史的人则更多地从其创作风格方面理解这一观点。

许多持相反观点的人，认为拉索不是一个保守的音乐家。在许多方面，拉索与帕勒斯特里纳是不同的，二人同样可做一个比较：在当时法属比利时出生、在意大利受音乐教育而在德意志创作的拉索简直是一个世界性的人物，而帕勒斯特里纳“足不出户”，一生几乎未曾离开过罗马甚至罗马的教堂；后者的音乐集中体现了天主教音乐的风格，他本人是反宗教改革派音乐家的典范，然而拉索的艺术包罗了文艺复兴时期音乐的各种风格特点，如法国的香颂歌曲的优雅和技巧、意大利牧歌的美感及德国音乐的深刻和细腻。

在对生活的感受方面，拉索甚至超过同代的佛莱芒大画家皮埃特勃·鲁盖尔，其音乐色彩辉煌，充满激情，某些动人的世俗歌曲中的歌词即便“对今日音乐厅而言，色情味也太重”，这反映了文艺复兴时期的人文主义倾向和浪漫主义的潮流。在创作法则上，帕勒斯特里纳严格遵循传统的天主教会倡导的法则，拉索则更多地采取“新艺术”创作原则，如导音的使用等。从许多方面看，拉索并非是保守的作曲家，他的创作反映了一个新时代，充溢着浪漫主义气息，《不列颠百科全书》亦持这一观点。

还有的认为，从时代而言，纵观整个音乐史，拉索是一个超越时代的作曲家，他不反对传统的音乐却创作了违背传统的世俗音乐；他并不醉心于“新艺术”理论、不与新音乐流派合流却制作了超越时代的作品。有关资料证实：拉索是一个虔诚的天主教徒，但他并没有反宗教改革的热情。仅凭这一点，就反映了他对于圣乐创作立场的不坚定性。生活在反宗教改革时代的拉索正处于他才华横溢、事业蒸蒸日上的时期，他不仅没有反宗教改革的热情，相反还受到宗教改革和人文主义新思想的影响，如他的作品有的表达了对德意志宗教改革的赞赏。在新教中心罗切尔（胡格诺教中心）、伦敦和海德堡，出版的拉索的音乐作品很合新教派的口味，它们在英格兰倍受欢迎；他的香颂歌曲为莎士比亚的《亨利四世》引用（在第二幕）。由于阿尔伯特公爵过分宠爱他，所以这些有违天主教圣乐原则的作品才得以出版流行；当老公爵死后，新的保护人尽管也很欣赏拉索的才华，但却反对他超越的立场，所以拉索渐渐失宠，这一点甚至对他的健康产生了影响。拉索是一位天主教作曲家，创作的圣乐是其作品中数量最多的，但他的音乐风格特别是俗乐却受到新时代的影响，反过来，它们也影响着整个时代。他进入宫廷和教堂后创作了不少不朽杰作，这些作品冲出了封闭的教堂；可以说这位“音乐王子”是那个时代作曲家的典范，但他又超越了那个时代。

关于作曲家拉索，这位事业和才华都引人注目的作曲家，还有一点令人难以理解。当时，艺术家地位十分低下，甚至一个世纪之后，年轻的巴赫仍旧穿着男仆的服装服务于贵族；莫扎特在科洛雷亲王府上只能同仆人一起在厨房里用餐等等，而拉索却后来春风得意，屡获殊荣，如从神圣罗马帝国皇帝马克西米连那里获得贵族地位，教皇授予他金马刺勋章，法兰西国王授予他马耳他十字架，还得到了骑士头衔等等，这些殊荣在整个音乐史上也唯他莫属了。然而，这个一生幸福得堪与李斯特、舒曼和门德尔松相比的拉索，却在晚年突患精神癫狂症。他变疯了，连自己的妻子也认不出，像几百年后的舒曼一样"猝然失去了一切快乐和满足，变得郁郁寡欢，满脸忧郁"，最后终于像疯子一样地死去，留下了又一令人迷惑的精神错乱之谜，这个谜连同拉索是否是一个保守作曲家之谜一道，成为后人争论不休的话题。

【片言碎语】奥兰多·迪·拉索出生在比利时的蒙斯（当时是法属尼德兰地区），他的名字以多种形式出现，其音乐生涯从孩提时代便开始了，作为当地尼古拉教堂合唱团的男孩，他的嗓音非常优美。

海明威为什么自尽

美国作家海明威为什么在 1961 年 7 月 2 日用猎枪悄悄地结束了自己的生命呢？这是一直以来人们的不解之谜。

世人对海明威的一生有不同的评价。许多文人墨客如美国作家哈奇诺等人认为他是个热情勇敢的人，但也有许多人则不完全同意这种看法。他既然是个坚强无畏的人，为什么竟然在 1961 年 7 月 2 日用猎枪悄悄地结束了自己的生命呢?

有的人认为，海明威是勇敢的，甚至比一般人想象的更勇敢的人，这自然有其理由。他的一生多彩多姿，就好像他笔下的醉汉、猎人、勇敢的士兵、职业拳击手、斗牛士等。

海明威于 1899 年 7 月 21 日出生于美国伊利诺伊州的橡树园。父亲是个乡下医生，从小教他打猎、钓鱼。母亲是个清教徒，教他在教堂里唱诗。海明威从小就深受父亲阳刚之气的影响；夏天，常随家人到密歇根州北部森林去度假，并随同父亲四乡行医。他在上高中时，功课成绩很好，又是运动场上的活跃分子，但他觉得家庭生活束缚了他的冒险精神。1917 年当美国参加第一次世界大战时，他志愿从军，但因眼睛受过伤而未能如愿以偿。他当了几个月堪萨斯的《星报》的记者之后，加入国际红十字会，到意大利前线开救护车，并且表现得十分坚强。有一次他膝盖受重伤，但仍在迫击炮猛烈轰击下，抢救并背负伤员，跑了很长一段路，才到达急救站。医生从他腿上取出 200 多块炸弹碎片。他伤愈之后，加入意大利步兵，到奥地利前线作战，由于表现英勇而受到意大利政府的奖励。这段经历导致他于 1929 年写出了优秀长篇小说《永别了，武器》。

海明威在第一次世界大战中的经历显然只是其冒险经历的一部分，而西班牙内战对他来说更是个严峻的考验。第一次世界大战结束之后，他返回美国，立志写作，但未曾终止其冒险和游猎活动。在 1934 年到非洲狩猎并写下著名短篇小说《非洲青山》以后，1936 年他又以通讯记者的身份参加了西班牙内战。在战争期间，他冒着巨大的风险，潜入法西斯分子防线内部，搜集敌人的情报，并把情报带回西班牙政府指挥部。在战争快要结束，局势逐渐对政府军不利时，海明威利用有限的时间，赶回美国为西班牙政府筹款。海明威 1940 年出版的《丧钟为谁而鸣》，就是以他的这段经历为背景，并以戏剧性的笔调写成的。该书描述一名美国青年参加西班牙游击队，并与西班牙姑娘恋爱的故事。这本书在两年间共销售了 50 万册，非常畅销。

第二次世界大战时，海明威的锐气似乎依然不衰，当时他担任美国《柯里尔》杂志的特派记者，远赴欧洲，隶属盟军第三军团。盟军在诺曼底登陆以后，他率领一支游击队曾首先攻入巴黎，俨然像一位将军，威风凛凛，于是在部队、在文坛，几乎人人称他为“爸爸”。战后一段时间，他定居在古巴，偶尔写写文章，大部分时间去海上钓鱼或到外地狩猎。他于 1950 年发表的长篇小说《渡河入林》，评论界对其反映很差，认为他的宝刀已老。然而他于 1952 年出版的《老人与海》，描述了一个古巴老渔翁和马林鱼搏斗的故事，象征人与大自然的生死搏斗，又获得了好评，并于其后两年获得诺贝尔文学奖。这一切对海明威来说，不但表明他是位勇敢的战士，而且是位创作丰富的文学巨匠。

海明威

但是，另外一些作家、名流却似乎持有不同的见解。如中国梁实秋、蒋荣等，他们认为，随着海明威健康状况不断恶化，其精神上的压力越来越大，他的意志越来越消沉。

海明威在发表《老人与海》，并得到殊荣以后，其精神上受的压力越来越难以忍受。他由于怀念非洲那段充满无限乐趣的狩猎生活，再度前往，结果两次遭遇坠机事件，虽然大难不死，但身体和精神上的创伤却更深了。

古巴卡斯特罗执政期间，古美关系日益恶化，海明威一家被逐出古巴。他返回美国以后，曾两度住进精神病院，更有甚者，他在1961年7月2日，竟然以猎枪结束了自己的宝贵生命。

这究竟是怎么一回事？为什么？实在令人费解。如前文所述，在海明威辞世之前的长达14年间，美国作家哈奇诺一直是他的密友，对他的冒险、言谈、梦想以及梦想的幻灭都有较多的了解。虽然哈奇诺没有直截了当地说明海明威为什么自杀，但从海明威的生活经历，尤其是晚年的生活，人们仍然可以洞察出一些他消极的迹象。哈奇诺曾花费很长时间，含辛茹苦地研究过这类问题。不管哈奇诺是完全正确地进行也好，或者含糊和笼统地隐瞒了真相也好，甚至完全假设也好，人们都可以相信，其结果不会与海明威的真实想法相差太远。有一次，哈奇诺以疑问的口吻问海明威，他对美国著名作家斯考特·费兹杰罗是否坦诚。海明威说："每个人的生命，结束的情形都是相同的。所不同的乃在于他们生前死时的细节而已。"海明威的回答虽然给人以答非所问之感，但也道出了他对死亡的看法。实际上，海明威在其成功和挫折交织的一生当中，已将其复杂的个性表露无遗。他有我行我素、幽默风趣、热情勇敢的一面，又有追逐享乐、寻求冒险和刺激的一面；他有时一往无前，有时又胆小怕事。他就是这样一个性格极其复杂的文学泰斗。

然而，海明威一生的言谈举止，仍然给人留下了值得思索的余地。人们不妨读一读他在《川流不息的筵席》中的一段文字："你将在秋天感伤。当叶子从树上不断地掉落，枝桠光秃秃地瑟缩在凛冽的北风中，而残冬的阳光不再使人觉得温暖时，你将年复一年地逐渐老去。但你知道，春天将会到来，就好像冰封的河流，冰解后还会再流动一样。寒风无情地刮着，春天被扼杀了，这情绪就好比一个年青人，无缘无故地死去。

【片言碎语】欧内斯特·海明威是美国著名小说家，也是世界文坛泰斗。他一生写了许多传世之作，如《太阳照样升起》、《永别了，武器》、《丧钟为谁而鸣》以及《老人与海》等。而且，由于他晚年发表了《老人与海》等不朽之作；对世界文学宝库作出巨大贡献，从而获得了诺贝尔文学奖。

一代文豪高尔基是如何去世的

一代文豪、被列宁称之为“无产阶级艺术的最杰出的代表”的高尔基在1936年与世长辞。他的死存在着诸多疑点也是一个奇怪的未解之谜。

据说在高尔基病危时，苏联政府每天向全国人民发布病情公告。高尔基年轻时即患有肺结核，以后时好时坏，到了晚年，肺结核已十分严重，他的肺只有三分之一还有机能，同时患有老年性心脏病。斯大林下令不惜一切代价抢救，但未能挽救高尔基的生命。这位社会主义文学的巨匠和奠基人，终于永远地搁下了他手中紧握的武器。

高尔基病逝不久，苏联政府突然宣布高尔基系被无产阶级的敌人谋杀而死。1938年3月，苏联政府在莫斯科对“右派和托洛茨基派反苏维埃联盟”进行了公开审判。谋害高尔基案是审判的内容之一。

在法庭上，站在被告席上的原共产国际执行委员、前苏共中央政治局委员布哈林供认：“联盟的联合中心内属于托派的那些人建议组织一次反对高尔基的敌对行动，因为他是斯大林政策的支持者。”布哈林解释说，不排除要从肉体上消灭高尔基的可能性。原内务人民委员雅戈达供认了谋杀高尔基的动机。他说，高尔基一直是斯大林路线的热情支持者和拥护者。托派要推翻斯大林政权，不能忽视高尔基在国内外的威望。高尔基既然不能脱离斯大林，那么“联盟”只好干掉他。

雅戈达供称，托洛茨基在1934年7月即指示“必须不惜一切代价地从肉体上消灭高尔基”，并委托他具体执行。雅戈达网罗了高尔基的秘书克留奇科夫、家庭医生列文、著名医学教授普列特涅夫等实施谋杀计划。雅戈达指示他们，要让被禁止喝酒的高尔基尽量多喝

高尔基像

酒，要让高尔基经常伤风感冒。

1934年5月2日，高尔基患了肺炎，克留奇科夫伙同列文、普列特涅夫先让高尔基喝了香槟酒，然后给他服泻药，使高尔基一病不起，从而加速了他的死亡。

站在被告席上的19名被告因为被指控犯有推翻苏维埃的重大罪行，除普列特涅夫被判处25年徒刑外，其余18人均被宣告处以死刑。

被告的肉体被消灭了，他们留下的供词可靠吗？前苏联不少学者认为不可靠。布哈林在被捕后曾遭受酷刑拷问，但他拒绝认罪。内务部的审讯人员恫吓他说，如果他拒不认罪，他妻子和儿子的生命将受到威胁；反之，如果他协助党把问题弄清楚，他的家属可不受株连，他本人也可从宽处理。布哈林终于屈服了，于是供认了种种犯罪事实。

原内务人民委员雅戈达在受公开审判时，说谋害高尔基是政治目的。可是在一次未公开的审判中，他又说他谋害高尔基是属于情杀，因为他与高尔基妻子关系暧昧。

布哈林在恫吓下承认罪行，雅戈达的供词前后不一，种种疑问，使人们至今未能解开高尔基去世之谜。

旧谜未解，新谜又结。近年来，一种新的说法是：高尔基之死与斯大林有关。

1928年，高尔基由意大利返回莫斯科。这时的苏联由斯大林当政。斯大林希望在政治上得到蜚声海内外的高尔基的支持。

在斯大林的授意下，内务部拨给高尔基两幢别墅。当高尔基想要了解人民生活时，内务部就安排他到指定的工厂和集体农庄与工人、农民座谈。高尔基身边的工作人员也经常在他面前歌颂斯大林的英明领导。

高尔基渐渐被与世隔绝了。但是作家敏锐的目光通过普通老百姓的脸透视了这个国家所发生的一切，他渴望自由地呼吸，然而四周都是高墙。高尔基在精神苦闷时常常自言自语："他们包围了我，封锁了我，我简直要烦死了。"

斯大林让雅戈达说服高尔基，希望作家写一部《斯大林传》，描绘列宁与斯大林的亲密关系。斯大林甚至提议让高尔基担任文教人民委员的职务，高尔基谢绝了。随着时间的流逝，高尔基也没有动手写《斯大林传》。莫斯科的"高尔基热"开始渐渐降温了。

1934 年，为了纪念一年一度的十月革命纪念日，雅戈达奉命转告高尔基，让他为《真理报》写一篇题为《列宁和斯大林》的文章，可是高尔基竟出人意料地拒绝了。

应苏联党内反对派首领加米涅夫之请，高尔基安排了加米涅夫与斯大林的一次会见。想不到这是斯大林与高尔基关系破裂的开始。加米涅夫被捕以后，斯大林怀疑高尔基属于加米涅夫一伙，指示《真理报》公开发表指责高尔基的文章。高尔基从此受到了严密的监视。

1936 年 6 月，高尔基病重期间，斯大林设法弄到了高尔基与海外的通信及札记、随笔等，通过分析，斯大林了解到高尔基对苏联文化政策的看法和思考。斯大林对高尔基的敌意加深了，终于对他采取了极端的措施。

在高尔基病重期间，有人给高尔基送了一盒精美的糖果。高尔基把它放在床头柜上，经常请来访的客人品尝。有一天，高尔基打开糖盒，请照料他的两个卫生员吃糖，他自己也吃了几块。一个小时以后，这三个人的胃部疼痛难忍。再过一个小时，三个人不治身死。

这盒糖是谁送的呢？为什么来访的客人吃了没事呢？不得而知。

有人对“糖盒事件”不屑一顾，认为是虚构的故事。高尔基晚年的好友伊萨克·巴别尔在高尔基病危期间经常到医院去探视，他说高尔基因病去世很正常，所谓谋杀高尔基的说法纯属“胡说八道”。

【片言碎语】高尔基不仅是伟大的文学家，而且也是杰出的社会活动家。他组织成立了苏联作家协会，并于1934年主持召开了全苏第一次作家代表大会，培养文学新人，积极参加保卫世界和平的事业。高尔基的作品自1907年就开始介绍到中国。他的优秀文学作品和论著成为全世界无产阶级的共同财富。列宁称他为“无产阶级艺术最杰出的代表”

著名诗人叶赛宁是死于“殉情”吗

苏联著名的抒情诗人谢尔盖·叶赛宁的结局是极为悲剧的。1925年12月27日深夜，叶赛宁自缢在列宁格勒的安格列捷尔旅馆，以《生存不比死亡新鲜》一诗而告终。他是不是死于殉情呢？

人们对于前苏联著名的抒情诗人谢尔盖·亚历山德罗维奇·叶赛宁的死在痛惜之余，都在询问：究竟是什么原因，最终使诗人走上了自我毁灭的绝路？一般人自杀的死因，不外乎环境的困顿痛苦和心灵敏感脆弱两种，但作家、诗人的自杀的原因是很复杂的。有的因病魔缠身，有的苦于恋爱问题，也有的出于一时的艺术上的冲动等，动机各异。那么，叶赛宁出于什么动机自杀的呢？这至今仍是个谜。

有人认为：叶赛宁的爱情悲剧是导致他自杀的根本原因。的确，诗人的爱情生活是相当不幸的。1921年11月7日，诗人和美国著名舞蹈家邓肯初次见面后，便一见倾心，迅速陷入热恋之中。不久，两人正式同居。1922 年 5 月 10 日，在办理完结婚登记后，两人踏上了去欧美的旅途，开始了正式的“蜜月旅行”。但是，由于在国外的旅行生活中显示出来的各方面的严重差异，使两人为时不久的爱情和婚姻面临着危机。尽管他们之间有共同的艺术语言这个基础，可在出身、教育、年龄、性格等方面都差距甚远，两人在性格上明显缺乏和谐一致，加上他们还有一个很严重的语言障碍，思想感情便得不到及时而充分的交流，分手将是不可避免的。1922 年秋，两人返回莫科科不久，就友好地分手了。随后，诗人重新回到旧情人别尼斯拉夫斯卡娅身边。多情而善良的姑娘原谅了诗人，她又像过去那样，将自己的爱无私地献给了叶赛宁。令人遗憾的是，再次结合后产生的和谐与安宁，仍然没能保持下去。不久，这位多情的诗人又跌入了另一纷乱的爱情漩涡，使他在自己的悲剧中又向前走了一步。1925 年 3 月，诗人遇见了世界文豪列夫·托尔斯泰的孙女、容貌出众的安德列夫娜。诗人立即被其容貌举止吸引住了，再也无法掩饰对她的好感，诗人那本来就易于冲动并且常常表现出爱情狂热的心灵，自认识了安德列夫娜，又失去了平衡。9 月，两人正式结婚，诗人搬进了那豪华而又古香的宽大住宅里。令诗人大失所望的是，婚后生活并不像原来设计的那样美满。安德列夫娜虽然出身名门，天资出众，但她既缺乏同诗人相匹配的艺术才识和见解，也没有别尼斯拉夫斯卡娅的那种温情。到这时，诗人才真正感到当初别尼斯拉夫斯卡娅的重要和可贵，他深深地感到实在有愧于她。然而，他又没有勇气再一次回到她的身旁，以取得她的宽恕。在万般痛苦的情况下，敏感的诗人终于走上了绝路，他要用死来报答心目中真正的情人。可见，叶赛宁是“殉情”而死的。

不少学者指出，上述观点未免过于简单化了，叶赛宁实际上是患精神抑郁症而自杀的。当年诗人死后，苏联的官方讣告曾说过：“叶赛宁是由于精神忧郁、心理平衡失调，于绝望中自缢而死的。前苏联著名的持不同政见者，科学家若麦·德维杰夫在《谁是疯子》一书中，明确指出：“叶赛宁，法捷耶夫，海明威，杰克·伦敦及其他不少受到尊敬的优秀人物都是在处于心理抑郁状态期间用自杀结束其生命的”。据当时的史料记载：随着心境失调，叶赛宁的性格愈来愈暴躁，到后来竟经常莫名其妙地发火，显得喜怒无常。经医院检查，医生认为他已患有严重的精神抑郁症。从叶赛宁的诗歌创作实践来看，特别是到了后期，诗人已陷入了色情颓废诗歌的泥坑，集中反映了他精神上的极度颓唐和创作上的严重危机。不少诗歌表现了抒情主人公孤独而忧伤的情绪，成为以情绪颓废、放荡不羁、玩世不恭标志的“叶赛宁性格”这一专有名词产生的证据。后来他的诗在苏联国内曾禁止出版与翻印。有的人还说他因十月革命扑灭了他的个人主义的幻想，而选择了结束自己生命的道路。其实，叶赛宁的自杀是他一生矛盾重重、而又无法排解的产物。叶赛宁的忧郁、悲伤，主要源于他的气质，以及他对于农村原始的、自然风光的眷恋。强烈而固执的小农意识和田园牧歌式的忧伤，是导致他厌世自杀的主要原因。

不管是死于爱情悲剧说还是死于精神抑郁症说，两者都以承认叶赛宁的自杀为前提。在前苏联国内，很长一段时间内，几乎没有人对诗人系“自杀”一说提出过疑问。但最近以来，有人对传统的说法大胆地提出了挑战，认为叶赛宁的“自杀”结论值得怀疑。在对“自杀”说持怀疑观点的人中，最有代表性的是叶甫盖尼·切尔诺斯维托夫先生。切尔诺斯维托夫是苏联著名的法医、精神病专家、全苏联哲学学会的学术秘书，曾长期从事叶赛宁死因的研究。因此，他的看法有一定的权威性。他对“自杀”说持否定意见的证据是：（1）说叶赛宁是因精神忧郁、心理平衡失调而自杀是毫无根据的。经对诗人的精神状况、神经功能等方面进行认真的研究，得出的结论恰恰相反：叶赛宁是个精神状况理想、神经非常健全的人。（2）通过研究有关照片，还会发现疑点。诗人死后，苏联国内外报刊都以显著标题和大幅版面作了报道，并登载了诗人死亡的照片。从所有国外报纸登载的照片上都能清晰地看出，死者的额头和鼻梁上有一块很大的凹痕，这显然是被猛击所致。另外，从照片上还可看出一条横向抓痕，按规律，它是纵向的才与自缢的情况相符。这说明，诗人实际上是被来自身后的绳索勒死的。

如果“谋杀”说法成立的话，那末，谁是谋杀诗人的凶手呢？为什么要对诗人下毒手？这些又将成为一个新的历史疑案。

【片言碎语】生前，谢尔盖·亚历山德罗维奇·叶赛宁曾被誉为“天才的农民诗人”、“大自然的歌手”、“俄罗斯的天才”。然而，这样一位享有世界声誉的名诗人竟在自己处于创作巅峰状态时“自杀”身亡，结束了辉煌而复杂的创作生涯，年仅30岁。高尔基称他的死是“最令人难过的悲剧之一”。

莫里哀的妻子究竟是谁

在西方文史学界和戏剧界，人们对于嫁给莫里哀的女人到底是什么人这个问题一直争论不休。

大家都知道，17世纪60年代莫里哀约40岁时娶弗朗索瓦兹·贝雅尔为妻，可不清楚弗朗索瓦兹是谁生的。又由于莫里哀年轻时同贝雅尔家族的玛德莱娜·贝雅尔相爱过，法国上层社会一些恼恨莫里哀的人便说他娶的是自己的亲生女儿，以此诋毁他；但遭到另一些人反对，从此展开了一场争论，历时百多年而不休。由于找不到莫里哀的书信和有关他的私生活的材料，这就为莫里哀的妻子究竟是谁的争论，增加了不少难度，使争论的双方意见长期得不到统一。

有一种意见认为，莫里哀所娶的女人是阿尔芒德，她是玛德莱娜·贝雅尔的妹妹，而不是像某些人说的是玛德莱娜·贝雅尔的女儿。其证据是：⑴1662年2月20日，莫里哀和心爱的女人举行婚礼时，在圣日耳曼——奥塞尔堂区发的结婚证书和户口簿上，莫里哀妻子填写的名字不是弗朗索瓦兹，而是阿尔芒德。(2)阿尔芒德在有关的两个证件上填的身份都是玛德莱娜·贝雅尔的妹妹。又据相关的资料证实，当时人们似乎对这一点都未提出过什么疑议。

而一些恼恨莫里哀的人，则拼命说剧作家娶的是自己亲生女儿。因为莫里哀年轻时曾和玛德莱娜·贝雅尔相爱过，并生下了女儿弗朗索瓦兹。以后，由于种种原因莫里哀和玛德莱娜·贝雅尔最终没能结为夫妻。1652 年，14 岁的弗朗索瓦兹成了莫里哀领导的“光耀剧团”的一员，这是莫里哀第一次见到她。从 1660 年起，小弗朗索瓦兹在剧团里表现得出类拔萃，她在《讨厌鬼》一剧中崭露头角后，从此就像瑰丽的珠宝一般使观众为之痴迷起来。那时，戏剧大师莫里哀对弗朗索瓦兹这个美丽的姑娘产生了一种心理学家称之谓使“成年男子神魂颠倒的爱情”。当然，莫里哀并不知道弗朗索瓦兹就是自己的亲生女儿。1661 年，当莫里哀表示要娶弗朗索瓦兹为妻时，她却不怎么情愿，但莫里哀仍紧追不舍，弗朗索瓦兹也出于某种考虑，终于在 1662 年和戏剧家完婚。

莫里哀画像

但不少人以为上面的看法不可信，莫里哀娶的并不是自己的女儿，而是玛德莱娜·贝雅尔的女儿。法国当代著名的历史学家、法兰西学院院士 G·勒诺特尔就是代表人物之一。他曾在《时代》杂志发表专文，谈了自己的看法。

历史学家首先论述道：法国亲王莫德纳伯爵为了谋取财产，娶了一位比他大 15 岁的女人，随后迫不及待地等着妻子死去，自己却喜欢过放荡不羁的快乐生活。不久，他在巴黎结识了迷人的不守贞节的女郎玛德莱娜·贝雅尔，并且在 1638 年玛德莱娜 20 岁时，他们有了一个女儿，这个女孩子在圣·厄塔什教堂受洗后起名叫弗朗索瓦兹。大约在 1644 年，活泼的玛德莱娜·贝雅尔在外省演戏时，她的女儿弗朗索瓦兹生活在卡尔庞德腊附近勒米特夫人玛丽·库尔丹家里，勒米特一家尽其所能抚育着同她们的女儿玛德莱娜·勒米特作伴的弗朗索瓦兹。这种状况一直维持到 1652 年她们一起参加“光耀剧团”为止。勒诺特尔认为：弄清事情真相的关键是要搞懂当年莫里哀的妻子为什么要在有关证件填上“阿尔芒德”这个名字，以及身份是玛德莱娜·贝雅尔的妹妹。历史学家推测道：莫里哀的妻子之所以填“阿尔芒德”这个名字，是因为她可能觉得这比“弗朗索瓦兹”更“高雅”，写在海报上更醒目的缘故；至于她为什么要说自己是玛德莱娜·贝雅尔的妹妹，真正的原因是玛德莱娜·贝雅尔尽管年近 45 岁，依然雄心勃勃、芳心未泯，她害怕告诉大家这个女同事是她的亲生女儿，就暴露了自己的真实年龄，所以可能从一开始她就把全剧团都不知底细的这个姑娘说成是她的小妹妹。现在用这种名义把女儿嫁出去，就会把骗局继续维持下去。反正弗朗索瓦兹没有领过出生证件，再说仍健在的外祖母也没有意见。看来这样做是行得通的办法，因为在剧团演出的通俗喜剧中就有过类似的做法。而那种莫名其妙的更改名字的做法在各个时代的剧团里更是经常使用的。

勒诺特尔还进一步推测说：玛德莱娜·贝雅尔于 1672 年 2 月 19 日死去。她很富有，她除了给兄弟姐妹们一小笔款项外，其余财产全部留给了阿尔芒德，由此使人进一步断定阿尔芒德是玛德莱娜·贝雅尔的女儿。玛德莱娜临终前可能恳求莫里哀和阿尔芒德重新一起生活，因为她死后，他俩和解了，并且就在那一年的 10 月生了一个儿子。言归于好的夫妇俩用各自的名字合在一起作为孩子的名字，叫让·巴蒂斯特·阿尔芒德（莫里哀原姓名为让·巴蒂斯特·波克兰）。

尽管勒诺特尔的看法赞同者不少，但在法国文史学界尚未取得一致意见。从客观上来说，当时莫里哀领导的：光耀剧团里有不少迷人的女人，比如年纪虽已四十仍然活泼可爱的玛德莱娜·贝雅尔，在《太太学堂》里扮演阿涅丝的布莉小姐以及在《可爱的女才子》中扮演一个女才子的杜巴克小姐……而莫里哀和这些女人的关系又都非常好。这就难免会使事情更加复杂化，对弄清事实的真相带来一定的难度。

【片言碎语】无论莫里哀的妻子是谁？现在都已经无关紧要了，因为他已经不可能回答我们了，现在，只有让后人去猜测吧。

作曲家帕勒斯特里纳何以“削发为僧”

欧洲文艺复兴时期后期，意大利艺术领域里出现了一位人物——乔万尼·帕勒斯特里纳（约1525~1594年），他被称为16世纪最伟大的作曲家，就是这样一个伟大的人在晚年的时候突然削发为僧，令人们一直百思不得其解。

帕勒斯特里纳一生的黄金时期正处于宗教改革与反宗教改革斗争这一特殊时代。当时以及后来的许多音乐大师都曾周游列国，他却不同，一生几乎未曾离开罗马，甚至未曾离开教堂。这种环境决定了他必然为教会倡导的圣乐服务，教会也千方百计利用他使之成为反宗教改革的典范，他本人在晚年曾为自己创作过亵读神灵的爱情歌曲而感到羞愧和不安，而这一点也许成了他“削发为僧”的一个原因。尽管他所处的时代已接近于文艺复兴时期之末，人文主义思想和观念的新气息已渗入教堂，但他作为音乐艺术的天才和“宗教音乐的救主”，其创作风格却属于严格的宗教圣乐范畴，他把复音圣乐发展到一个顶峰，其贡献和成就是文艺复兴时期无人可以相比的，这正是一个世纪之前英国大作曲家邓斯塔布尔所认识到却未能做到的。帕勒斯特里纳一生作品包括103首弥撒曲、几百首经文歌及大量的奉献曲、赞美诗等等，全部都是宗教音乐作品，这也反映了他的创作信念和原则；而且其圣乐都是天主教音乐，所以称他为反宗教改革派音乐家的代表并不过分。

帕勒斯特里纳生活时代历经七位罗马教皇，他曾向六位教皇、两位公爵、一位公爵夫人和一位亲王奉献过作品，“但这些恩主们远不够意思，一点也不慷慨”，他的生活有时简直很穷，因为他很早就结了婚，为了养活老婆孩子，他一生都在为生活和荣誉而拼命工作，不过最终还是荣耀了一阵子，在最后10年，他的荣誉和地位都达到了顶点。帕勒斯特里纳最幸福的时刻也许是在1500名家乡亲人唱着他的圣歌大步走进罗马城的时候，当时他在队伍最前面指挥着。当他年老时，意大利文化中心地——北方所有最优秀的音乐家都前来看望他，称他为所有音乐家的父亲；他死后被安葬在颇为气派的罗马圣彼得教堂内，墓碑上刻着“音乐王子”四个大字，其著名的墓志铭上写道：“1594年2月2日，晨间，最伟大的音乐家乔万尼·帕勒斯特里纳，我们的挚友与圣彼得教堂的乐师长辞人间，他的葬仪不仅全罗马的音乐家都到场，市民亦不可计数，同唱着他的Libera Domine（《宽宏的上帝》）之歌。”

关于帕勒斯特里纳晚年曾“削发为僧”加入修士行列，其原因说法不一。多数人认为他妻子之死即家庭不幸是主要原因。1580年，他所敬爱的结发妻子被瘟疫夺去了生命，在此之前，他的兄弟和两个儿子也死于这种传染病。妻子去世当年的12月，“经慎重考虑”，他“削发为僧，一个月后便获得教士职位”。所以学者们一直认为爱妻的死是直接原因。世所共认他和妻子有和谐美满的家庭生活。传记家们认为他们的婚姻非常幸福，妻子“露克蕾茜亚是一位正直少女，身高与丈夫相若”，“她享受了他被遴选为最初梵蒂冈专任作曲家的快乐。他和妻子一起忍受了最贫苦的日子，也超越最激烈的精神上的苦恼，并且共尝过悲苦的、坚硬的果实……在他所获得的荣耀以及因而投射下来的温暖的阳光中，也和她一起享受了和平的快乐。”这一对忠贞的情侣，一起度过了约30年的时光。所以露克蕾茜亚的去世也许给了作曲家重重一击，最终导致了他遁隐于世。

但另一种观点认为，他加入修士行列应与其天主教信仰有关，这种宗教情感和宗教精神联系起来，这也可从其创作生涯和创作原则中反映出来。帕勒斯特里纳1580年之前不是一个教士，但却是虔诚的天主教徒，他坚定地创作天主教圣乐，他的音乐圣洁而庄严，动人心弦，许多有宗教信仰的音乐爱好者及其他了解这类音乐的人聆听他的音乐时，常常被感动得不知所措。其旋律的沉思美和神圣性是任何别的音乐家望尘莫及的。如罗马西斯廷教堂是以米开朗琪罗和拉斐尔的壁画闻名于世的，但在演唱帕勒斯特里纳音乐的这天，教士们都穿上哔叽法衣，没有香料；不要烛光，整个教堂都是阴沉的、苦痛的，信徒们两个一排地走进去，在十字架前低首，悲哀而庄严的圣乐就在这教堂圆穹上盘旋。

因此，从他创作的内容和鲜明的风格来看，这种创作一方面反映了他自己的灵魂早已融入了耶稣之爱中；另外说明了世俗的生活满足不了他艺术上强烈的宗教情感。前面已说过，他晚年曾为年轻时创作的爱情歌曲而忏悔，这时的他“一直被疲劳与贫穷所迫，只能加入仰赖保护者喜恶而度过可怜日子的音乐家之列”，然而这种苦恼多属精神上的，因为他一生的经历反映了他创作艺术上浓郁的宗教精神，因而也很容易理解他为何奉献给教皇格雷高利八世《歌之歌》，在这里他为曾把世俗诗歌融入音乐中这一行为而忏悔，这种真诚坦白不应简单理解为是爱因斯坦所言的“清白的伪善”，后来的李斯特也都是在晚年时逃避世俗生活的，其精神和信念上的原因不是偶然的。

还有的认为帕勒斯特里纳“削发为僧”的原因在经济方面。因为在他服务于西斯廷教堂期间，当宠护他的两位教皇去职后，继任的保罗四世却严格履行教规：服务于教会合唱团的成员必须符合两个条件，一是修士，二是要单身汉。帕氏这两个条件都不符合，因而被去职。尽管他后来再次得宠，但当时的物质生活并不富裕，有人认为他晚年很穷，挣钱是生活的本能，这一原因迫使他加入了修士队伍。

关于帕勒斯特里纳加入修士行列的原因，也许还有别的方面。但有一点不能令人理解，这就是在他妻子刚刚死亡6个月之后，这位声名显赫的作曲家又与一位意大利皮货商遗孀结婚，那时他已56岁。这在当时简直令人难以置信。这样做既违背了教士之规，又令其前妻亡魂不安，难道这位沉缅于宗教圣乐的作曲家竟是如此贪恋于世俗的诱惑吗？这又如何来解释他为什么要“削发为僧”呢？

【片言碎语】16世纪，意大利人和尼德兰人形成并驾齐驱的形势。帕勒斯特里纳则把宗教音乐推向了高峰，他的音乐成为整个16世纪的最高代表。帕勒斯特里纳在旋律的丰美和对位的巧妙上，可以跟美术史上的大画家拉斐尔相比。

“歌曲之王”舒伯特为何终生未婚

古典音乐大师莫扎特曾言，单身汉的一生只是人生的一半；马丁·路德认为，没有妻子的生活比起没有饮食还要难受。但是著名作曲家、歌曲之王舒伯特却终身未婚，他从未触摸过女性便迅速走完了他31个春秋的人生历程，他为什么要这样做呢？

喜爱音乐的人们，已经十分熟悉音乐会上经常演唱的歌曲如《魔王》、《菩提树》、《鳟鱼》、《死神与少女》、《流浪者》；而舒伯特的九部交响曲中的《C大调交响曲》（《“伟大的”交响曲》）、《未完成交响曲》更是创造了19世纪著名抒情交响曲的新典范，仅仅这两部交响曲便足以奠定他一流作曲家的地位了。

而在他短短的31年人生中，创作了约1500首作品，遍及所有的音乐题材和形式，其中包括634首艺术歌曲，其艺术价值无后人可比，因而他被后世誉为“歌曲之王”。比如《魔王》的名气大大超过了歌德的同名叙事诗，有人认为，假设舒伯特一生只写此一曲，其他都没有，也足以使他载入音乐史册。

一位诗人在双目失明、生命将尽之时，提出的唯一要求便是听一遍《魔王》。

本来对舒伯特歌曲不感兴趣的歌德首次听到此曲后，便要求演唱者重唱一遍。后来，李斯特和柏辽兹先后把此曲改编成钢琴曲和管弦乐曲。

本来，舒伯特具有诗人的性格，联想力也相当丰富，他的作品充满了浪漫主义气息，因而他对爱情也应该更为敏感才是，然而在他短暂的一生中，真正燃烧过爱情火焰的也只有一次。他曾把《少年时期的梦》献给泰蕾莎·格罗普，可是她却轻松地甩掉了舒伯特，嫁给了一位面包师，以确保她的生活；另外一个歌手也与舒伯特有过交往，她也嫁给了一位身份较高的人。我们的大作曲家为何如此难赢姑娘芳心？

有人把原因归结于舒伯特的相貌。确实作曲家对自己的容貌亦有自知之明。他身材矮小，大腹便便，厚厚的嘴唇，皮肤黝黑，脑门很大，维也纳人叫他“蘑菇”。这样的长相加上他羞怯内向的气质，自然难为女性恭维。传记家们描述他“个子较常人矮，手臂满是肌肉，手指粗而短，脸部圆得像月亮，前额狭小，唇厚，眉毛如杂草；鼻子塌陷，而且上翘，眼睛虽好看，但总是藏在眼镜深处，即使躺在床上，也戴着眼镜”，这样的男人怎么赢得女人的芳心呢？

有人把舒伯特不恋爱结婚的原因归因于他的经济状况及他的性格。他一主穷困潦倒，从未过上几天富裕日子，他的一生比莫扎特悲惨得多。在他生活的那个时代，专门作曲的人很难糊口，他不是一位演奏家，无法获得正式而长久的工作，只靠朋友们接济度日，这种朝不保夕的生活一直维持到最后。

虽然他出售了成千上万份作品，但他得到的每每是一顿饭钱，如最著名的那首《摇篮曲》只换了一盘烤土豆，而在他死后这首曲谱在巴黎竟以4万法郎成交。他死后的财产仅是一些衣物、被褥和“一堆价值十个弗罗林（一弗罗林相当于两先令）的旧乐谱”。也许他明白自己可怜的经济地位，所以从未认真考虑过要结婚。

舒伯特

另外，正如从他画像表情上显示出的那样，他不是一个容易博得女人欢心的人。舒伯特性格内向、羞怯而优柔寡断；他虽然也爱欢乐，但只是终日与一帮“舒伯特派”的朋友们相聚。至于爱情，他表现出克制与谨慎，实际上是压抑自己，如他曾恋上匈牙利一贵族之女，他的学生卡罗琳·埃斯特哈赛，但由于他的性格和处境，所以从未做出什么轻率的举动。他们那柏拉图式的“爱情”游戏没有留下何时中断的记载，然而，这位并不忠诚的贵族小姐在还未嫁给陆军少尉去过那“幸福的结婚生活”之前，舒伯特就早已去世了。这场毫无结果的“爱情”只会加深他那“当我想歌唱爱情的时候，它就转向悲伤”的孤独的忧郁。他在日记中曾写道：“发现密友的人，是幸福的，但是在妻子身上发现密友的人，更为幸福。今天的自由人，只要想到结婚，就会恐惧。”

"不论给予我的是爱情还是友情，全是一种痛苦。"可见他自己并未奢望得到爱情及爱情的结果。

另外，使舒伯特独身的因素可能是贝多芬的影响。一生未婚的贝多芬是舒伯特心中的偶像，他甚至把贝多芬当做神一样崇拜，他说："有时候我也做过梦，但是在贝多芬之后，谁还能做什么事情呢？"当他第一次带着诚惶诚恐的心情去谒见贝多芬时，却未遇见；直至在贝多芬死前一星期才见过一面。在贝多芬的葬礼上，舒伯特是举着火炬送葬的少数人之一。他死后唯一的要求便是想与贝多芬葬在一起，这个愿望最终在 1888 年才得以实现。贝多芬终生未婚，他在舒伯特那崇高的心灵中，有着一种神秘主义色彩。舒伯特像莫扎特一样预感到自己生命的衰竭（他在 25 岁时便染上了性病），他心目中也许只想到他的同代偶像，而对自己于女性毫无兴趣的生活视为自然而满足，至少他不愿想到结婚。因为在他的短暂的一生中，贝多芬的影响确确实实占据了重要的一席。

一生命运坎坷，并未真正恋爱过的作曲家从未接触过女性，却在 1822 年末染上性病（可能是梅毒），这的确是莫名其妙的事，也给他为何终生未婚更蒙上了一层神秘色彩，以致现在还成为人们脑海中的一个问号。

【片言碎语】 弗朗兹·舒伯特生于维也纳近郊，他是 19 世纪著名大作曲家中唯一一位地道的维也纳人。由于音乐天赋极高，4 岁时跟父亲和哥哥分别学习小提琴和钢琴，水平很快超过其父兄。这位羞怯而又富于幻想的男孩音乐天赋令同代人叹为观止，有人说他似乎是"直接从上帝那里学习的"，比如他在 1815 年 8 月份一个月的时间里便完成 27 首歌曲，同年共写了 137 首艺术歌曲，两部交响曲，一首四重奏，四首奏鸣曲，两首弥撒曲和五部歌剧。

谁是贝多芬不朽的爱人

1827 年贝多芬死后，人们在他写字台的一个秘密抽屉里发现了三封情书以及他昔日的恋人特雷莎的肖像。信没有寄出，日期也不完全，其中第一封上注明是“7 月 6 日，早晨”，其它两封信分别写着：“7 月 6 日星期一，晚”和“7 月 7 日，早晨好！”甚至连收信人的姓名和地址都没有，只是在 7 月 6 日早晨的那封信上写着：“致‘不朽的爱人’”。

信一开始就是：“我的天使，我的一切，我的我。”

结尾则是：“镇静吧，只有镇静才能考虑我们的生活，使我们达到同在一起的目的——镇静——爱我！今天——昨天——我两眼簌簌地落着泪，思念着你——为了你——你——我的生命——我的一切——愿你一切如意——啊！永远爱我啊——切莫误解你爱人一颗最诚挚的心。永远是你的，永远是我的，永远是我们的。”

信中洋溢着热烈而充满激情的话语：“不论我身在何处，你都随我同在，尾随我的梦幻，我与你窃窃私语。”“没有你——一切都会变得索然无味的。”

“你会理解的，因为你知道我对你的如此忠诚；没有任何女人能永久占据在我的心上——永不——永不！”“我心已决，我要漂泊远方，直到能飞也似地扑在你的胸怀，只有在你的身边才能心安虑定，我的灵魂被你拥抱，然后才能飞向精神的王国。”

贝多芬的爱情故事本来就富于浪漫气息。他一生作曲不断，也恋爱不断，到处扮演罗密欧的角色。对爱情的体验：渴望、追求、幻想以至破灭、痛苦，构成了他音乐创作的重要素材。这三封书信揭示了这位音乐巨匠内心深处隐秘的世界，给他的爱情经历蒙上了一层神秘色彩，也激起了研究者们浓厚的兴趣。现在学者们几乎一致推定，这些情书不像是贝多芬的习作，而是相当郑重地写给他所心爱的某位女子的。关于信的年份存有争议，有的认为是写于1811~1812年。有的认为是1801~1802年，还有推测可能写于1806~1807年，而这位无名的“不朽的爱人”究竟是谁？这个问题更是众说纷坛，莫衷一是。有人猜测可能是朱丽叶·吉采尔获；有人认为是约瑟芬·布鲁斯维克；还有人认为是约瑟芬的姐姐特蕾莎·布鲁斯维克。

朱丽叶·吉采尔获是意大利歌唱家，比贝多芬小14岁。他们初次相识是1800年在布鲁斯维克家里。两人热烈地相爱了。贝多芬灵感勃发，在1801年写成了著名的《月光》钢琴奏鸣曲，献给朱丽叶。很可能贝多芬向她求婚了，而朱丽叶也准备接受他的请求，但遭到了她父亲的反对。终于，1803年朱丽叶嫁给了加伦堡伯爵。但朱丽叶似乎对贝多芬仍感眷恋。在和加伦堡订婚后，有一天她对表姐特蕾莎说：“我想离开加伦堡，如果我不必降低自己的身份，那么我要嫁给那难看但高贵的贝多芬”。而贝多芬对她仍有某种爱情和兴趣，他说：“我曾得到她真挚的爱，此事绝不能和她跟她丈夫之间的感情相提并论。”18年后，贝多芬还激动地说：“我从她那里得悉，她的丈夫非常穷困，为了救济他，就去请求一位富商，送给她500弗罗林”。基于这些表述，有人认为，把贝多芬信中所云“不朽的爱人”视作朱丽叶，似乎并无不妥。

朱丽叶给贝多芬内心留下的伤痕和空缺不久就由她的两位表姐约瑟芬和特蕾莎填补了。这两姐妹出身于匈牙利贵族家庭，贝多芬与她们来往相当密切。特蕾莎终身未嫁，约瑟芬则结过婚。

1804年约瑟芬在她第一个丈夫约瑟夫·戴姆伯爵死后，就和贝多芬产生了浓厚的爱情。这年冬天，贝多芬每隔一天就去拜访约瑟芬。他们的感情到第二年春天后达到了高峰，但遭到布鲁斯维克家的反对。没有多久，爱情泯灭了。1808年约瑟芬与史特克伯爵相识，不久就结了婚。但实际上约瑟芬仍然很依恋贝多芬。她曾对姐姐特蕾莎悲伤地说，出身高贵的人要按自己的愿望选择意中人是多么不容易。贝多芬学学者卡茨纳森还推测，1813 年出生的约瑟芬幼女米莎娃可能是约瑟芬同贝多芬的女儿。可见，把约瑟芬作为“不朽的爱人”似乎也有一定的道理。

还有人认为，把特蕾莎作为“不朽的爱人”可能性更大。贝多芬的这三封信是和特蕾莎的肖像藏在一起的，足见特蕾莎在贝多芬心目中的地位。贝多芬比她大 5 岁。两人虽早已相识，但相互亲近，双双坠入情网要到 1809 年以后。他们的感情十分合拍。特蕾莎多才多艺。她把自己的肖像画赠给贝多芬，并在上面题了辞：“致罕见的天才，伟大的艺术家，上帝的宠儿。T.B.”

贝多芬则把他的《升 F 大调奏鸣曲》献给特蕾莎。双方的感情建立在相互理解的基础上。特蕾莎特别喜欢而且多次引用贝多芬的一句格言：“助人为乐和行善是人的高贵品质。”她还这样写道：“从哥德……赫尔德和贝多芬……这些美好的心灵和他们的作品中，发现了人的崇高和神圣，这是件何等幸福的事啊！”两人似乎始终都没有把对方淡忘。贝多芬晚年时，有位朋友无意中见到他捧着特蕾莎送给他的肖像哭泣，并自言自语道：“你这样美，这样伟大，和天使一样！”最后，他把这幅肖像和他的三封情书一起放在了那个秘密的抽屉里。因此，特蕾莎很有可能是那位“不朽的爱人”。

上述几种说法很早就出现了。而近年，贝多芬学的研究者梅纳德·所罗门又另辟蹊径。认为这三封信是贝多芬在 1812 年写给安东尼·布伦塔奈的。

收信地址是在卡尔斯贝得，信中曾有这样一句话：“每星期一、星期四邮车从这里开往 K 地”。这里“K”就是指卡尔斯贝得。这位安东尼·布伦塔奈比贝多芬小 10 岁，在她 18 岁时就嫁给了法兰克福商人弗兰茨·布伦塔奈。布伦塔奈一家在 1809~1812 年间住在维也纳。1810 年贝多芬结识了这一家人，不仅成为安东尼的好朋友，而且也受到她丈夫以及她 10 岁的女儿马克西米连的热情招待。1812 年 7 月 5 日，安东尼一家到卡尔斯贝得住了一阵。从时间和地点上看，安东尼是符合收信人的条件的。当时安东尼很不愿意回法兰克福，想尽了一切办法推迟行程。当遇到贝多芬后，安东尼立刻被他吸引住了，并且觉得越来越需要他、依赖于他了。但贝多芬显然不愿背上破坏道德的罪名，所以他一面在信中表白了对安东尼炽热的爱情，同时也流露出由此而产生的痛苦："你的爱使我无比幸福，同时也使我堕入了不幸的深渊。此时我需要的是一种稳定而平静的生活，我们之间的关系能做到这一点吗？"

信没有发出，但不久贝多芬却去了卡尔斯贝得。这年年底，安东尼一家按期回到了法兰克福，以后贝多芬再也没和他们见面，虽然相互间仍一直保持着联系。这个事实似乎表明，贝多芬最后婉拒了安东尼的爱情，而这恰恰又与信中的内容相符合。所罗门的这些论点抛开旧说，对信的内容和意义作出了独特新颖的解释。尽管其中有些问题仍需进一步探讨，但他的看法大体上也还是能够自圆其说的。

【片言碎语】“不朽的爱人”究竟是谁？是朱丽叶、是约瑟芬、是特蕾莎，还是安东尼？或是另有其人？问题的答案，大概只能永远留在贝多芬的心中了。

神秘的惊天悬案

古埃及图坦卡蒙法老之死

图坦卡蒙生活在3000多年前，是古埃及第18王朝最后几位法老之一，大约8岁或9岁登基，19岁时神秘去世。这位年轻国王的意外死亡之谜，引发了阵阵疑云，诱导着现代的探索者们竭尽所能拨开历史层层迷雾，穿越时空，触摸那个久远而神秘的古埃及世界。

据流传下来的零散的史料记载，图坦卡蒙的父亲埃赫那吞是古埃及王朝有名的“异教徒”国王，竭力推行“改革”，让古埃及从多神信仰转为一神信仰。他的作法在当时备受争议和嫉恨，其子图坦卡蒙很可能因此惹上麻烦。

从图坦卡蒙墓穴内的情形来看，他的死亡是很突然的，墓穴又窄又小，好像还没有修好就匆匆下葬的样子。乍看上去好像不是为王族准备的，而且装饰也很潦草，墓穴四壁的壁画上泼溅了许多颜料，也没有人去擦拭干净。而一些让世人瞩目的陪葬古董其实并不是他自己的日常用品，因为考古发现，这些古董上本刻着别人的名字，图坦卡蒙的名字是在把原有名字擦去后临时加上去的。而制作木乃伊的过程也不是像其他法老一样慢慢用防腐香料浸体，而是将成桶的防腐香料倒在木乃伊上。

1968年，英国利物浦大学的研究人员在获准给木乃伊进行X光透视后，发现在死者的脑腔中有一块曾移位的骨头，而在后脑勺处有一片颇似血凝块的阴影。研究小组的哈里森博士称："这团阴影边缘并无异常，但事实上可能是由该部位的一次脑膜内出血造成的。而这次内出血大概是后脑遭到重击的结果。反过来说，这一击极有可能就是导致死亡的原因，也就是说图坦卡蒙很有可能死于一次谋杀。"

当线索逐渐从历史的沉滓中浮现出来时，笼罩这个悲剧故事的种种疑点幽冥般地闪现。

谋害国王的凶手是谁？曾经同我们一样生存过的血肉之躯有着如何短暂而不平凡的一生？这场政治阴谋又在历史上留下了怎样的痕迹？王朝的命运终究归于何处？

图坦卡蒙法老头骨

扮演着历史学家和侦探双重角色的鲍勃·布雷尔不经意成了历史的一位使者，零散的文物、卷宗、陵墓以及古代木乃伊在他的精心整合下讲述了一个真实而极其复杂的故事，让人真实地嗅到了当时王权争斗的腥风血雨。

在3000年前的埃及图坦卡蒙时代，一个古埃及历史上异常动荡的时代。国家四分五裂，宗教和政治骚乱使得固有的社会秩序遭到进一步的破坏，朝中贪婪的野心家们纷纷结党密谋。而与此同时，年轻的国王和他深爱的妻子却无法得到一个王位继承人。这种种不稳定的因素使得埃及犹如一个火药桶，一触即发。恶魔终于向年轻的图坦卡蒙国王举起了双臂——江山因而易主。布雷尔还列出了三位最有可能成为凶手的人：

嫌疑人一：军队统帅霍朗赫布。霍朗赫布常常教图坦卡蒙狩猎、驾驶战车，这些活动都提供了谋划一次事故的充足机会。如果图坦卡蒙真的是死在路上，尸体在霍朗赫布运回之前就可能腐烂了。这一点倒可以解释为何木乃伊上额外倒了好多防腐香料。霍朗赫布弑君最可能的动机是自己篡权登上王位，要做到这一点对于手中掌握军权的他并不难。

嫌疑人二：其妻安克姗娜门。她的动机可能是篡位，也可能是希望有继承人。在图坦卡蒙的墓穴中还发现了两具胎儿木乃伊。据推断，两个死胎都是图坦卡蒙和妻子所生的女儿，死亡原因是早产或死产。如果图坦卡蒙没有能力繁衍健康的后代，安克姗娜门很可能希望他出局，而自己可以跟能够令她生育健康孩子的人结婚。

嫌疑人三：宰相艾。图坦卡蒙父亲在位时，艾就是宰相。后来他辅佐 9 岁的小图坦卡蒙登基，实际上一直在执掌国家大权，而且深得图坦卡蒙的信任。艾的杀人动机可能是觊觎法老的宝座，而在图坦卡蒙死后他确实当上了下一任法老。图坦卡蒙墓中壁画上有艾主持图坦卡蒙葬礼仪式的内容，而当时有权主持这一仪式的是确定有继承权的人。

但是，研究古埃及史的知名学者们却纷纷称这一结论是胡说八道。柏林勃兰登堡科学和人类学学院的一位专门研究图坦卡蒙的学者说：“人人都喜欢推测，但是至今却没有任何证据来证明这些推测”。

【片言碎语】图坦卡蒙是古埃及新王国时期第十八王朝法老（公元前 1334~前 1323 年），人们对他最多的印象，莫过于那张独具一格的金色面具。他原来的名字叫“图坦卡吞”，意思是“阿吞”的形象，后改为图坦卡蒙，意思是“阿蒙”的形象。

弑君者布鲁图斯是凯撒的儿子吗

公元前44年3月15日，罗马独裁者凯撒被一伙阴谋者刺死在庞培议事堂。为首的阴谋者是布鲁图斯和卡西约，布鲁图斯真是凯撒的儿子吗？他什么要这样做呢？

古代作家笔下的布鲁图斯是一个品德高尚、受人尊敬、酷爱自由和为国捐躯的战士。莎士比亚在《裘力斯·凯撒》一剧中，通过安东尼之口盛赞布鲁图斯是“一个最高贵的罗马人”。还说“他一生善良，交织在他身上的各种，可以使造物主肃然起立，向全世界宣告，‘这是一个汉子’！”但是，但丁在《神曲》中却无情鞭笞布鲁图斯。他把布鲁图斯和卡西约置于地狱的最底层，让他们同犹大一起受极刑之苦。但丁写道：“魔王有三个面孔，正面的口咬着出卖耶稣的犹大，左右口中咬着谋杀凯撒的布鲁图斯和卡西约。”这里我们姑且不谈上述作家对布鲁图斯评价的是非曲直，只言布鲁图斯与凯撒的关系。3月15日那天，当谋杀者人人都向凯撒捅刀时，布鲁图斯也向凯撒的鼠蹊部位刺了一刀。凯撒在反击阴谋者时，一面挣扎一面喊叫，但是当他看到布鲁图斯手里也拿着匕首时，他便用外袍蒙上了头甘愿挨刺了。另有一些人写道，当布鲁图斯向他行刺时，他用希腊语说道：“还有你！我的孩子？”看来，凯撒临死前，仍认为布鲁图斯是自己的孩子。

古代作家为了说明布鲁图斯是凯撒的私生子，一再谈论凯撒和布鲁图斯的母亲塞尔维利娅之间的风流韵事。普鲁培克说，凯撒年轻时与塞尔维利娅非常要好。他们疯狂相爱，如胶似漆，而布鲁图斯恰恰生在他们热恋之时。因此，凯撒有理由认为布鲁图斯是自己的儿子。

为了证明凯撒与塞尔维利娅确实相爱，这位作家还给我们描绘了这样一个插曲：当卡提林阴谋传到元老院时，政见分歧的加图和凯撒正并排站在那里。这时有人从外面送给凯撒一张纸条，凯撒诡秘地读着。加图火了，向他怒吼，说他无耻地接受敌人的命令。

加图的话在元老院中立刻引起轩然大波。于是，凯撒把纸条递给了加图。加图读毕，将纸条重新抛给凯撒，说道："拿去，你这酒鬼！"原来，那张纸条是加图的妹妹塞尔维利娅写给凯撒的情书。

苏埃托纽斯也说，凯撒有许多情妇，可是他最爱布鲁图斯的母亲塞尔维利娅。早在公元前59年凯撒出任第一任执政官期间，他曾给她买了价值600万塞斯特尔奇银元的珍珠，而在内战期间，除其他礼物外，他还将自己的上等地产廉价拍卖给她。这使一些人甚为惊讶。

普鲁塔克在给布鲁图斯和凯撒作传时，是按这样的基调写的：凯撒既爱情妇塞尔维利娅，也爱私生子布鲁图斯。在普鲁塔克看来，凯撒对待反对他的布鲁图斯所采取的仁慈政策，正是出于这种爱。

布鲁图斯

例如，当庞培和凯撒争夺国家最高权力的内战开始之后，同人们的预料相反，布鲁图斯没有投靠凯撒，而是站到处死自己的父亲M·I·布鲁图斯的庞培一边。尽管如此，凯撒仍很关心布鲁图斯。他命令部下，不得在战争中杀死布鲁图斯。如果布鲁图斯投诚，就让他当俘虏；如果他拒绝当俘虏，就随他的便，对他不要动武。

又如，法萨卢战役，庞培吃了败仗，于是只好逃往海上。布鲁图斯也乘夜逃到拉里萨。从那里他给凯撒写来了书信。得知布鲁图斯安然无恙逃脱的消息，凯撒十分高兴。他劝说布鲁图斯回到了他的身边。最后，他不仅宽恕了布鲁图斯的罪过，而且还给了他很高的荣誉和地位。当凯撒渡海攻打加图和西比奥时，他让布鲁图斯担任山南高卢的总督。后来，在罗马第一大法官职务由谁担任的问题上，凯撒说："卡西约的请求固然理由充分，但布鲁图斯必须担任第一大法官。"因此，卡西约对凯撒耿耿于怀。再如，当有人攻击布鲁图斯在搞阴谋时，凯撒不屑一听，他用手摸着自己的身体说："布鲁图斯会等到这副皮包骨的！"这是暗示只有布鲁图斯才适合继承他的最高权力。

凯撒对布鲁图斯可谓仁至义尽。普鲁培克说，如果布鲁图斯愿意，他甚至可以成为凯撒的第一朋友。那么布鲁图斯为什么背叛凯撒，甚至阴谋杀死他呢？

从根本上说，布鲁图斯与卡西约一伙代表共和派，他们仇视君主专制制度。照普鲁塔克的说法，他们所以采取上述立场，是由那些吹捧凯撒，往他头像上戴王冠的那些人促成的。同时，也有共和派言论的怂恿。例如，有人在老布鲁图斯的塑像下面写道："如果你还活着那有多好哇！"，而在凯撒的塑像下面写道："布鲁图斯，由于他从罗马赶走了国王，成了第一任执政官。这个人，由于他赶走了执政官，却成了国王。"此外，在布鲁图斯的办公桌上放满了这样的信件，上写："布鲁图斯，你在睡大觉哇！""你不是真正的布鲁图斯！"

最后，面对凯撒的称王企图，布鲁图斯坚决表示："不顾个人安危，捍卫我们的国家，为自由而死，是我刻不容缓的职责！"

看来，弑君者布鲁图斯从来不认为自己是凯撒的儿子。他一向以除暴君的布鲁图斯家族的后裔自居。不过，布鲁图斯是不是凯撒的儿子，乃是一个耗人心机，扑朔迷离的问题。

【片言碎语】凯撒是罗马帝国的奠基者，故被一些历史学家视为罗马帝国的无冕之皇，有凯撒大帝之称。甚至有历史学家将其视为罗马帝国的第一位皇帝，以其就任终身独裁官的日子为罗马帝国的诞生日。

马可·波罗是否到过中国

在中古时代，由于阿拉伯商人的足迹遍布亚、非、欧三大洲，在东西方之间起到了某种桥梁和媒介的作用，阿拉伯的历史学家和旅行家留下了许多记载，其中有不少地方曾谈到中国。尽管如此，当时西方人对东方，尤其是中国的了解，仍是很隔膜的。马可·波罗究竟到过中国吗？

西方对东方的了解在十三世纪有了很大的进步，它在很大程度上要归功于意大利大旅行家马可·波罗的东方之行。他于1271年随父亲与叔父来中国，1275年5月到达蒙古帝国的上都。从1275年至1291年17年间，马可·波罗一直以客卿的身份在元朝供职。归国后，他因参与本邦威尼斯对热那亚人的战争被俘，在狱中通过他的口授，由同狱的比萨文学家鲁思梯谦笔录，即成为流传后世的《马可·波罗游记》（亦名《东方见闻录》），至今已有五六十种不同版本（在我国就有七种之多），成为风靡一时的“世界一大奇书”。书中记录了中亚、西亚、东南亚等地的情况，其中尤以第二卷（其82章）记载的中国部分最为详尽，诸如元初政事、战争、宫殿、朝仪乃至中国名都大邑的繁荣景象，记载翔实，引人入胜。如游记里写到的一种能燃烧的“黑色石块”，显然指的是煤炭。马可·波罗把这种在中国早在汉代就开始使用的燃料知识带回到了西方，使西方人大为惊奇。他的书中介绍许多奇异的知识，为欧洲知识界打开了一扇了解东方的窗户，无怪乎人们要说，马可·波罗“替欧洲人心目中创造了亚洲”。

但是，从此书问世以来，对它的真实性不断有人提出质疑。关心马可·波罗的友人，甚至在临终前劝他为了灵魂的安宁，最好把一些离奇的事实删去。

到了1829年，德国学者徐尔曼不仅指出此书是一部冒充游记，实为编排拙劣的教会传奇故事；而且对他是否到过中国也发生了怀疑，说波罗一家最远不过到达过大布哈里亚境内（该处是意大利人常到的游历之地），又说此书编者假马可·波罗之名，谓其曾侍奉元朝皇帝忽必烈17年之久，可谓是荒唐之至，云云。

那么，马可·波罗究竟到过中国吗？对此，中外学者在经过深入研究后，大多承认马可·波罗确实到过中国，但也实事求是地指出了他书中的缺点。

国际上对马可。彼罗有过深入研究的学者，如英国的亨利·玉尔，法国的亨利·戈尔迪、伯希和美国的柯立夫和意大利的奥勒吉等人都持肯定意见。

也有少数学者认为他只到过中都，例如美国的海格尔在1879年撰《马可·波罗到过中国吗？从内证中看到的问题》一文认为：马可·波罗只到过中都，书中关于中国其他各地的记载，都是在中都听到的。即使这样，作者并没有否定他确实到过中国的事实。

但是，问题还是不断地被重新提了出来。1965年，德国史家福赫伯宣称，马可·波罗是否到过中国，这是一个还没有解决的问题。1982年4月14日，英人克雷格·克鲁纳斯更是直截了当地指出：这位大旅行家只到过中亚的伊斯兰教国家，在那里他和从中国回来的波斯商人或土耳其商人交谈过，很有可能依靠某些已经失传的“导游手册”，加上道听途说，便成了他游记的基础。作者的“证据”有以下四点：1.在中国浩如烟海的史籍中，没有查到一件可供考证的关于马可·波罗的材料。2.书中很多地方充满了可疑的统计资料，把中国丰富多彩的景象变成灰茫茫的一片，对蒙古皇帝的家谱说得含混不清。3.中国最具特色的文化产物——茶和汉字，书中从未找到。4.他写许多中国地名，似乎用的波斯叫法。

我国学者杨志玖教授撰文，以详尽的史实对上文进行了反驳，作出了马可波·罗确实到过中国的结论。他说，早在1941年，就在我国的《永乐大典》中发现了一条研究马可·波罗来华的珍贵史料：元至元二十七年八月十七日，尚书阿难答等人的奏折中提到“今年三月奉旨，遣兀鲁、阿必失呵、火者取道马八儿，往阿鲁浑大王位下”，这个记载与《马可·波罗游记》所载完全吻合，从而确认马可·波罗一行于 1291 年离开中国。杨志玖教授的这一发现及研究成果，得到了中外学者的推崇和高度评价，被认为是判定马可·波罗来过中国的一个“极可靠的证据”。杨志玖的论文还就英人克雷格·克鲁纳斯文章中提出的四个“论据”，逐一进行分析，作出了颇有说服力的回答。当然他也指出《马可·波罗游记》一书中的错误以及夸大之处，但马可·波罗不是历史学家，没有受过高深的教育，其书又是在监狱恶劣环境中口述而成的，能达到这个水平已很不简单了。杨志玖教授的观点，获得了学术界比较普遍的赞同。

1991 年 10 月，在北京召开的马可·波罗国际学术讨论会上，中国学者蔡美彪宣读了《试论马可·波罗在中国》长篇宏文，认为：马可·波罗在中国的 17 年间与各地各族人民建立了友好的感情。虽然某些记述不免有夸张的成分，却洋溢着对中国的热爱与友谊。从这个意义上说，《马可·波罗游记》不仅是一部在历史上有过影响的学术文献，而且是马可·波罗与中国人民的友情的记录。蔡美彪的论述是对他的业师杨志玖教授在 50 年前有关观点的延伸与发展，也是对马可·波罗的中国之行所作出的最新的说明。

【片言碎语】《马可·波罗游记》是世界历史上第一个将地大物博的中国向欧洲人作出报道的著作，它记录了中亚、西亚、东南亚等地区的许多国家的情况，而其重点部分则是关于中国的叙述，以大量的篇章、热情洋溢的语言，记述了中国无穷无尽的财富、巨大的商业城市、极好的交通设施，以及华丽的宫殿建筑。

闵采尔担任过“永久议会”的主席吗

图林根和萨克森地区风雷滚滚的起义形势，是与闵采尔组织、发动和领导分不开的。但是，闵采尔有没有担任“永久议会”的主席、成为这个新型人民革命政权的最高领导人呢？一直以来成为一桩疑案。

1525 年 5 月 27 日清晨，在德国缪尔豪森城外的刑场上，一个威风凛凛的中年人，面对反动诸侯、行刑刽子手和前来要他忏悔的牧师，气吞山河地高声喊道：“忏悔？决不！世界上的一切都应当归公，千年天国一定会实现！”然后从容走上断头台，英勇就义。这位勇敢绝伦的英雄，就是伟大的德国农民战争中叱咤风云的杰出农民起义领袖闵采尔。

闵采尔 1490 年出生于一个小手工业者家庭，青少年时期聪明伶俐，刻苦好学，17 岁时入莱比锡大学专修哲学和神学，获学士和硕士学位。离开大学后，闵采尔先后当过教区学校的教师和一些地区的传教士。这时，德国正处于严重分裂割据状态，阶级矛盾极为尖锐。全国分裂为 7 个大诸侯、200 多个小诸侯、1000 多个独立的帝国骑士。他们在自己的领地内掌握司法、税收、铸币等特权，拥有常备军，可以独立对外宣战和媾和，个个俨然都是名副其实的土皇帝。

1524 年 6 月，德国农民战争首先在士瓦本的图林根打响，翌年在法兰克尼亚、图林根和萨克森地区相继掀起高潮，从而形成德国农民战争的三大战场。闵采尔亲自领导和直接指挥了图林根和萨克森地区的农民战争。1525 年 3 月，闵采尔率领平民、矿工、农民，推翻了帝国直辖市缪尔豪森的城市贵族的统治，在该城建立了起义群众自己的革命政权“永久议会”（一称“永久市政会”）。这是一个新型的革命政权，它宣布没收教会的财产，废除农民的封建契约和债务，取消封建特权，实行财产公有，人人平等，并严惩了罪大恶极的封建领主。“永久议会”的政策、措施，深受人民的拥护，广大农民和城市平民纷纷积极投身于起义运动，遂使这里成为全德国农民战争中斗争最坚决、最气势磅礴的中心地区之一。反动诸侯惊恐万状，不断发出“缪尔豪森是一切冲突、不满的基础和发源地，所有叛乱像泉水一样从那里涌出”的哀鸣。

图林根和萨克森地区风雷滚滚的起义形势，是与闵采尔组织、发动和领导分不开的。但是，闵采尔有没有担任“永久议会”的主席、成为这个新型人民革命政权的最高领导人呢？这一问题，是一桩历史疑案，从经典作家到历史学家存在着截然不同的看法。

一、肯定说。恩格斯在《德国农民战争》中指出：“1525 年 3 月 17 日，即还在德国南部总起义之前，缪尔豪森就已发生革命了。原有的城市贵族议会被推翻了，政权转入新选出来的‘永久议会’手中，永久议会的主席就是闵采尔。”周一良、吴于廑主编的《世界通史》中古部分也说道：“闵采尔活动的中心是缪尔豪森城。1525 年 3 月 17 日，城内手工匠和平民推翻了城市贵族的统治，成立‘永久议会’。闵采尔被选为主席，门徒亨利·佛伊浮是他的有力助手。”1985 年由少年儿童出版社出版、顾汉松编著的《世界五千年（3）》，也持此说，并在书中绘声绘色地描述了选举闵采尔为“永久议会”主席的过程和场面。这是一套专为少年儿童编写的普及历史文化知识的读物，该书前言中说“这套故事，取材尊重历史事实”。可见闵采尔担任“永久议会”主席也是具有历史真实性的。

二、否定说。19 世纪德国著名史学家威廉·戚美尔曼在《伟大的德国农民战争》中认为，闵采尔没有担任“永久议会”的主席。他考察了德国农民战争的史实，认为对缪尔豪森城起义及建立新政权起作用的有两个人，一个是闵采尔，另一个是闵采尔在当地的忠实信徒和学生普法伊费尔。他说：“普法伊费尔为新市政会定名为‘永久市政会'"，"普法伊费尔和闵采尔对新市政会和由八人组成的市民委员会都有影响；但是，普法伊费尔和闵采尔都没有像梅兰希通所捏造的那样，担任过市政会主席。他们既没有做过缪尔豪森市长，也没有当过市政会委员。普法伊费尔仍然是尼古拉的牧师，闵采尔仍然是圣母院的牧师；他们为自己取得的权利仅仅是可以出席市政会会议。"1989年郭振铎主编的《宗教改革史纲》，支持并采用了戚美尔曼的观点，认为："闵采尔不是市政会主席，也不是市长，但以牧师身份经常出席市政会。"

闵采尔

三、回避说。即采取回避的方法，在书中不直接点明闵采尔是否担任过"永久议会"的主席。我国上世纪80年代出版的一些史书多取此说。朱寰主编的《世界中古史》中说："闵采尔是新政权的实际负责人"。刘明翰主编的《世界史·中世纪史》认为："闵采尔实际领导了这个革命政权。"朱庭光主编的《外国历史名人传》（古代部分下册）中认为："这个政权的实际领导人是闵采尔及其助手普法伊费尔。"

上述种种观点，存在着明显的分歧。恩格斯在《德国农民战争》第2版序言中称自己的"这部著作并不奢望提供独立研讨过的材料。相反，关于农民起义和托马斯·闵采尔的全部材料，都是从戚美尔曼那里借用的。他那本书虽有些缺点，但仍然不失为一部最好的资料汇编”。但是，戚美尔曼对闵采尔担任“永久议会”主席一事是否定的，而恩格斯是肯定的。那么恩格斯是根据什么“材料”呢？闵采尔究竟是否担任了“永久议会”的主席？这些问题还须学术界认真研究。

【片言碎语】 闵采尔 1490 年出生于一个小手工业者家庭，青少年时期聪明伶俐，刻苦好学，17 岁时入莱比锡大学专修哲学和神学，获学士和硕士学位。离开大学后，闵采尔先后当过教区学校的教师和一些地区的传教士。

鲁道夫·赫斯为何突然飞赴英国

只身驾机的德国纳粹党的领导人之一鲁道夫·赫斯为何突然飞赴英国？成为一个历史未解之谜。

鲁道夫·赫斯是德国纳粹党的领导人之一、没有部长职衔的帝国部长。1941 年 5 月 10 日英德双方是交战国，如此高位的人物只身驾驶德造 ME110 型飞机在英国苏格兰地区降落，当时举世震惊，对赫斯此举的动机和背景议论纷纷，莫衷一是，成为历史上不解之谜。

希特勒得悉赫斯飞英之事后，暴跳如雷，声称赫斯一旦回国定要严加处置，并静观事态的发展。可是，24 小时内希特勒并未获得赫斯抵英后的任何消息。为了缩小该事件的影响和人们的猜疑，5 月 12 日，德国电台广播了官方的一项含糊其词的声明：“民族社会主义党郑重宣布；党员鲁道夫·赫斯由于几年来持续患病，已被严禁从事任何飞行活动，但他违抗命令再次驾机。星期六，5 月 10 日，鲁道夫·

赫斯由奥格斯堡起飞，从此他再未归来。

根据这些情况，必须认为党员赫斯不是从他座机里跳了出来，就是遇到了意外。后来，有些人就根据这项声明，断言赫斯飞英系精神病患者的癫狂行为，因此，无动机可言。而更多的人认为这项声明是希特勒欲盖弥彰，故弄玄虚。因为六个星期后德国开始东侵苏联。

1941 年 6 月 22 日凌晨 4 时，德国突然袭击苏联。侵苏战争是希特勒的既定方针。1940 年 6 月，当德军横扫法国时，希特勒就扬言“英国现在就会准备‘理智地媾和’，这样他就可以最后腾出手来，完成他的伟大而正当事业，同布尔什维克主义一决雌雄”。人们根据赫斯飞英事件不久发生的德苏战争和希特勒在其《我的奋斗》一书中所定下的永不两线作战的原则，断定赫斯飞英是秉承希特勒的旨意赴英以求英德媾和，以利东击苏联。此说似乎有一定道理，但赫斯至死不予认可。现在让我们回溯一下赫斯入英后的情况。

赫斯用降落伞在苏格兰着陆后，声称要完成一项和平使命，并坚持求见苏格兰东部一个战斗机基地指挥官汉密尔顿公爵。赫斯与此公爵有良好的私交。

汉密尔顿立即向丘吉尔作了汇报，丘吉尔要求查明是否赫斯本人。为进一步验明赫斯的身份和来英目的，汉密尔顿和艾登外交大臣的德国问题顾问柯克帕特里克受命代表外交部，于 5 月 12 日至 15 日在苏格兰的格拉斯哥市附近的德莱门镇布坎南城堡与赫斯进行了三次长谈。赫斯讲述了德国对英国和苏联的态度与政策。他认为德国必定能赢得这场战争，而英国是没有希望赢得这场战争的，因此，英德媾和谈判是势在必然，否则，最后英国还得被迫求和。赫斯还认为希特勒并没有压迫英国的要求，并保证希特勒永远是对大英帝国怀着高度敬意的。他个人的这次飞行就是想要给予英国一个不失面子的公开对话的机会。如果英国拒绝这个机会，不想同德国取得谅解，希特勒就有权摧毁你们，事实上彻底摧毁你们就是他的责任，并在战后将英国永远保持在被征服的状态中。赫斯在上述一系节谈话中始终没有说他的英国之行是否经过希特勒批准。后来，赫斯曾说过，这个问题让今

鲁道夫·赫斯

后的历史学家去猜测吧！

那么赫斯为什么单独采取令人不可思议的行动呢？有一种说法，认为赫斯曾经得宠于希特勒，成为第三帝国的副元首。但自大规模战争开始以后，他的才能在同僚中已相形见绌，在希特勒面前日渐失宠，对此他耿耿于怀。但他自以为谙知希特勒的战略思想和外交手腕，因此幻想以此惊人之举给希特勒带来更大的成就，来重新赢得希特勒的宠信和重用。这也不失为一家之见。

近年来前苏联克格勃披露了赫斯飞英的有关文件。内称 1941 年，英国情报机关冒用汉密尔顿公爵的名义与赫斯联系，说英国国内有一股亲德反丘吉尔的势力，竭力想和德国媾和，并与赫斯商量飞英的安排细节。英国情报此举的目的似乎是为了了解德国的战略动向，赫斯在给汉密尔顿的信件中详细地介绍了德国政府准备进攻苏联的计划。此说看来还得由封存在英国的关于赫斯的档案来进一步证实，按照规定，所有关于赫斯的档案要到 2017 年才能公布，届时可能赫斯飞英的真相会大白于天下。

赫斯抵英不久，就被英国政府囚禁起来，战后作为纳粹主要战犯之一在纽伦堡国际军事法庭上受到审判。1946 年宣判赫斯犯有“准备和进行侵略战争”罪而判处终身监禁。在监狱中，赫斯曾多次患重病未死，并有几次自杀未遂。同他一起被关押在当时西柏林的施清道监狱里的，还有一些纳粹头目如邓尼茨、斯佩尔、席腊赫等。但这些囚犯全部得到赦免和提前释放。他们中最后一个是在 1966 年出狱的。

此后，施清道监狱里仅有一个犯人——鲁道夫·赫斯，他于1987年自杀而死，时年93岁。但是，至死未说清其46岁时飞往英国之举是否为希特勒所批准。

【片言碎语】 关押德国纳粹战犯的，由苏、美、英、法四大国共管的施清道监狱里，剩下唯一的犯人于1987年去世了，那就是原希特勒的副手鲁道夫·赫斯。他在监狱里度过了46个春秋，因而被西方报界称之为“世界上最孤独和最老的犯人”。

梅林宫的悲剧是怎么造成的

梅林宫的悲剧是17世纪末至20世纪初欧洲六大历史之谜中的一个，可惜迄今为止人们仍无法揭秘。

1889年1月30日早上7点半，仆人发现当时奥匈帝国的皇太子和他的情人在梅林宫的房间里开枪自杀了。人们想不通年轻有为的皇太子为什么要自杀，为情，还是为争权？谁也不知道真正的答案是什么。

上午10点整，皇太子的死讯被报告给奥匈帝国皇帝弗朗索瓦·约瑟夫、皇后以及太子妃。很快，皇宫里充满了沮丧和恐慌。官员们、侍从们在长廊里跑来跑去，不了解情况的人紧张得不知所措。下午2点，皇帝才惊魂稍定，召集起全体皇室成员和大臣们，通报并紧急处置这一突发事件。人们被告之，皇太子鲁道夫“因极度兴奋，于今日凌晨死于心肌梗塞”。2月2日午夜，一辆灵车将皇太子悄悄运回维也纳。5日，皇太子的灵柩被送往皇家墓地。

皇帝不让各地诸侯王来参加简单的葬仪。不过据在场的人说皇帝哭得很伤心。

根据皇帝的命令，两位著名医生曾对皇太子的尸体作了解剖检验。他们的报告确认皇太子是“因一时精神错乱而自杀”。但是皇帝根本不相信，因为他是唯一知道儿子弃生原因的人。然而当他撒手人寰时却将梅林宫悲剧的谜底带走了。

致力于奥地利历史研究的专家们只能给我们大致勾画出梅林宫悲剧的成因，而且见解并不一致。一种见解直截了当地从皇太子和他的情妇自杀于梅林宫开始追寻。鲁道夫在 16 岁时和比利时公主斯德法妮订了婚，然而他们婚后的生活并不美满。尤其让鲁道夫感到灰心丧气的是，斯德法妮在生了一个女儿之后肯定不能再生育了，所以好几年以来鲁道夫一直想要离婚。他甚至采取了一次胆大妄为的行动：在未告之皇帝的情况下向罗马教皇正式提出解除婚约要求。教皇没有给他答复，因为按照礼仪规定，只有通过皇帝才能向教皇提出这种要求。弗朗索瓦·约瑟夫皇帝的震怒是可想而知了，而幻想破灭后的鲁道夫则以到处寻欢作乐来消解他的精神痛苦。他一度几乎每天晚上都到皇宫外面的饭店吃饭，有时则让一些漂亮的舞女、卖弄风情的伯爵夫人到他的宫里，或者干脆到别的什么地方去过夜。

英俊潇洒、风流倜傥的皇太子让维也纳的贵夫人和怀春少女们痴迷若狂。玛丽·维兹拉就是其中的一个。1887 年末，在波兰人举行的一次舞会上少女男爵玛丽·维兹拉经人介绍认识了鲁道夫。几个月来，她写了大量燃烧着炽烈痴爱之火的情书给皇太子，并且成功地让皇太子感到了“别人不曾给予过他的热烈无比的爱情”。事情发展的结果是酿出一起大伤皇室风雅的丑闻：1888 年 6 月，皇太子夫妇应邀去英国参加维多利亚女王登基五十周年庆典，玛丽·维兹拉则先期到达英国。醋意大发的皇太子妃闻讯后拒绝再陪皇太子前往。这件事情之后皇太子夫妇关系闹得更僵，以致鲁道夫有一次公然对斯德法妮说：“既然没有什么解决的办法，那么只好我先打死你，而后我再自杀了事。”这些威胁性的话语由斯德法妮哭哭啼啼地禀告了皇帝。

尽管皇帝当时安慰她说这只是些“不着边际的胡思乱想”，但事后他还是不得不考虑应当认真了结一下儿子的麻烦事了。

1889 年 1 月 28 日这一天，皇太子原本约好胡约伯爵和他的妹夫一起乘火车去梅林宫附近的森林中打猎。凌晨 5 点半，皇帝突然召见皇太子。大约近 7 点钟时，鲁道夫从父亲那儿出来，回到自己办公室后，他迅速写了几封信给斯德法妮、他的妹妹、他的母亲以及其他朋友。10 点钟，鲁道夫匆匆赶到皇宫另一端他自己的寝宫，向妻子、女儿道别后他独自乘马车动身到梅林宫去了。因此，当胡约伯爵应约在中午时分赶到皇宫时并不知道鲁道夫早已出发；当然他更不知道接近中午时，另一辆双马轿车把玛丽·维兹拉也送往梅林宫了。

悲剧发生后，人们从皇太子给斯德法妮的信中读到："你终于在我的羁绊之中和我为你带来的痛苦之中解脱出来了，祝你万事如意……"人们还从玛丽·维兹拉给她妹妹的信中读到："你只能为爱情而结婚。我未能这样做，然而我情愿到另一个世界去。"在生命的最后一个晚上，鲁道夫还给他的贴身仆人洛斯歇克写了一张便条，让他去找一名牧师为他祈祷，要他"把我和女男爵合葬在一起"。由此，历史学家推断，皇帝突然召见皇太子时一定严厉申斥了他，并且逼他与他的情人立即断绝关系。在万念俱灰后，鲁道夫和他的情人走上了双双殉情的绝路。

另一种见解则从政治角度探询梅林宫之谜的答案。鲁道夫从小所受的教育和别的亲王不同。为他挑选的教师都是帝国中最出色的，但却未曾考虑他们持何种政治观点。人们甚至一度把小皇太子交给一位被皇帝长期流放的，参加过革命军的司祭教育。因此，在十七八岁血气方刚的年纪，鲁道夫就匿名写了一篇抨击奥地利贵族制度的文章，尖锐嘲讽"那些贵族们愚味无知，根本不适合担任任何官职"。他本人也蔑视一切皇家法规，说"那些皇室法规只不过是愚蠢、虚荣和维护陈俗礼仪的遮羞布"。后来他果然主动去结识了犹太记者、《维也纳日报》的主编斯宰普先生，并视他为"梦寐以求而终于找到的政治顾问"，称之为自己"精神上的父亲"。正是"在斯宰普的帮助下，鲁道夫倾心于撰写文章，借以表达从会写字以来难于表达的思想"。因此，《维也纳日报》上经常有署名"皇太子鲁道夫"的介绍皇宫内情的文章和不署名的反对政府的文章。"秘密办公厅"还曾截获一封鲁道夫写给斯宰普的信，信中充分表述了他对法国自由思想和制度的赞叹，以及他对德国普鲁士式军人专政的憎恶。他的叛逆性格和活动致使他每一次外出都有一些伪装的警方人员跟踪，他的住处也受到监视。更有甚者，他和匈牙利独立者联盟的领导人埃梅耶纳·卡罗里伯爵过从甚密。后来，因为帝国要求通过一项新的军事法，在匈牙利正引起一次日益严重的政治骚动。布达佩斯的游行队伍旗帜招展，革命歌声此起彼伏，每一次集会都会引起暴力事件。而匈牙利人是寄希望于这位皇位继承人的。

悲剧发生以后，人们了解到，鲁道夫在前往梅林宫的当天上午曾紧急约见斯宰普，并把很多稿子交给了他。这一天上午他还心情焦躁地等着一封信和一份电报。在收到电报并匆匆读完后，他咬着牙自言自语说："对，应该办了！"在梅林宫他又延搁了一天，他在等着匈牙利独立者联盟领导人的最后一封电报，这是决定命运的电报。此后鲁道夫就再也不等候什么消息了。

由此人们有理由相信，鲁道夫是出于政治原因自杀的；有人甚至断言鲁道夫曾答应只要匈牙利人起兵反对他的父亲并宣布奥匈分治，他就可以就任匈牙利国王。当然，要证实这一点还缺乏足够的材料，不过在他写给妹妹的信中说："我是违心地辞别人世的。"这句话似乎间接地印证了这一点。

【片言碎语】其实梅林宫悲剧有一个关键的地方，那就是28日清晨皇帝紧急召见皇太子，在那一个半小时里，如果知道他们父子之间到底谈了些什么，那就能够很清楚地知道鲁道夫自杀的真正原因。皇帝是这个悲剧故事中唯一的知情者，然而当他撒手尘世的时候却将整个梅林宫悲剧的谜底带走了。

柳里克何由入主俄国

古代时期的俄国疆域远没有后来那样广袤，其国力也远没有后来那样强大。在公元9世纪前，东斯拉夫人的各部落正处在纷争割据状态，只是到了公元10世纪左右，才出现俄罗斯人第一个统一国家——基辅罗斯。柳里克即是罗斯国家的第一个王公。柳里克何由入主俄国？

公元8世纪，东斯拉夫人的社会经济获得很大发展，这有力地促进了父系氏族公社的瓦解，形成了以地域关系为基础的农村公社。各部落联盟都以设防的城市为中心，当时较大的城市有北方的诺夫哥罗德和南方的基辅。到9世纪中叶，东斯拉夫人已经走完漫长的原始公社社会的历程，进入阶级社会。至此，建立罗斯国家的经济前提和政治前提已经具备。从8世纪开始，东斯拉夫人与国外的贸易就已活跃起来。“瓦希之路”（从北欧的斯堪的纳维亚半岛到君士坦丁堡）成为沟通北欧和西亚的重要商路。在这条商路上，罗斯和土耳其的商贾云集，车水马龙，但所经商队经常遭受瓦良格人的侵扰。瓦良格人原居住在斯堪的纳维亚半岛，瓦希之路通商后，他们建立起能征善战的武士队，沿途抢掠各国商队的财物，强迫斯拉夫居民交纳贡赋。诺夫哥罗德城的位置正处在“瓦希之路”上，得天时地利优势，经济发展迅速，但也因此成为瓦良格人侵袭的对象。为防御外敌，城中建立了大贵族的统治。

据俄国最古老的编年史《往年纪事》记载，从公元9世纪中期开始，城市的两派贵族集团为争夺城市的统治权发生激烈内讧，持续多年。为避免两败俱伤，诺夫哥罗德的贵族决定邀请往日的仇敌——瓦良格人柳里克兄弟入城平乱。柳里克是瓦良格人的一个酋长，彪悍而善战，早年就带领他的武士在瓦希之路上开始其冒险生涯，并且在距诺夫哥罗德200俄里的拉多加湖建立了军事据点。在接到邀请后，柳里克兄弟在公元862年，率大军兵临诺夫哥罗德城下，城内贵族开门迎接。入城后，柳里克以武力很快稳定了局势，接着柳里克夺取了统治大权，自任王公，建立了第一个罗斯国，开始了俄国柳里克王朝统治的历史。异邦人的统治遭到当地贵族的反抗，爆发了瓦丁姆领导的暴乱，但很快被柳里克镇压下去。两年后，柳里克的兄弟西涅乌斯和特鲁沃尔相继去世，柳里克独掌大权。公元879年柳里克去世，由他的亲属奥列格摄政（公元879~912年当政）。奥列格继续率军南征，占领基辅，统一其他部落，登上基辅大公宝座，其后的罗斯国称作基辅罗斯国，奥列格将基辅称为“罗斯诸城之母”。马克思也指出：“罗斯的首都，柳里克定于诺夫哥罗德，奥列格迁至基辅。”

柳里克是异邦的瓦良格人（诺曼人），那么，他究竟以什么为由进入罗斯人的城市呢？是诺夫哥罗德贵族把他作为雇佣军请入城内平乱呢？还是诺夫哥罗德贵族奉请他入城为主呢？这是各国学者争论不休的一个重要问题。但是在这个问题背后还隐藏着一个更为重要的问题，即究竟谁是罗斯国家的创始者，对此存在两个截然相反的观点，那就是“诺曼说”，和“反诺曼说”。“诺曼说”强调诺曼人（瓦良格人）是罗斯国家和历史的开创者，最先由18世纪侨居俄国的德国学者贝耶提出，这一观点在俄国和西方史学界非常流行。如19世纪俄国著名历史学家克留切夫斯基就认为柳里克是应诺夫哥罗德贵族之邀而入城为主的。美国历史学家兰格主编的《世界史编年手册》中也认为“斯堪的纳维亚酋长柳里克于9世纪60年代在诺夫哥罗德建立统治，他被认为是罗斯大公王朝的奠基人”。持“反诺曼说”观点的主要是苏联历史学家，他们否认俄国史上有“奉请瓦良格人为主”的说法。

诺索夫主编的《苏联简史》认为《往年纪事》的作者编排了一部传奇式的世系，“认为罗斯国家早在瓦良格人入侵之前就在发展，而同他们毫无关系，认为应把伊戈尔（公元912~945年在位）作为俄罗斯国家的创始人。”

【片言碎语】民族的起源，古代国家的诞生，距今都已久远，为历史研究增加了许多困难，使许多重要的问题难以得到彻底的解决。罗斯国家的建立在世界史中拥有重要的地位，因此国际史学界围绕谁是罗斯国的开国之主问题进行长期激烈的争论是不足为奇的。但是历史问题的研究还应采取历史主义的方法，即既要反对政治偏见，也要避免强烈的民族情绪。瓦良格人对东斯拉夫人的征服，在客观上推动了罗斯国家的建立和俄国社会的发展。但柳里克能否作为罗斯国家的开国之主，还需进行细致和科学的研究。

伊凡雷帝怒杀亲子确有其事吗

俄国沙皇伊凡雷帝盛怒之下，用铁头权杖刺中太子伊凡的太阳穴，后者不治而死。实有其事吗？同时，在其他历史著作和传记中对该事件的记载却与此大相径庭。

伊凡雷帝是俄国历史上的第一位沙皇（公元1533~1584年在位），1533年其父瓦西里三世晏驾，年仅3岁的伊凡匆匆继承俄国大公王位，在他年满17岁以前，由其母、太后叶莲娜摄政。叶莲娜重用宠臣，专横独断，党同伐异，她的统冶招致社会各阶层的强烈反对。1538年叶莲娜突然暴亡，死因不明。宫廷大贵族势力重新得势。在此王纲不明，政局扰攘之际，无人顾及年仅8岁的大公小伊凡，那些整天忙于争权夺利、火并撕杀的贵族也根本不将伊凡四世故在眼里。

伊凡四世就是在这种尔虞我诈的环境中长大，亲眼目睹了宫廷生活的黑暗和丑恶。皇叔伊斯基家族长期把持朝政，假借大公名义发布法令。幼小伊凡的心里早已埋下复仇的种子。他养成了残酷无情的性格。经常残忍地将小鸟一刀一刀地杀死，或者站在高墙上，活活将小狗摔死，以发泄心中不满。他在 13 岁时，命令手下放狗咬死了皇叔伊斯基，并暴尸宫门外。1547 年，17 岁的伊凡四世在宫廷一部分势力的支持下，宣布亲理朝政。1 月 16 日的加冕礼上，东正教大主教玛卡里将莫诺马赫皇冠戴在伊凡四世的头上，于是他就成了“全俄罗斯君主、上帝加冕的神圣沙皇”。

他立志改革愚昧落后的俄罗斯。力图创立一个唯我独尊、君临一切的大帝国。亲政伊始，他便向大贵族势力宣战，以加强皇权。他宣称：“君主的称号就意味着承认不受任何限制的沙皇政权”，“朕生于皇家，长于朝中，掌握自家天下，并非窃自他人，罗斯君主自古以来皆亲临朝政，贵族大臣不得干预。”

他建立缙绅会议，取代大贵族杜马（议会）的特权；废除地主贵族的司法权、征税权和行政权；摈弃旧吏，在平民中选拔新官；限制僧侣和教会干预朝政；没收大贵族领地，将往日声名显赫的大贵族流放边关。从 1565 年起，他雷厉风行地推行了著名的特辖制，建立直属沙皇的特辖军，在全国实行恐怖政策，惩处反对皇权的大贵族。特辖军身着黑袍，跨骑黑马，马头上挂着狗头和扫帚，象征他们的使命：将沙皇的仇人咬死，扫地出门。在特辖制实行的七年中，伊凡四世既惩处了大贵族，也诛杀了众多无辜的平民。尖桩刑、炮烙刑、活挖人心、抽筋剖腹等刑法，使人不寒而栗。七年间有数万人被处死。因此当时人们称伊凡四世为“雷帝”即恐怖的伊凡沙皇。他的一系列政治改革，沉重地打击了封建割据势力，加强俄罗斯国家的统一和皇权。但是他的独裁和残暴统治引起了广大人民的强烈反对。到了晚年，他更加性情乖戾、喜怒无常，无端怀疑，覆手为雨。

法国传记作家亨利。特罗亚在《一代暴君——伊凡雷帝》中记述道：伊凡作为伊凡雷帝的长子，未来的皇位继承人，经常跟随在伊凡雷帝左右。但从 1581 年起，伊凡雷帝开始怀疑太子有欲夺皇位之意，父子关系开始紧张。

11 月 15 日，伊凡雷帝看见伊凡妻子叶莲娜仅穿一件薄裙在宫中走动，违反了俄国妇女至少要穿三件衣裙的惯例，勃然大怒，动手打了儿媳，使怀孕的叶莲娜当即因惊吓流产。太子伊凡闻讯后，对伊凡雷帝大发雷霆，这激怒了伊凡雷帝。他大骂“你这个可耻的叛徒”，举起铁头权杖向儿子刺去，正中伊凡的太阳穴，接下来就发生了列宾笔下《伊凡雷帝杀子》的悲剧场面。后太子伊凡终因伤势过重而死去。但这仅仅是有关太子伊凡死因的一种解释。

苏联历史学家斯克伦尼尼科夫对此做出了不同解释。他认为 1581 年 11 月 15 日，伊凡父子虽发生激烈争吵，但父亲只在儿子身上用权杖敲了几下，并未受重伤。太子伊凡主要因丧子和恨父所导致心理极度悲伤，以致突发癫痫病，后又继发热病死亡的。论据是伊凡雷帝在 1581 年 11 月 9 日的信中曾谈道：“儿子伊凡病倒了，今天他仍在病中。”因此伊凡是病死，而非父杀。

但到底哪一种解释正确呢？至今尚无定论，让我们等待澄清之日吧。

【片言碎语】 《伊凡雷帝杀子》为俄国著名画家列宾所创作。在灰暗压抑气氛笼罩下的画面上，伊凡雷帝惊恐地将儿子伊凡搂在胸前，他用一只苍老的、血管突出的手抱着奄奄一息的伊凡的身体，另一只手紧紧按住儿子流血的伤口，企图挽回儿子的生命，而垂死的皇太子伊凡，无力地支撑在地毯上，死亡的阴影已笼罩着他，伊凡雷帝神经质的双目和伊凡太子绝望而宽恕的眼神形成了强烈的对比。

杰斐逊总统为什么要购买路易斯安那

“购买路易斯安那”是美国历史上的重要插曲，因此长期以来一直是历史学家十分感兴趣的问题，尤其对杰斐逊总统为什么不惜重大代价要达到这一目标而长期争论不休。

有的历史学家如约翰·格莱蒂认为，杰斐逊购买路易斯安那主要出于向西部扩张领土，打开通往西部的通路的目的。具体来说，杰斐逊是为了使美国获得西部地区的巨大利益，要求得到密西西比河和落基山脉之间的大片土地。杰斐逊本来并没有计划夺取这一地区，他在发表首次就职演说时说，美国已拥有其子孙后代所需要的全部土地。然而，后来密西西比河谷发生的一系列事件却使杰斐逊总统改变了初衷，重又考虑购买路易斯安那已是不可避免的事情。伴随美国人对西部兴趣的增长，杰斐逊认识到，美国应当拥有接近密西西比河出口的通路和新奥尔良城，否则，美国获得的北美大陆东部的一切也很难保住。他说：“地球上有一个无与伦比的地点，这就是新奥尔良。但现在其占有者是我们天然的和习以为常的敌人。”

这样，当他获悉西班牙人将把路易斯安那退还给法国时，他立即警惕起来。对杰斐逊领导的美国而言，如果说西班牙对路易斯安那的控制是可以容忍的，那么拿破仑法国的占有就完全不同了。杰斐逊十分担心，如果法国控制了该地区，美国人在新奥尔良的权利很难得到保障。果然，杰斐逊担心的事情发生了。法国开始计划在北美实施新的冒险。1800 年，法国同西班牙签订了一项秘密条约，西班牙把路易斯安那归还给法国，拿破仑进而希望把该地区变为其殖民地。从这些论述中可以看出，杰斐逊之所以要施展外交手腕购买路易斯安那，似乎仅仅迫于形势的需要。然而有的历史和外交史学家如瓦尔待·拉夫勃却认为并不仅仅如此，这是由杰斐逊所推行的整个外交政策所决定的；其外交政策概括起来是扩张主义、为自由而行动、集中权利并根据形势的需要而不惜使用武力。杰斐逊任命詹姆斯·莫迪逊为国务卿。他们的外交政策并不是羞羞答答的，而是锋芒毕露的。杰斐逊在1801年写道，美国的扩张或许是无法限制的，特别是随着时间的推移，美国限制自己是不可能的。当美国全面发展使其本身扩展时，如果不扩及南美大陆的话，也会扩及整个北美大陆。杰斐逊还说，为了达到这些目标，美国人不得不维护其行动自由，“和平、商业、同所有国家的友谊，但不同任何盟国纠缠在一起。”

杰斐逊也不惜发展和使用军事力量，尽管他把军事力量的建设限制在一定规模之内。他从来都不相信，年青的美国能够建设一支堪与英国舰队媲美的海军，但他支持建造了一支小型炮艇舰队。他甚至派炮艇去北非和地中海沿岸对付海盗。

购买路易斯安那的成功是杰斐逊外交政策的大成功。1801年，当杰斐逊和莫迪逊获悉软弱的西班牙最后向拿破仑的要求屈服并表示愿意把路易斯安那卖给法国时，他们认为形势十分严峻。当时拿破仑与英国的战争已结束，并立即转向开发“新世界帝国”的努力。

拿破仑一心想把路易斯安那作为其海地和圣多明哥殖民地的食品供应基地。1802年，当西班牙官员突然切断密西西比河与美国的贸易时，危机进一步加深。国务卿莫迪逊很久以来就认识到，无论谁控制了密西西比河，都会迅速地控制美国在西部地区居民的增加。他认为，密西西比河是哈得逊、波托马和所有大西洋国家航运河流的汇聚点。基于这些原因，杰斐逊和莫迪逊才施展了各种外交手段，购买了路易斯安那。

此外，杰斐逊和莫迪逊购买路易斯安那似乎还有更大的野心，即驱除法国在整个美洲的势力和影响。这从他们两人在海地施展的外交手段就可以看出其中的奥秘。1802年，海地发生了由托森特·奥维特领导的起义，目的在于推翻法国人对该岛的统治。美国国务卿莫迪逊对这次起义给予秘密援助，支持海地人民与法国殖民者进行战斗。莫迪逊深知，法国皇帝拿破仑失去了这一产糖岛屿，不仅作为谷仓的路易斯安那对他无存在价值，而且增添了后顾之忧。法国人最后逮捕了海地起义领导人托森特·奥维特。但是托森特的支持者仍继续战斗，起义者的有效斗争，再加上疟疾爆发，征服了拿破仑的军队，最后使拿破仑在1803年遭受严重挫折，并咆哮说："该死的糖，该死的咖啡，该死的殖民地！"

对美国总统杰斐逊购买路易斯安那这一历史事实，许多历史学家依然各执其词。

【片言碎语】托马斯·杰斐逊是美国第三任总统。他作为美国独立宣言的起草者，最了解政治和自由的重要意义；作为政治家、外交家和行政官员，他几乎为年青的美利坚合众国奋斗了40年，从1801到1809年担任了美国两届总统。在他第一届任期期间，他取得最重要的成就是用1150万美元从法国人手里购买了密西西比河西岸的路易斯安那大片土地。

美国首都华盛顿为何被英军焚烧

在第二次美英战争期间的1814年春季，由英国罗伯特·罗斯将军指挥的一支英军，顺利地闯入美利坚合众国的首都华盛顿，烧毁了许多建筑物和古迹，在美国首都华盛顿留下了不光彩的一页。那么，究竟是什么原因致使华盛顿遭受如此浩劫呢？长期以来，历史学家虽然苦心寻求其答案，但获得的材料甚少，即使已作出了一些答案，但也众说纷坛，很不一致。

有的历史学家认为，英国1814年春天采取的战略似乎是比较正确的。此时，英国人的主要计划是压服美国。为此，英国人把其进攻美国的军队分为三支：第一支是最强大的陆军，由一万一千官兵组成，从加拿大的蒙特利尔出发，沿着美国独立战争期间布尔果因将军经过的路线前进；第二支是小规模的海军两栖部队，从百慕大登船启航，到切萨皮克湾地区摆出佯攻的姿态，破坏沿岸城镇和军事设施，并威胁华盛顿和巴尔的摩两市。第三支也是陆军，在牙买加集结启航，进攻新奥尔良并围攻西部美军。其中第二支两栖部队在向既定目标发动进攻中又采取了相对有效的战略战术。当英国的主要军队在加拿大集结时，这支由4000名老战士组成的队伍，在罗伯特·罗斯将军的指挥下，于1814年6月从百慕大启航，向切萨皮克湾进发。这支海陆两栖部队于8月下旬在海军中将亚历山大·柯克兰因爵士和海军上将乔治·科伯恩的具体指挥下，在帕塔克森特河口的马里兰登陆。

美国的一支炮艇分遣队立即逆流而上，试图保卫首都，但当英军追赶时，他们的司令官却命令他们解散，以免被俘虏。英国军队遇到的显然是个不称职的美国将军。这位美国将军就是声名狼藉的威廉·温德。他本来是巴尔的摩的一个律师，后来参加美国对英作战并成为一名将军。在加拿大作战时，他被英军俘虏，然后又被释放。当英军迅速逼近美国首都华盛顿并攻占华盛顿郊区的小村布拉登斯堡时，他指挥的是一支临时凑起来的、主要由民兵组成的不到 7000 人的队伍。已逃亡乡下的麦迪逊总统及其他政府官员看到，当英国人继续进攻时，温德指挥的士兵掉头就跑，几乎未放一枪。这样，在 1814 年 8 月 24 日黄昏时分，英军顺利涌入首都华盛顿，并把大部分公共建筑物付之一炬。在英军士兵对白宫点火之前，英军海军上将科伯恩拾取一顶美国总统的帽子和麦迪逊总统的坐垫作为纪念品；他还与其部下享用了为麦迪逊总统和夫人准备的晚餐。他一边咀嚼着烤面包片，一边嘲笑地说："观察家会害羞地记起，这对我来说太惬意了"。

这是关于首都华盛顿被英军焚烧之原因的一种具有代表性的见解。当然，还有别的见解。作别种解释的著名的人物是美国军事史学家詹姆斯·查思和卡尔布·卡尔。他们认为美国总统麦迪逊等人，过分估计了自己军队的作战能力，但又极大地忽视了英军突然袭击的可能性。实际上，没有一个人不为美国指挥官的严重失职而感到目瞪口呆。麦迪逊和其他开国元勋一样，总是怀有像托马斯·杰斐逊一样的自信心，认为美国的自由战士是与英国的士兵不同的，前者为祖国的解放而战，后者是被雇用的专业兵，美国人是会以凯旋者的姿态而自豪的。但是英国士兵的令人可怕的决定性行动和美国军队不知羞耻的恐慌，实际上向总统证明这种理论是不可靠的。麦迪逊个人不得不抛弃白宫，慌忙出逃及其本人的犹豫和忧虑都是很好的说明，放弃无设防的首都而仓皇撤退的市民和官员也都无例外地反映了麦迪逊总统认识的欠妥。

卡尔布·卡尔等人还认为，首都华盛顿被焚发生在美国历史上具有重要意义的时刻，表明美国依靠地理位置优越而苟安的理论已过时。在独立战争及其以后一段时期内，美国人一向认为其在地理上是得天独厚的，远离欧洲是非之地，东西由大洋相隔，因此它理所当然地获得保护。美国第一任总统华盛顿在其《告别词》中说："分离而又有距离的形势可使我们能够追求不同的前程。"在18世纪末和19世纪初，英法对美国的侵扰，由于海洋的存在，与其说使人对现有安全产生怀疑，还不如说使美国人认为安全坚如磐石，更加强了其安全感。这引起的实际结果是"武装中立"政策的产生，如海军部的创立，战舰的研制和海军陆战队的重建等。然而，首都华盛顿的被焚提供了无可辩驳的证据，当上帝对美国实施恩赐时，其微不足道的力量依然很难使美国得到保护，国家深深陷入危险之中。

【片言碎语】不管对首都华盛顿被英军无情的焚烧一事的原因作何解释，美国总统麦迪逊及其人民似乎得出了应有的教训。第一家庭从避难地返回华盛顿的白宫时，似乎成为美国人痛心疾首的时刻，白宫昔日歌舞升平的情景不见了；麦迪逊夫人只发现了白宫的外墙。总统的宫阙像国家本身一样，遭到蹂躏和耻辱，即使位在边疆的很少享受过首都欢乐的美国人，也把华盛顿的被焚视为难以忍受的侮辱。他们决心与其他未侵犯过美国的国家一起，来解决国家的安全问题，对付未来可能发生的任何威胁和灾难，尽管首都华盛顿被英军焚烧的原因对他们来说依然若明若暗。

谁是美国吞并夏威夷的主谋

19世纪末，美国在酝酿和决定吞并夏威夷的过程中曾经发生过激烈争论。有人主张吞并夏威夷，有人则主张不要干这种傻事。在主张吞并夏威夷的重要人物中有三个人起过决定性作用，这就是阿尔弗雷德·马汉、西奥多·罗斯福和亨利·洛奇。

马汉是当时著名的海军军官和海军战略家，被认为是对美国政府图谋吞并夏威夷有重大影响的人物之一。他是西点军校的一个教导员的儿子，1884年被聘为纽波特海军作战学院的授课人。他在这所学院执教的初期就认为，“对海洋的控制是一个历史因素，但从未得到应有的重视和解释。”他决定把这一重要课题留给自己。经过几年的苦心研究，他于1890年出版了其第一部和最著名的著作《海上实力对历史的影响，1660~1783》。

马汉在这部著作中，用大量篇幅论证了强大海军、海外基地和贸易对国家发展的影响，但在其字里行间充满了对美国对外战略的批评及建议。因此，他的这部书受到了军界和政界人士的极大重视，甚至成为美国海军高级军官的必读书。

有些历史学家认为，马汉是个典型的扩张主义者，对美国向太平洋，包括向远东和夏威夷的扩张，不但积极出谋划策，而且千方百计地向政府的决策人物提出具体建议。他与其他主张美国重点向拉丁美洲扩张的政治家的观点不同，认为向远东扩张与向拉丁美洲扩张同样重要。在美国向夏威夷扩张的问题上，他向当时担任海军部助理部长的西奥多·罗斯福（1858~1919年）提出建议说，要特别注意日本人口在夏威夷群岛上的增长，应当首先把群岛夺到手，而后再解决具体问题。

西奥多·罗斯福也是个积极主张美国要从速夺取夏威夷的海军军官。许多历史学家认为，西奥多·罗斯福在其担任海军部助理部长期间（1877—1898年），也是促使美国吞并夏威夷的关键人物之一。当马汉向他提议应当首先夺取夏威夷时，他回答说，他完全同意马汉的观点，以致当他根据总的外交政策而采取行动时，的确想那样做。他还补充说："我深深感到来自日本的危险，完全知道这件事对我们来说，仅仅依靠任何良好的愿望都是无用的，必须用实力解决问题。"

夏威夷

在极力主张美国攫取夏威夷的少数重要人物中，亨利·洛奇（1850～1924年）也特别值得重视。他原来是美国国会众议院海军委员会中第二个最强有力的委员。在19世纪90年代初与马汉、罗斯福等人具有同样的观点：认为对美国安全的威胁不仅来自美国传统的敌手英国，而且来自新崛起的强国日本。他于1895年进入参议院并担任该院对外关系委员会的成员以后，不遗余力地为美国安全的各种必备因素而辩护，其中包括竭力主张吞并夏威夷。1895年3月2日，洛奇在参议院辩论美国是否应当占领夏威夷时，发表了措辞激烈的讲话并极力主张夺取夏威夷。他命其助手拿来一张大型太平洋地图，挂在会议室的墙上。他拿起一根教棍指着地图上的夏威夷说："我不认为这些人（指岛上居民）是关键的，但这些岛屿从其位置来说却是重要的。我们应当拥有这些岛屿；就其拥有的巨大的商业价值和肥沃的土壤而言，我们就应当占领它们。”

他接着强调了夏威夷群岛在战略上的重要性。他说，在夏威夷群岛上英国没有海军站，但夏威夷群岛位于太平洋的中心，是太平洋的心脏，是太平洋的钥匙。他的讲话获得了显而易见的效果。这显然表明，马汉在其书中阐明的战略原则，经过洛奇的解释，已在国会中产生了极其深刻的影响。几乎可以肯定他说，洛奇指出的美国应当夺取夏威夷的主张，得到了白宫的承认并由麦金莱总统付诸实施。

总之，马汉、罗斯福和洛奇是美国政府军事、行政和立法部门中最“关心”夏威夷命运的三个重要人物。马汉提出了理论性的见解，罗斯福则在军事准备工作中发挥了作用，而洛奇则在国会最后作出吞并夏威夷的决议中施加了举足轻重的影响。那么，在他们三个人中究竟谁是美国吞并夏威夷的主谋呢？这个问题依然值得进一步研究。

【片言碎语】夏威夷群岛位于太平洋中部，历来有太平洋的心脏之称。最早的居民是波利尼西亚人。农业资源丰富，盛产甘蔗。从 19 世纪初开始，美国商人、传教士和政客开始到岛上活动。1839 年，土著人首领卡默哈默哈三世提倡宗教信仰自由并建立了君主立宪政体，1842 年到 1845 年任命美国人西·尤德为总理。1842 年美国承认夏威夷独立，并于 1887 年获得了在珍珠港建立海军基地的权利。1892 年夏威夷里留卡拉妮女王成为最高统治者，但 1893 年在美国人策划下被推翻。1900 年，在美国麦金莱总统执政时，夏威夷正式为美国吞并，并成为其属地。1959 年作为美国第 50 个也是最后一个州而加入美利坚合众国。

汉密尔顿和伯尔在决斗中是谁首先开的枪

亚历山大·汉密尔顿 (1755~1804 年) 和艾伦·伯尔 (1756~1836 年) 都是美国建国初期的著名政治家。他们两人在 1804 年 7 月 11 日，进行了生命攸关的一场决斗，并造成严重的后果，这是一般人所知晓的。但是在这场震撼当时政界和公众的决斗中，在他们两人当中，究竟是谁先开的第一枪，迄今为止仍是历史学家争论不休的问题。

汉密尔顿是联邦党的领导人和联邦党的政策的最雄辩的发言人。但他同时又是民主共和党领导人托马斯·杰斐逊的政治上和私人关系上的劲敌。尽管如此，在 1800 年的总统选举中，他为了阻止艾伦·伯尔获得胜利，还是支持了杰斐逊。伯尔认为汉密尔顿的这种行为是极其恶劣的，并因此对他耿耿于怀。

但汉密尔顿对他的敌视活动不仅并未到此终止，而且变本加厉。在 1804 年伯尔谋求纽约州州长职务时，他不但没有获得共和党的提名，而且激怒了联邦党人。汉密尔顿怀疑伯尔拥有野心，并公开指责“他是个不守规矩的和贪得无厌的人……不可能对政府权力保持忠诚”。

伯尔在其竞选纽约州州长失败以后，写信给汉密尔顿，坚决要求汉密尔顿收回其指责。当汉密尔顿拒绝收回时，伯尔随即向他提出了决斗的挑战。

对此，汉密尔顿的思想是非常复杂的。他从思想上来说，是反对决斗的，他的一家老小靠他养活，而且，他的儿子就是在 1801 年的一次决斗中由于受重伤而致死的。但是，他又是一个自尊心很强的人，为了维护自己的荣誉，他又不得不同意进行决斗，誓死面对伯尔的挑战。

对于这场决斗的细节，尤其是对于汉密尔顿和伯尔在决斗中究竟是谁先开的第一枪问题，史学家持有不同的见解，并且成为其争论的焦点。哥伦比亚大学的历史学教授理查德·莫利讲的比较简单，但似乎具有独到的看法。

他说，决斗是在纽约州的威霍根进行的，时间是 1804 年 7 月 11 日。汉密尔顿没有抬手瞄准，而且，是完全无意地向空中开火的。但伯尔的子弹却击中了他。汉密尔顿于翌日逝世于纽约市。他的遗孀比他多活了 50 年。夫妇两人都被葬于纽约市特里蒂尼教堂的院里。

但是，美国历史学家莫里森和唐马杰等人对决斗的过程讲得更为详细，而且似乎认为是伯尔首先开的枪，在 1804 年 7 月 11 日那个明媚的夏日清晨 6 时，汉密尔顿和他的助手渡过哈得逊河，来到河边断崖下的一处丛林中，副总统和他的朋友正在那儿开辟决斗场地。双方的距离经协商确定，相隔为 10 步。当“举枪”的信号发出时，伯尔缓缓抬起手臂，细心瞄准，随即开枪。

汉密尔顿的胸腔下部正好被枪弹击中。汉密尔顿倒下时，手指痉挛地动弹了一下，漫无目标地开动了他的手枪。他经历了 30 小时的痛苦，才溘然长逝，时年仅 49 岁，比伯尔大一岁。但是，事后伯尔却大言不惭地宣称，他是在汉密尔顿开枪之后才开火的。

不过，许多历史学家认为，有些证据表明，伯尔是首先开的枪，他的子弹击中了汉密尔顿，而汉密尔顿或许无目标地开了枪。决斗之后，伯尔急忙走近已倒下的受害者的跟前，以关心的姿态看了看，然后就匆匆忙忙地离开了决斗场地。后来，在汉密尔顿弥留之际，伯尔给汉密尔顿的医生，胡萨克博士寄去一封正式但又不长的信，要求汉密尔顿的医生设法治愈汉密尔顿。

随后，各种各样的故事和批评指向了伯尔，指责他是个有意伤人的“卑鄙的人”。这些故事和指责促进了纽约和新泽西两州对伯尔的指控，称他是杀人犯。在这种怒吼声中，伯尔不得不隐姓埋名地逃往费城，并到其朋友查尔斯·比德尔家中避难。不管他如何为决斗结果及其原因进行辩解，他的政治生涯从此也就毁灭了。

然而，汉密尔顿虽然不幸去世，但他的荣誉却得到了维护。汉密尔顿在他的遗嘱中说，他曾决定“忍耐并放弃”其先放第一枪的机会，将来让公众去谴责伯尔。他的临终遗言似乎使他的英雄形象更加光辉灿烂，而伯尔则显得更为卑鄙龌龊。汉密尔顿在其遗嘱中最后说：“我并不是矢志残酷地反对伯尔上校的。我决定与他相会而不伤害他。我对发生的一切表示谅解。”

这样，人们似乎得到了如下的印象：在决斗的信号发出后，无疑是伯尔首先开了第一枪，而不是汉密尔顿先打了第一枪。然而，根据美国历史学家乔治·柯恩对实际情况的研究成果，似乎还有可疑之处，因为他说，他们听到开始射击的信号后，随即打响了他们的手枪，“精确地说，随后发生的事情是不明晰的”。因此，在汉密尔顿和伯尔两位政治家的决斗过程中，究竟是谁先开了第一枪，仍然是个谜，有待于进一步研究。

【片言碎语】亚历山大·汉密尔顿是美国历史上著名的政治家和政府领导人。他追随华盛顿参加了独立战争，屡建奇功，并对美国宪法的制定和政府的建设作出了重要贡献。他也是美利坚民族国家建立期间的最有影响的人物之一。他是美国历史上的第一位财政部长，并在其任职期间，确立了有力的财政政策，在国内外赢得了很高声誉。他是乔治·华盛顿的密友和顾问，而华盛顿的一些讲话和决策对他政治观点的形成也具有许多影响。艾伦·伯尔是美国历史上驰名的政治家和冒险者。他精力充沛，善于钻营，而又野心勃勃。他通过各种活动，获得了大批追随者，并登上了副总统的职位。

名流们的蹊跷之死

联合国前秘书长哈马舍尔德死于谁手

1961年9月。联合国前秘书长达戈·哈马舍尔德为处理刚果事件，从刚果卢阿里亚飞往罗得西亚（今赞比亚）恩多拉途中，在恩多拉郊外坠机身亡。这引起了世界各国的严重关注。“世界公仆罹难”、“空中强盗破坏联合国”、“秘书长自杀！”那么，哈马舍尔德到底死于谁手？

看来一切顺利，直到1961年，刚果事件才给哈马舍尔德光辉的一生蒙上了阴影。1961年6月，卢蒙巴领导下的刚果从比利时殖民者手中争得独立。但几天后比利时怂恿刚果最富庶的加丹加省“全面独立”，接着派遣大批军队“保护侨民”。卢蒙巴政府马上向联合国紧急求援。在美国授意下，哈马舍尔德迅速将联合国部队（绝大多数是美军）部署到刚果全境。由于哈马舍尔德偏袒比利时殖民者，又屈从美国新殖民者，根本不顾刚果政府和人民的意愿，而受到卢蒙巴多次严正谴责。卢蒙巴进而偏向苏联，并接受苏联援助。这时，美国中央情报局出场了，它利用联合国为掩护，挑动政变，并将卢蒙巴送到其敌手——分裂的加丹加省那里，终于借刀杀人。刚果的分裂、卢蒙巴的遇害，使联合国和哈马舍尔德本人受到第三世界国家的严厉谴责。美国与比利时、英国在刚果的利益冲突，也使它们撤销了对哈马舍尔德的支持，加上苏联一起反对他，使他陷入四面楚歌之中。为挽回败局，重获信任，在联大召开前四天，他匆匆飞赴刚果，试图说服加丹加省与政府和谈，不料却在途中坠机身亡。

哈马舍尔德遇难后，先后组成了三个调查委员会，其中以联合国空难调查委员会的报告最为详尽，共有三种意见。

一、“失事说”。哈马舍尔德的座机是联合国驻刚果部队总司令马克留将军的飞机“阿里贝尔金那号”，当天早晨飞行时曾被机枪击中，但只进行了全机简单的检修，更换了排油管，且没有作例行的试飞。另外，乘务组刚刚执行飞行任务归来，按惯例应当休息。而且这是夜间飞行，航线曲折，因此，很有可能是飞机发生故障或机组成员操作失当引起的飞机失事。

二、“自杀说”。在被推举为联合国秘书长前的三年里，虽然哈马舍尔德身居要职，但精神极度抑郁，曾两次想到自杀。他有一本神秘的日记《路标》，在他死后出版，里面有许多地方谈到死亡：“活着比死艰难得多”，“我走出去，光裸着身子，去迎接我的死亡到来。”刚果事件使他处境相当困难，卢蒙巴之死“是历史上第一次有联合国军队参加的对一国首相的谋害”，哈马舍尔德为此受到许多第三世界国家的评击，苏、英、美几个常任理事国因利益冲突，也先后放弃了对他的支持，加上刚果之行一路不顺，眼看无望撮合刚果冲突各方和谈，而联大会议马上就要召开，身陷绝境的哈马舍尔德是有可能以死抗争的。

三、“谋杀说”。哈马舍尔德的座机起飞前一直在没有警戒的情况下停留，潜入飞机进行破坏的可能性不能排除。由于飞机在空中爆炸，有人怀疑可能是放置了定时炸弹。在调查过程中，有证人提出在哈马舍尔德座机后另有一架小型飞机尾随，并开火击中座机，座机在空中爆炸后坠地。另有证人表示，看到地面炮火向座机射击，并击落座机。对飞机残骸的检查，也发现了机枪的弹洞。看来哈马舍尔德的座机也有可能是遭受地面或空中袭击而坠毁的。

达戈·哈马舍尔德是世界最大最重要的国际组织的秘书长，已经神秘去世40年了，但他的死至今仍是不解之谜。

【片言碎语】1905年7月，哈马舍尔德出生在瑞典南部的荣御平市。哈氏家族门第显赫，其父曾任瑞典首相，他的几个兄长也都身居高位。他本人更是仕途风顺，历任财政部副大臣、国家银行董事长、政府经济顾问、欧共体的瑞典代表、外交部秘书长及常务副大臣。1953年，年仅47岁的哈马舍尔德接替特吕格韦·赖伊，出任联合国秘书长。

音乐大师莫扎特究竟死于何因

在音乐史上，没有哪一位作曲家的葬礼比莫扎特更凄惨的了，如果这位作曲家也有体面的葬礼的话，那么一个穷苦百姓也都有葬礼了。这位音乐奇才只活了35个春秋，生时穷困潦倒，死时葬仪悲惨。

关于莫扎特早亡的研究，仅仅是有根有据的说法，如今不下十几种，这在音乐史上实属罕见，他的死亡之谜引起这么多人们的兴趣，大大超过任何一位音乐家。何以出现这种现象，原因不外两个：一是作曲家在音乐史上的地位极高，而这位音乐神童又仅活了35岁便凄然离世，令人感慨不已；二是作曲家死亡的原因确实很多，哪一种是主要的，存在着争议；又加上他天生艺术家的气质和禀性，无疑激发了众多的后世之人对他及他的死亡之因的兴趣。

研究莫扎特死亡的人，包括文学家、传记家、音乐工作者、历史学家、医生和医学家及其他一般的专家学者等等不可计数。关于莫扎特死亡之谜的种种说法，总括起来，主要包括两大类：内在原因主要是指他的病疾，外部原因包括社会原因、精神上的原因等，此外还有一些综合性的说法。

莫扎特

富于浪漫幻想的作家把莫扎特之死主要归于那个“阴间的索魂者”——索要《安魂曲》的神秘的黑衣人。如作家司汤达认为，自从那个高大阴沉的陌生人出现后，莫扎特便心神不宁，疑神疑鬼，结果他的神经大受刺激，最终因劳累过度而早亡。这种说法如今已站不住脚，新的资料表明，黑衣人是附庸风雅的斯图尔巴赫伯爵派去的人。这位公爵为纪念亡妻，让莫扎特写部挽歌，他自己则假以其名。尽管如此，这位黑衣人至少对莫扎特死亡产生了影响。

阅读一些有关作曲家的传记和小说的人也许认为莫扎特是被宫廷作曲家萨里埃利害死的。曾获奥斯卡八项大奖的同名影片就是以此说法来结束莫扎特生命的。这种说法曾在普通的观众中有一定市场，但它却没有充分根据，影视艺术的虚构有时超过小说，真实的历史资料表明：莫扎特并非为萨里埃利所害，更未有被毒死之说。数年前麻醉学教授尤根·瓦维尔费尽心血的研究结果表明：莫扎特不是中毒死亡。何况，萨里埃利还是为莫扎特送葬的几个人之一，后世的种种研究更否认此种观点。

还有较新而离奇的说法，如美国历史学家布里埃尔·杰克逊经过研究，认为莫扎特是遭受政治迫害而死的。这位历史学家说，莫扎特是位反法西斯主义者、国际主义者和反军国主义者，他因支持共济会这一左翼组织而遭到政府的迫害。但这种说法的市场似乎很小。相反，有人认为莫扎特正是死于共济会之手，因为这个扶贫激进的民间秘密组织对作曲家在歌剧《魔笛》中泄露了该组织的秘密而大为光火，因而派人偷偷下了毒手。同样类似的社会性原因之说不断出现，1991 年 4 月 1 日《参考消息》载文《莫扎特的故事》说，“实际上，莫扎特是被到处是弄虚作假和冷漠者的那个时代杀害的。我们由莫扎特之死想到了莫里哀之死（莫里哀之死一直被人喝倒彩）”，这种说法自有其抽象的意义，我们由莫扎特之死则应想到《卡门》作者比才之死，不过这一观点毕竟不实在。

比较令人信服的说法是来自医生和医学专家们的研究。莫扎特死亡若不成其谜的话，那么有一点可以令人相信，莫扎特之死在于自身的原因，即死于某种疾病，至于死于何种疾病，则是争论的焦点。

权威的《新格罗夫音乐与音乐家辞典》代表了一般的观点，它认为维也纳名医克劳塞特和萨拉巴为莫扎特诊断的结果是严重的粟粒疹热，后期发展到痛风伤风，这与其病史及传记家们的描述大致相符，如美国的玛丽亚·达文波特的《莫扎特》曾记述了莫扎特死前胳膊大腿皆粗肿状，至少反映了此类病症的严重。《参考消息》上的《莫扎特的故事》介绍了其他说法，认为莫扎特在 1791 年 11 月 18 日参加共济会会议时感染上了链球菌。他逝世前两个钟头，全身痉挛，昏迷不醒，双颊肿胀，这是支气管炎症状；严重支气管炎患者往往是尿毒症患者。这种说法也许是最有力的研究，因为各种权威的资料都记载了一个共同点：莫扎特嗜好抽烟喝酒，患了支气管炎，也有尿毒症，电影《莫扎特》显示了这些症状。其他说法还有，如：1991 年 2 月 11 日《上海译报》摘译的《国际先驱论坛报》《莫扎特死因有新说》文中认为，莫扎特可能死于为控制严重风湿病而施行的放血疗法，这种说法类似于戴维斯博士的一篇论文之说，莫扎特死于下列病症：链球菌感染造成的肾脏衰竭，被医生切开静脉放血，又大脑出血，最后死于晚期支气管炎。

传统的说法很多。如认为作曲家死于粟粒疹热、死于神经衰弱、死于肺病、死于放血和灌肠及其他错误的治疗方法等等，由此我们可以推断，莫扎特最终患了不止一种疾病，他那无规律的生活作风和不擅理财治家的妻子对他健康的日益损坏都有客观的影响，因而导致了他的早逝。

1791 年 12 月 5 日，门外大雪纷飞（资料表明当时却没有暴风雪或阴雨），他挣扎着想写点什么，但未能如愿，不久就停止了呼吸，他把一切都献给了大地。这位作曲家死前倍受困苦、死后葬仪那么凄凉，送葬的只有三五人，他的妻子卧病在床，送葬者到了墓坑边上便匆匆离去。只有上帝和一个掘墓的老头目睹了作曲家的坟墓，这个老头以为莫扎特是一个平民百姓，便胡乱地将那薄皮棺材埋在日后无法可查找的地方，埋葬在不久前死于一次瘟疫的许多维也纳人中间。他妻子病愈后不久便再嫁给一位瑞典的外交官，16 年后，她发现其前夫是如此名闻天下，便良心发现，想到墓地去烧些灵纸，祭奠亡夫，但当她到了维也纳郊区的圣马克公墓时，却无法找到那坟墓。

伟大的莫扎特给人留下的形象永远是乐观向上、欢畅甜美的。尽管他生前倍受生活和疾病困扰，死后又那么凄惨，甚至后世的研究者还把所有恶毒的病魔加到作曲家身上，但映射于他心灵的音乐令所有“具有莫扎特音乐爱好史”的人终生难忘。正如人们无法忘记那美妙的音乐一样，人们同样忘不了他那真正的艺术家的气质。

“他的音乐是永存的！”围绕着他的死亡之因的争论也会永远存在下去。

【片言碎语】奥地利作曲家莫扎特，不仅是古典主义音乐的杰出大师，更是人类历史上极为罕见的音乐天才，有“音乐神童”的美誉。他短暂的一生为世人留下了极其宝贵和丰富的音乐遗产。

拿破仑之死

拿破仑一世这位19世纪在欧洲风云一时的人物到底是怎样死的？有人说，他是被囚禁在大西洋中圣赫勒拿岛上时被人毒死的；有人说，他或许死于其家族遗传的癌，因为他父亲在40岁时患癌而逝；有人说，他是在进攻埃及和叙利亚时，染上了一种热带病，后来病情暴发而亡。众说纷纭，但谁也没有拿出可靠的证据，成了一个历史上遗留下来的“谜”！

旧说法是拿破仑被砒霜毒死。1821年5月5日17时49分，被迫流放南大西洋岛屿圣赫勒拿的拿破仑与世长辞，法国当局随后宣称他死于心血管疾病。但在接下来的数十年中，很多人都相信，拿破仑是因为被下毒才导致心血管疾病的。

这一说法在20世纪60年代早期就开始广为流传。随拿破仑一起流放圣赫勒拿岛的仆人路易斯·马尔尚在日记中写道，拿破仑在死前备受疾病困扰。他经常失眠，腿部肿胀无力，掉头发，偶尔抽搐，总是觉得口渴。瑞典牙医和毒物专家斯特恩·佛舒伍德在对日记进行研究后确信，上述症状均与服食砒霜后的情形相符。后来，美国联邦调查局和法国斯特拉斯堡路易斯·巴斯德大学又对拿破仑的一根头发进行了分析，并从中发现了数量不少的砒霜。这一分析结果再次证实了中毒一说。

然而，重新研究拿破仑之死的医学家和科学家们却在日前推翻了这种说法，并提出了另一种观点：拿破仑是死于胃癌的。在巴黎的一次新闻发布会上，法国肠胃病专家雅克·迪·科斯坦说，他是在研究了拿破仑最后一个医生弗朗西斯科·安托马奇的病历后得出上述结论的。

安托马奇的病历中显示，拿破仑死前，上腹部时常剧痛难忍，打嗝呼出的气味非常难闻。他还显示出慢性心智衰弱和厌食的迹象。此外，拿破仑有慢性泌尿疾病，夜里常咳嗽，还出冷汗。科斯坦说，这与他的一些胃癌病人的症状非常相像。科斯坦还表示，他是第一个详细分析验尸报告的人。报告中的一些医疗术语暗示医生在拿破仑体内发现了一个胃瘤，但当时负责解剖的医生却不认为这是胃瘤。拿破仑国际协会主席、加拿大人本·韦德尔说，胃癌一说也得到了一些历史研究以及其他证据的支持。不过他指出，拿破仑的死亡之谜是一个敏感问题，对于法国专家来说，他们不愿接受一个瑞典人有关法国伟大领袖之死的说法。

争论焦点一：好友谋杀拿破仑。围绕着中毒和胃癌两种说法，一场广泛的争论拉开了帷幕。

在中毒一说中，下毒谋害拿破仑的主要嫌疑犯就是查尔斯·蒙托隆，在蒙托隆第五代子女家中发现的一封信被作为了这一说法的证据。据信，蒙托隆利用自己作为拿破仑好友的身份，在拿破仑的酒中放入了砒霜。另据当时的一份文件记载，拿破仑在遗嘱中为蒙托隆留下了价值200万法郎的金币。英国历史学家大卫·钱德勒是中毒学说的支持者，他表示，蒙托隆后代家中的文件表示，身为律师的蒙托隆当时正陷入财务困境，急需钱。一些历史学家则称，蒙托隆是法国保皇党和英国的“走狗”，他们均有同样的目的：尽早除掉拿破仑，以防他再次回到法国掀起动乱。当时，为了保证拿破仑不逃走，英国每年都花费800万英镑让一支舰队和5000名士兵监视圣赫勒拿岛。在路易十八兄弟阿图瓦公爵的指示下，蒙托隆曾多次试图谋害拿破仑。阿图瓦公爵是王位继承者，他为了阻止拿破仑推翻君主政体，曾多次资助暗杀拿破仑的行动。

争论焦点二：体内砒霜来自何处？不过，也有历史学家表示，蒙托隆参与暗杀拿破仑的说法一直都是猜测，还没有确凿证据。

巴黎大学历史学家吉恩·图拉德就认为，被流放的拿破仑对法国君主政体以及英国根本不能造成威胁，那么“谁能从他的死中受益呢”？图拉德表示，蒙托隆留下的文件中并没有明确指出要谋害拿破仑的意愿。此外，蒙托隆很难在拿破仑的酒中下毒，因为他的身份还不足以靠近拿破仑的酒杯。图拉德说：“我几乎能百分百确定拿破仑不是中毒死的。”

支持胃癌一说的专家并不否认在拿破仑头发中发现了砒霜，但由此引发的问题是，这些砒霜从何而来？一些专家说，拿破仑可能是从环境中慢慢吸收的，而且还对砒霜产生了免疫力。据悉，砒霜在当时十分常见，墙纸、弹药、老鼠药、柴火和海产食品中都含有砒霜。还有一种解释就是，拿破仑为了预防某人用毒药杀他，就故意服食砒霜以产生免疫力。巴黎警察局毒药实验室主管伊凡·里科德说，“拿破仑的头发是他流放前取得的，里面已经含有许多砒霜。如果砒霜是致死原因的话，拿破仑在流放前就死了至少 3 次了。”

要弄清拿破仑的死因，DNA 测试是最好的办法。当然，这必须要求在 182 年后的今天，拿破仑尸体中仍有能够用来进行实验的东西。不过，这同时也意味着专家们要打开拿破仑的坟墓，这对许多当地法国人来说是完全不能接受的。在这场争论中，还有一个重要参与者，就是拿破仑的玄外甥查尔斯·拿破仑。他认为，蒙托隆暗杀拿破仑的说法并不牢靠。在接受采访时，查尔斯表示：“我们必须紧遵科学和历史。”他还补充说：“死亡之谜是拿破仑历史中不太重要的问题，有关拿破仑还有其他更重要的问题。”

【片言碎语】叱咤风云的西方之皇，公认为的战争之神，是欧洲历史上最伟大的四大军事统帅之一（亚历山大大帝，凯撒大帝，汉尼拔，拿破仑），一生中指挥大大小小一共 60 多场战役，要比历史上亚历山大大帝，凯撒大帝，汉尼拔，苏沃洛夫，这些名将所指挥的战役总和还要多，拿破仑成为欧洲不可一世的霸主，成为与凯撒大帝、亚历山大大帝齐名的拿破仑大帝。

斯大林之死

1953年3月5日，斯大林逝世。随着时间的推移，关于斯大林的死因产生了众多版本，但是很多人基本倾向于同一个观点：斯大林的死亡并非完全自然死亡，而是人为地促成或者因延缓治疗导致的死亡。直到今天，斯大林之死成了一个尚未解开的历史谜团。

斯大林逝世前后，出现了一系列有悖常识的事件，由此很多人做出了斯大林是死于周围的人秘密策划的谋杀，至少是死于中风后的延误治疗。

所有的研究人员对主要的历史事件参加者在斯大林逝世前后的基本活动没有异议，争论的焦点主要集中斯大林的死亡是否属于自然死亡这个问题上。这就涉及斯大林死亡前后马林科夫、贝利亚、赫鲁晓夫和布尔加宁所扮演的角色，尤其是日后成为国家最高领导人的赫鲁晓夫的角色。另外，在斯大林死亡的医检记录是否是真实的问题上，一贯有很多争议，因为这份记录前后至少被修改过两次，而且前后两份医检报告有明显出入，这也是斯大林非正常死亡的一个重要疑点。还有就是斯大林逝世前后的“克里姆林宫医生案”、“列宁格勒案”等是否由贝利亚、伊格纳季耶夫等人的人为推动，借此改变国家最高领导人医疗保健制度，从组织程序上为斯大林中风后延误治疗打下铺垫等等问题，都是质疑斯大林非正常死亡的重要论据。

大多数历史资料都倾向于这样一个观点：在上世纪50年代初期，斯大林最信任的人是马林科夫、贝利亚、赫鲁晓夫和布尔加宁。1952年10月份，这种信任达到了顶峰，其标志就是受斯大林委托，马林科夫被指定起草苏共19大政治报告，此前斯大林一贯自己起草党代会上的报告，这是破天荒的第一次；而修改党章的报告的工作则委托给了赫鲁晓夫。斯大林的这一举动，无论动机如何，最起码都可以看作对这两个人的信任。

斯大林多年的警卫局局长尼古拉·弗拉西克（1896~1967）一直坚持认为斯大林死于贝利亚的谋杀（见《斯大林的阴影》，作者罗金诺夫，莫斯科现代人出版社，2000年）。他指出，正是借机准备苏共19大，才逐渐形成了马林科夫——贝利亚集团，马林科夫等四人着手准备党代表大会，这样在正式和私下场合里接触频繁，有条件就策划阴谋进行磋商。此外，当时的国家安全部部长伊格纳季耶夫也依附贝利亚，苏联最高领导人的警卫工作均由伊格纳季耶夫负责，只有这样的一个集团才有条件策划暗杀斯大林。

20世纪80年代担任过苏共中央办公厅领导、后担任过戈尔巴乔夫办公室主任的瓦列里·博尔金曾接触过一批党内档案，据他在《红色末日》一书中提到，在50年代初期，斯大林多次在不同场合批评莫洛托夫、马林科夫、米高扬等人，并逐渐冷淡同莫洛托夫和米高扬的个人关系。党内集团认为斯大林正准备再一次大规模的党内清洗，全面更换20—30年代成长起来的领导干部。而赫鲁晓夫后来在回忆录中也写道："……在党代表大会（苏共19大）后的第一次会议上他（指斯大林）建议用25人组成的中央主席团取代政治局，他点出了很多新人的名字。……是谁如何制定了这份名单？斯大林并不认识这些人，是谁帮助他的？我至今对此细节不了解。"

另一方面，斯大林本人也在公开场合点出沃兹涅先斯基、柯西金和库兹尼佐夫等人的名字，说有一天这些年轻人可以成为他的接班人。弗拉西克认为，马林科夫—贝利亚集团为求自保，成为策划暗杀斯大林的根本原因。而另外一些知情人，包括赫鲁晓夫和布尔加宁，则是为了扩大或者恢复自己的权力范围。

根据赫鲁晓夫本人的回忆录和另外一些俄罗斯当代史学界研究人员的观点，赫鲁晓夫在此时并不是马林科夫—贝利亚集团的积极成员，赫鲁晓夫尽量躲在阴影里，避免给人留下阴谋者的形象。但对于马林科夫—贝利亚等人的活动，赫鲁晓夫应该是知情的。斯大林逝世以后，苏联领导人开始重新划分权力，马林科夫成为苏联部长会议主席（即总理），贝利亚则成为苏联部长会议副主席，同时兼任国家安全部和内务部合并成立的苏联内务部部长；莫洛托夫出任苏联部长会议第一副主席，仍旧主管外交；卡冈诺维奇也担任部长会议副主席，伏罗希洛夫担任苏联最高苏维埃主席团主席。布尔加宁不但留任部长会议副主席，同时恢复了武装力量部部长的职务，也就是恢复了对军队的控制。按照权力划分，赫鲁晓夫成为苏共中央总书记、斯大林治丧委员会主任。

赫鲁晓夫在回忆录中写道，所有这一切都是贝利亚在背后操纵，所有这些组织和人事变动，完全是贝利亚的安排。同时没有人敢于反对这个安排，因为包括赫鲁晓夫在内，对无所不能的贝利亚深怀恐惧。如果赫鲁晓夫等人对马林科夫—贝利亚集团的活动不知情，不顺从，那么赫鲁晓夫不会从莫斯科市委书记成为苏联党的领导人。至于为何赫鲁晓夫能够跃升为苏共第一号领导人，则是因为在斯大林多年的独裁体制下，党的权力大为缩小，在当时苏共总书记的实力远远不如苏联部长会议主席（马林科夫）和内务部长（贝利亚）。自 1941 年以后，斯大林有意识地逐渐开始降低苏联党在国家政治生活中的领导地位。赫鲁晓夫在斯大林逝世后留下的巨大权力遗产中所分得的一杯羹，完全符合在马林科夫—贝利亚集团历次行动中，其个人所起的作用和扮演的角色。

斯大林逝世后，贝利亚曾向莫洛托夫夸口说，“是我把他（指斯大林）干掉的，是我救了你们大家。”赫鲁晓夫在 1964 年会见亚诺什·卡达尔率领的匈牙利代表团时说；“斯大林向自己人开枪，向革命的老兵们开枪。为这个错误我们谴责他……在人类历史上有过不少残酷的暴君，他们所有的人，就像用斧头支持自己的权力一样，都同样死于自己的斧头。”贝利亚的话语含有一定夸大成分，非常符合贝利亚的性格；但赫鲁晓夫的承认从侧面印证了斯大林之死并非完全是自然死亡。赫鲁晓夫后来在回忆录中对斯大林没有获得及时抢救做了解释，他说自从“克里姆林宫医生案”案发后，为了国家领导人的安全，斯大林曾亲自下令，在没有接到命令的情况下，克里姆林宫的医生们不准接近国家领导人。此外斯大林对医生们表现出极大的不信任，还曾试图自己进行自我医疗。

斯大林还处在垂危之际时，斯大林的儿子、空军中将瓦西里·朱加什维利曾愤怒地指责马里科夫和贝利亚等人是“败类”，说是他们害死了斯大林。斯大林死后仅仅过了21天，瓦西里·朱加什维利被逮捕，被剥夺一切荣誉称号和军衔，未经司法审判就被投入监狱达8年之久。斯大林的女儿斯韦特兰娜·阿利卢耶娃在获得美国政治避难后也在自己的书中坦言，以马林科夫、贝

斯大林

利亚、赫鲁晓夫和布尔加宁四人为首的苏联领导集团在斯大林之死中负有直接责任。

对于斯大林之死，大多数人承认的观点是斯大林并非死于贝利亚的投毒暗杀，首先是因为贝利亚不具备采取这种激烈行动的直接动机、迫切需要和充分准备；其次，斯大林之死和日后贝利亚被捕枪决实际是一个完整的历史事件，二者不能孤立地分开来看。第三，目前还没有明确证据，证明马林科夫—贝利亚集团曾策划暗杀斯大林。但是，在斯大林逝世前后的整个过程中，马林科夫—贝利亚集团采取的消极态度，几次接到斯大林病危但没有采取救治措施，最终延误医疗导致病情加重，这已经成为公认的事实。

【片言碎语】斯大林是苏联重要的领导人之一、国际共产主义运动活动家，曾任苏联共产党中央委员会总书记、苏联部长会议主席（总理），对20世纪的苏联和世界产生了深远的影响。

美国哈定总统死于何因

华伦·G.哈定是美国历史上第29任总统。1921年就职，1923年任期未满突然暴死，终年57岁。他是美国八个死于任内的总统的第六人，迄今死因不明，众说纷纭。

总结起来，哈定总统的死大概有以下几种说法：

一、病死说。1923年6月20日，哈定离开华盛顿到全国各地视察。当他精疲力尽地从阿拉斯加返回途中，突然患病，私人医生诊断为螃蟹中毒。不久又染上肺炎，经名医治疗，似乎即将痊愈，却又出人意料地于8月2日晚7点35分死于卧榻上。当时哈定夫人还正在念书给他听。由于哈定死前检查过他身体的五位医生提供的证据与中毒相矛盾，因此，有人认为哈定是心脏病发作，被误诊为食物中毒；也有医生怀疑可能是患脑溢血或脑血栓，要求进行验尸，但哈定夫人坚决不答应，这样，人们根本无法弄清哈定确切的死因，由此，也就引发了许多质疑和猜测。

二、自杀说。哈定当选总统后，昔日朋友鱼贯而入，攀附哈定麾下，担任政府要职，如内政部长、司法部长、退伍军人局局长等等。哈定的三亲六故也纷纷从家乡俄亥俄赶来投奔，以致形成一个势力庞大的"俄亥俄帮"。一时间，形形色色的密友、食客汇集华盛顿，其中多是唯利是图者。他们依仗总统提携、庇荫，胡作非为，大肆受贿，掠夺财物，政府内的肥差美缺也由他们买进卖出，致使哈定政府充满丑闻。

从 1922 年始，华盛顿就传闻哈定手下贪污受贿，接着越来越多的贪污、受贿和敲诈勒索丑闻被揭露，甚至有好几个人因此而自杀，其中包括哈定密友杰西·史密斯、退役军人局律师查尔斯·F.克雷默。在哈定主要内阁成员中，大部与贪污、受贿、搞阴谋诡计、包庇等罪行有关。如：内政部长艾伯特·B.福尔私下把原定留作海军专用的两个储备油田秘密租给私人石油公司，从中获利 40 余万美元，成为美国历史上第一个在任职期间内被关进监狱的内阁成员。又如：退伍军人局局长查尔斯·R.福布斯用高价购买物资、地皮、建筑物等等，使政府蒙受数亿美元损失。此外，还有一些官员因类似事情不断成为调查和起诉的对象。

其实早在 1922 年后期，哈定就开始对他朋友的劣迹有所耳闻，可他始终没有采取任何惩戒措施，因为那些人毕竟是他的亲朋至友，而且正是总统本人为他们造孽提供了莫大的权力和机会。"俄亥俄帮"的老友们辜负了哈定的期望和重托。哈定任人唯亲，自食恶果，他曾忧心忡忡地说："我当总统，倒并不怕政敌能把我怎样，可是令我担心的却是自己的朋友，经常为他们愁得夜不能寐。"

在这万般无奈之下，哈定只好让朋友以辞职为由，悄悄地将他们或赶往故里，或打发到欧洲去旅行，以缓解困扰。但哈定政府仍丑闻迭出，哈定本人受到国会指责，声名狼藉，陷入极度窘境之中，哈定既无力清除左右，也无法控制政局，只好采取躲避办法，到全国各地去旅行。在途中，哈定从来访者及电报里，又陆续获悉某些行将被揭发的肮脏交易的内幕，这对于本来已经惶惶不安的哈定来说，无疑是个沉重的打击。他口中喃喃地数落那些干了对不起他的事情的朋友们，情绪愈发低落，精神近乎崩溃。哈定清楚地意识到，一旦真相大白于天下，其后果将是不堪设想的。为逃避法律追究，为避免他自己将来出庭对他的朋友犯下的罪行提供证据，只好服毒自杀，一死了之。

三、谋杀说。哈定相貌英俊，赢得众多妇女的首次选票，而荣登总统宝座。他原想以“一个最受人爱戴的总统而留在人们的记忆中”，但是他旧习难改，经常在外拈花惹草。早年在马丽恩城，与朋友漂亮之妻通奸，有哈定亲笔写的250封情书为证。在白宫，与另一名女子私通，并生有孩子。在哈定幸福结婚后仍一直养育着这两个情妇，这为哈定夫人所不能容忍。尽管当时流言蜚语盛传于华盛顿，但由于政治原因，哈定夫人一直没有声张。人们只知道，在哈定临死前几个月，夫妻关系非常紧张。为此，哈定作出努力，携妻外出旅行，以改善关系，但收效甚微。对于哈定婚后不忠，哈定夫人始终怀恨在心，并寻机报复。

哈定当选总统后，哈定夫人积极参与政府各项决策过程，甚至单独会晤内阁成员。她对政府许多内幕了如指掌。随着哈定政府腐败丑闻不断曝光，哈定有可能遭到国会弹劾，身败名裂，为避免丢丑，哈定夫人会动杀机，对哈定下毒。

哈定死后，哈定夫人的行为着实令人惊疑。她不但拒绝医生解剖她丈夫的尸体，以判明死因，而且还焚毁了哈定生前所有文件和信件，连哈定写给别人的私人信件也不辞辛劳，四处查找，追回销毁，从而使人们无法从中了解哈定政府腐败实情，只能进行各种猜测。因此有人怀疑，哈定之死与夫人有关。

尽管对哈定之死说法不一，但有一点可以肯定、哈定的不明死因与政府丑闻有很大关系。

【片言碎语】哈定当选总统后，以 1921 年的《紧急关税法》和 1922 年的《福德尼—麦坎伯关税法》取代了 1913 年的《安德伍德关税法》，把平均税率提高到 38%，并对战时兴起的化学、药品等美国工业实行特别保护。宣布联邦政府不干预私营企业。

肯尼迪总统究竟死于谁手

1963 年 11 月 22 日，正当肯尼迪总统轿车在西部得克萨斯州达拉斯市埃尔姆大街行驶时，突然两声枪响，肯尼迪头部中弹顿时倒在车座上，陪同的康纳利州长也几乎应声倒下，这是 40 多年前肯尼迪被刺杀的一幕。

肯尼迪经抢救无效于当日下午 1 时死亡。案发后，在附近一幢楼房的六层楼的书库里发现了属于李·哈维·奥斯瓦尔德的步枪和弹壳，因此他被当作重大嫌疑犯逮捕。但第三天清晨，奥斯瓦尔德在警察局等候审讯时，突然被冲进来的达拉斯夜总会老板杰克·鲁比打死，鲁比当场被警察击毙。

那么究竟谁是杀害肯尼迪的凶手呢？当时以最高法院首席法官厄尔·沃伦为首的沃伦委员会与联邦调查局分别进行了调查。后者在肯尼迪被刺第 18 天就提交了一份调查报告，结论是："第一，是奥斯瓦尔德枪杀了总统，第二他和任何性质、种类或形式的阴谋都没有牵连。"前者在收集上千份材料，听取 552 人证词后于 1964 年 10 月发表报告，说凶手是奥斯瓦尔德，且出于仇恨权力而为。这样美国官方就将奥斯瓦尔德定为杀害肯尼迪的唯一凶手，并因此引出肯尼迪被刺是一阴谋的说法。

一说由克格勃策划。其理由是1959~1962年凶手在苏联居住，且娶了一苏联老婆，还一再要求加入苏联国籍，因此认为他杀害肯尼迪是受命于克格勃。

一说有古巴插手嫌疑。因为奥斯瓦尔德返美后一直与亲卡斯特罗的组织过从甚密，因此他的行刺完全可能与古巴当局有关。

还有一说奥斯瓦尔德实际上是联邦调查局的人，情报代号为S-172，因此，此案涉及联邦调查局

但实际上美国政府机构内部和学术界对官方结论均存怀疑。1978年美国司法部再次侦查，结果发现奥斯瓦尔德乃是中央情报局打入亲卡斯特罗的组织内部的特工人员。有材料表明他在生命最后两个月中与美国一些情报机构接触频繁，然而一些侦察部门收集到的材料后来均被人阅后销毁，这样要弄清案情内幕更是难上加难了。

当时有人还以此认为，肯尼迪在被刺前已有迹象表明将派特使去古巴，与古建立正常关系，这引起中央情报局顽固分子与古巴右翼流亡分子的不满，于是串通一气制造了这一凶杀案。当然还有说肯尼迪之死乃财阀争斗的结果。

尽管官方已有明确结论，且涉及此案的当事人好几个都已亡故，一些材料也有的已销毁，有的被窜改，但围绕肯尼迪被刺一案不少人仍继续进行调查研究，力图揭出事实真相。有一段时间，美国各地出版商就推出了近十本有关此案的新著，最引人注意的当推查尔斯·克伦肖的《肯尼迪：沉默的阴谋》和博纳·门宁格的《致命的错误》两本书。

克伦肖是当年参加抢救肯尼迪，后又抢救被控谋杀肯尼迪凶手的奥斯瓦尔德的外科抢救组成员。他在时隔30年后首次在书中披露了罕为人知的内情。他“毫不动摇地相信”总统头部的枪伤来自汽车前面，这就推翻了官方和一些专家所下的奥斯瓦尔德从后面六层高楼上

射杀总统的“权威性结论”。

他说，在把总统尸体从得克萨斯州“未经法律许可”而运往贝塞斯达海军医院的尸检室的路途中，”一定有人摆弄过了总统尸体，其目的就是想造成“只有一名杀手的假象”。在他之前一个叫大卫·利夫顿的，在其《最好的证明》一书中也说肯尼迪是被前面来的子弹击中的，当年判定此案的主要根据即肯尼迪的伤口，是被作过假的，在运尸途中，尸体已被搬动，头部做了手术，真正致命的子弹已被取走，他认为把奥斯瓦尔德当作凶手是栽赃陷害。

因此，如果说克伦肖的上述说法还缺少新意的话，那么他所提供的另外一些细节却使人不得不注意到这背后存在的“政府的阴谋”。当被鲁比射伤的奥斯瓦尔德被送到派克兰医院时，克伦肖注意到在手术室里还有名全副武装的彪形大汉。就在准备手术时，华盛顿来电话。据克伦肖说，打电话的是林登·约翰逊副总统，他命令医疗组“必须从行将临终的杀手的口里挖出口供”，并应由秘密特工作现场记录。可是，奥斯瓦尔德还来不及开口就死了，几分钟后这个彪形大汉也失踪了。

在《致命的错误》一书中，作者门宁格详细引述了弹道专家霍华德·多纳荷多年的调查研究，又提出了肯尼迪是被他一名随身保镖杀害的惊人的新说法。

20 多年来，多纳荷头脑中一直存在一个重要疑点：肯尼迪头部从后面被子弹炸开，脑浆迸出，可奥斯瓦尔德从六楼向下发射的钢甲枪弹只有穿透力，不可能撞击时爆炸，另外从右侧上方飞来的枪弹也决不会击中他后脑。一个偶然机会，他看到威廉姆·曼彻斯特写的关于肯尼迪被谋杀的一本书和谋杀时现场的照片。照片表明，在肯尼迪夫妇乘坐的敞篷车后面，跟着一辆警卫员乘的敞篷车，车上除司机外有九名便衣保镖，其中四名站在车两旁踏板上，两名坐在后排椅背上，而后排左边的保镖似乎是站在椅上，右手持一支 AR-15 型小口径自动步枪。这使多纳荷发现了一个新的推证线索。他查出事件发生前一瞬间的情况：后排左边的保镖是威廉·希基，右边是格林·班乃特，两人肩斜倚着 AR-15 型自动步枪。当肯尼迪车队驶抵十字路口时，突然响起枪声，这是奥斯瓦尔德从楼上射出的，但未命中，希基闻声立即抓起已上膛的步枪，打开保险栓，神情紧张地搜寻目标，恰巧这时，已停的车又突然启动，希基站立不稳向后倒下，就在倒下瞬间，他的食指触动扳机，子弹从枪口向正前方飞出，击中了前辆车上站在左后方的肯尼迪。AR-15 型步枪的弹头外壳薄、飞速快，撞击后立即爆炸、有巨大杀伤力的特点与肯尼迪受的致命创伤完全符合，后来的模拟考察也证实这推断。

那么，为什么当时大多数人没看到？多纳荷认为奥开枪后，人群乱作一团，大家注意力均集中在总统专车上，没注意另一颗枪弹来自何方，况且埃尔姆大街高楼林立，十字街口形成一回声区，人声、警报器尖叫声，使人无法辨明到底响了几枪，而且当时正值中午，阳光普照，步枪射击时发生的蓝光也根本看不到，但他在访问目击者时，离车队较近的人都说曾闻到强烈的火药味，这恰好证明子弹

肯尼迪

是从近距离射出的。不过，多纳荷说，他无意要希基对肯尼迪之死再负法律、道义上责任，希基是一个勇敢的人，他在尽其卫士职责。他只想让那个历史事件有个真实的记录。多纳荷还认为政府中肯定有人知道此事，他们不应该保密。作者门宁格在 1991 年 11 月决定出版前也写信给希基，希望希基能从自卫角度来说些事实，但希基至今不肯开口。

【片言碎语】肯尼迪毕业于哈佛大学。在第二次世界大战中，他指挥的鱼雷艇被日本海军击沉，身受重伤，逃上敌后荒岛，后来率领士兵归队。29 岁竞选众议员获胜，连任 3 届 (1947~1953)。在国会里，他对内重视社会救济和平民福利，对外反对共产主义，支持冷战。对于杜鲁门一度让蒋介石与中共联合的政策表示不满。1953 年他进入参议院，正值麦卡锡反共运动盛行之时，大批联邦公务人员以同情共产党的罪名遭到清洗，肯尼迪对此并无异议。1956 年写成《勇敢者传略》一书出版，获得普利策奖。50 年代后期任参议院外交委员会委员；力主扩大援助非洲和新独立国家。他的政治观点逐渐左移，在民主党内的声望也逐步提高。1958 年连任参议员，1960 年 1 月宣布竞选总统，以微弱多数击败共和党候选人尼克松，成为美国历史上最年轻的总统，也是第一位信奉天主教的总统。

纳尔逊·洛克菲勒到底怎么死的

纳尔逊·洛克菲勒是洛克菲勒家族的政治明星，他一生曾当过一任副总统、四任纽约州州长。他的死为后人留下一个永远解不开的谜。

纳尔逊1930年与马丽·克拉拉结婚，共有5个孩子。1962年他们离婚后，他又与马格莱塔·穆菲小姐结婚，他们又有了两个儿子。1979年1月26日纳尔逊猝然辞世。对于他的死，一般史书上都记载说，是由于心脏病发作所致，但也有的历史家，尤其是美国著名史学家乔治·柯恩认为事情并非如此简单。

纳尔逊这位大名鼎鼎的富翁是在1979年1月26日的夜间死去的，终年70岁。他死在位于纽约市中心第54街13号私人住宅的办公室里。当时在他身边的是他年轻的科研助手、漂亮的31岁的梅根·马沙克。他死后，有关他的传闻立即四起，认为他是在与其悦人的助手调情时而与世长辞的。为了掩盖公众的耳目，他的家庭拒绝验尸并很快举行了火葬。

在纳尔逊去世的那天，他为编辑其最后的大型艺术丛书，在私人住宅“洛克菲勒中心”的办公室里工作了很长时间。当天傍晚，他还同妻子马格莱塔和两个儿子在纽约第50街的双层公寓里享受天伦之乐。稍后，他由私人司机驾车送到市中心的第54街的私人住宅。快到晚上9点时，他给住在离其住宅不远的助手梅根打电话，要她来一下，讨论有关编写艺术丛书的问题。梅根穿着黑色的长晚服，很快就来了。在整个公寓只有他们两人，在幽静气氛中，他们开始了编写艺术丛书的工作。

根据其家庭对事故的正式解释，纳尔逊的心脏于夜间11点15分停止了跳动。可是，纳尔逊家里的一位发言人首次作解释时却说，纳尔逊是在夜间10点15分死于“洛克菲勒中心”的办公室的，而且未提及助手梅根是否在场。奇怪的是，不久，这位发言人对纳尔逊的死作正式解释时，却说深感悲痛的梅根小姐，无意中把时间报告错了。这种解释岂不前后矛盾？纳尔逊死时，梅根小姐实际上是在场的。显然，在慌乱中，她曾给纳尔逊作过人工呼吸，企图使纳尔逊苏醒过来，而后才给911号急救站打电话，要救护车的。

获悉纳尔逊死亡消息的两名警官在救护车及随行医生到达之前很快到达纳尔逊的办公室。他们报告说，他们发现穿着衣服的纳尔逊已失去知觉，躺在地板上。而随救护车而来的医生宣称，他们没看见有什么翻阅书籍或纸张的迹象，但看见了用餐的证据，因为有一个半空的酒瓶和一些进餐的迹象。

随即纳尔逊被送进里诺克斯·赫尔医院；1979年1月26日深夜12点20分由他的医生欧内斯特·伊萨考夫博士正式宣布死亡。

在以后的两周期间，尽管新闻记者在寻找和询问梅根小姐和其他见证人中遇到了巨大困难，但一些更为严肃的情节还是被披露出来了。健康状况已恶劣的纳尔逊为了编辑艺术丛书，确实同梅根小姐一起工作了很长时间。梅根小姐躲躲闪闪地透露，她已得到良好的报酬，并且数目相当可观。而且在纳尔逊的遗嘱中可以看出，她是个“令人惊奇的受惠者”，因为她可以随便大量地向纳尔逊借款，购买公寓，然后再还他。新闻记者、梅根小姐的朋友彭茜塔·庞尔思出来揭露说，在1月26日夜间快到11点时，她曾接到过梅根小姐打给她的电话，她还去过市中心，看到发生的事情，并帮助梅根小姐给911号急救站打了电话，随后是在警察到达之前怀着疑惑的心情离开纳尔逊办公室的。最后，纽约区代理官宣布了事件的结束，尽管新闻记者还抱有怀疑和兴趣。自此开始，所有的见证人也开始厌烦议论此案了。

尽管如此，有些历史学家依然认为对于此案难作结论，尼尔·波尔斯和杰里·哈格斯特洛姆就是其中有代表性的人物。他们说：纳尔逊·洛克菲勒于1979年1月26日逝世之后，他依然继续受到好奇公众的追究。“这段秘史使得纳尔逊·洛克菲勒的巨大业绩黯然失色。”为什么如此，他们虽然没有明说，但其结论十分值得人们玩味。

【片言碎语】纳尔逊是小约翰·洛克菲勒的第二个儿子，1908年生于缅因州的巴尔港，1930年毕业于达尔茅斯学院。他早年曾向设在委内瑞拉的标准石油公司的附属机构投资，并终生对拉丁美洲发生兴趣。20世纪40年代和50年代初他在罗斯福和杜鲁门政府中担任重要职务。1958年首次被选为纽约州州长，并接着又连任三次。1973年他辞去州长职务，为“美国优选政策委员会”效力。1974年12月当选为美国副总统，与杰拉尔德·福特总统合作。1976年他退出政界返回纽约，从事企业管理、政治和艺术的研究工作。

谁是杀害普希金的元凶

1799年，亚历山大·谢尔盖耶维奇·普希金出生在莫斯科一个贵族地主家庭。《鲁斯兰和柳德米拉》、《叶甫盖尼·奥涅金》等诗作为作者赢得了“世界第一流大诗人”的崇高声誉。1837年2月，普希金却在与一个法国保王党人的决斗中惨遭杀害。

当读友们在欣赏普希金那隽永而富有哲理的诗句之余，必定对杀害诗人的凶手感到愤慨。事情的经过是这样的：1828年12月，普希金在莫斯科一个舞蹈教师举办的家庭舞会上结识了“莫斯科第一美人”娜塔莉娅·尼古拉耶芙娜·冈察罗娃，两人一见钟情，不久便正式宣布结为夫妻。当时，诗人正在沙俄政府外交部供职。他的夫人经常出入上流社会。1834 年，法国波旁王朝的亡命者乔治·丹特斯来到普希金夫妇所在的彼得堡，在沙皇禁卫军骑兵团任职。

外表潇洒、生性风流的丹特斯很快结识了冈察罗娃，并且开始如痴如狂地追求她。在这种忍无可忍的情况下，诗人受不了这种侮辱，他为了维护自己的名声而向丹特斯要求决斗。在决斗场上，丹特斯趁诗人还没有做好准备就首先开枪，使普希金受了致命的重伤，不久便溘然而逝，过早地离开了人世。

彼得堡有数万人到诗人生前的住所凭吊，人流络绎不绝。各家报纸在刊登噩耗时说："俄罗斯诗歌的太阳陨落了！"人们在怀念普希金的《诗人之死》中写道："一个法国纨绔子弟，用罪恶的手，扼杀了美、自由和诗。整个俄罗斯在哭泣，全体俄罗斯人愤怒了：交出丹特斯！还我普希金！"

杀害一代"诗豪"的真正凶手是谁？谋杀普希金的凶手难道仅仅是丹特斯一个人吗？有关专家通过对大量史料的详尽探究，提出了与众不同的见解。

原来，当时在位的沙皇尼古拉一世也为诗人妻子的美丽姿色所倾倒，为了让冈察罗娃能够经常参加宫廷晚会，沙皇特地在 1834 年底任命普希金为"宫廷近侍"，陪伴沙皇的左右。此时，诗人已经年届三十有五，被迫整天夹杂在一群年轻气盛的侍从之中，普希金表面上不敢违抗指令，但心中为此事感到屈辱不平。他曾气愤地对人说过："我可以做一名普通的平民百姓，甚至做一个奴隶，却永远不愿做个被人拨拉的弄臣，哪怕就是在上帝那里。"

沙皇尼古拉一世也对诗人越来越感到不满，专门委派心腹暗中监视诗人的言行举动。后来，法国逃亡者乔治·丹特斯在各种社交场合公开追求普希金的妻子冈察罗娃，就是受到沙皇的暗中支持与纵容。

与此同时，因为沙皇本人早就看中了诗人的娇妻，于是沙皇就利用丹特斯这件事在彼得堡上流社会大肆造谣中伤，散布小道传闻，并且授意布置了丹特斯与诗人之间的血腥决斗。当诗人普希金在决斗中不幸遇害之后，悼念追忆诗人成就的各种文章在报刊上发表，一时成为声讨沙皇黑暗暴政的战斗檄文。面对群众的抗议浪潮，沙皇尼古拉一世做贼心虚，担心诗人的葬礼会引起更大的事端，秘密派人趁夜色掩护把诗人的灵柩悄悄从准备举行葬礼的教堂中运走，送到远处一座偏僻的圣山修道院里草草埋葬了。研究人员指出：此事明显表明了沙皇对于诗人之死负有不可推卸的责任，普希金英年早逝是沙皇尼古拉一世的阴谋诡计的牺牲品。诗人普希金作为俄罗斯文坛的巨子虽然过早地离开了人间，然而参与杀害他的直接凶手和幕后谋划者，包括沙皇和吃人的沙皇暴政都已经被钉在了历史的耻辱柱上，永远为人们所唾弃。

普希金

俄国文豪高尔基称赞普希金的作品“真实地描绘了时代的面貌”，著名文学评论家别林斯基则称普希金的诗作是“俄罗斯生活的百科全书”。人们在痛悼这位“俄罗斯诗歌的太阳”的同时，也希望尽早挖出谋害诗人的真正元凶。

【片言碎语】 普希金 1799 年 6 月 6 日出生于沙俄莫斯科，1837 年 1 月 29 日逝世于圣彼得堡，是俄国著名的文学家、伟大的诗人、小说家，及现代俄国文学的创始人。19 世纪俄国浪漫主义文学主要代表，同时也是现实主义文学的奠基人，现代标准俄语的创始人，被誉为“俄国文学之父”、“俄国诗歌的太阳”。

朝鲜李熙皇帝暴死原因何在

1919年1月22日，朝鲜李朝第26代国王李熙暴死，直接导致了震动世界的朝鲜“三·一”起义。然而，李熙为什么猝然死去，却成了一个疑题。

1894年6月21日日本驻朝鲜公使无视国王尊严，公然带兵冲进王宫，杀人劫货，竟把李家王朝500年来靠刮取民脂民膏而聚积的珍宝抢夺一空，扬长而去。面对日本强盗，李熙无可奈何，被吓得面无人色，浑身发抖。

1895年10月，在日本公使和汉城日军守卫队长的策划下，又派军包围了王宫，并向王宫卫队开火，40多名日本暴徒待刀闯进宫内，王后、大臣、宫女都惨遭杀害。李熙看到此景更是惊恐万状，魂不附体。

日本公使还强迫高宗下“断发令”。强制朝鲜人改变传统习俗，禁止留发。并叫嚷：“要留发者不留头，要留头者不留发。”国王在暴力威逼之下，也无它路可走，只好和太子一起带头剪发。受尽侮辱的国王感到日本人实在是欺人太甚，又想依靠俄国人来帮他出口气。1896年2月11日凌晨，国王便戏剧性地乘坐宫女花轿，潜出宫门躲进俄国驻朝公使馆内。但俄国人也不是好东西，要挟持国王，在朝鲜人头上作威作福。国王醒悟到自己从虎口里又掉进了狼窝里，他设法脱身返回了王宫，而俄国人看到李熙不听话就溜走了，便唆使朝奸在1898年9月12日国王祝寿之日，在寿茶中放毒药，国王用茶时感到茶中有怪味，不敢喝，太子略尝一点，便立即昏倒，经紧急抢救才脱险。国王险遭暗害。

在走投无路的困境下，为了维护国家的独立，挽救国王尊严，国王于1907年派遣使臣前往海牙向参加第二届“万国和平会议”的代表要求保护朝鲜独立，废除日本的保护条约，但此事不仅未成，反为日本所嫉恨。1907年日本帝国主义便迫使李熙退位，并把他幽禁在德寿宫内，将其子李坧扶上台称为纯宗，这也是朝鲜历史上的末代封建国王。纯宗在位时，朝鲜政府已名存实亡，日本统监是朝鲜的最高主宰。1910年，日本便公开抛出了《日韩合并条约》，李熙改称为李太王，朝鲜作为名义上的独立也被取消了。此后，李熙父子作为日本天皇统治下的特殊臣民，被囚禁在旧王宫里，虚度其充满寂寞、怨恨的亡国之君的日子。1917年当李熙听说他的第四个儿子同日本姑娘芳子结婚时，顿时悲愤交加，从此一直卧床不起。到1919年1月22日李熙猝然死去，终年67岁。

对于国王的死，朝鲜民众议论纷纷，从王宫中传出，李熙是被毒死的。说日本人指使朝奸韩相鹤把毒药放到高宗食用的醋中，李熙吃过此醋后，不久毒性发作，在痛苦中挣扎问道：“我吃了什么东西这样难过啊！”到凌晨3点钟即死去。死后两眼赤色，全身有红斑且有腐烂，不像病亡。而日本殖民当局为了掩人耳目，便发出公告，说李熙国王因脑溢血而突然死去，但又没公布详细的病情报告。由于朝鲜的老百姓一直把李熙国王看成是国家的代表、臣民崇拜的偶像。此事便引起了朝鲜群众的愤慨，全国各地很多男女老少都披麻戴孝来到首都吊丧，整整7天7夜吊唁的人络绎不绝。朝鲜国民准备把李熙国王的国葬变成一次反日民族大起义。3月1日以孙秉熙一伙为代表的资产阶级民族主义者，不敢参加群众集会，悄悄溜到一家饭店里草草宣读“独立宣言”。而广大群众则唱着《祖国光复》歌，纷纷涌进汉城塔洞公园，当大会宣读《独立宣言》后，会场上立刻沸腾起来，人们挥舞着小国旗，散发着《宣言书》，振臂高呼：“朝鲜独立万岁！”接着，人山人海又涌向停放李熙国王灵柩的德寿宫前，不断高喊，“朝鲜是朝鲜人的朝鲜！”“日本人和日本军队滚出去！”祭灵之后，游行队伍分成东西两路在都城的8个区内进行声势浩大的游行示威。虽然日本军队挥舞着刀棍向赤手空拳的群众扑去，但游行队伍还是浩浩荡荡向日本侵略者冲去。这股反日斗争烽火迅速燃遍了朝鲜的三千里江山。李熙国王的暴死成了朝鲜“三·一”人民大起义的导火线。但是，李熙皇帝究竟是病死的，还是毒死的？至今仍是一个悬案。

【片言碎语】李熙生于1852年，是兴宣大院君李昰应的第二个儿子，12岁即位，号高宗。他的孩童时代可谓享尽了一代帝王的荣华富贵。但他运气不太好，等他长大成人，亲掌政权时，朝廷内部展开了争权夺利的斗争，国力日衰，因此，日、俄帝国主义便乘虚而入。从此，他饱尝了受人欺侮的岁月，有着一段苦难的经历。

伊凡雷帝猝死的真正原因是什么

1584年3月18日，伊凡四世在下棋时突然暴卒，终年53岁。伊凡雷帝猝死的真正原因是什么？

伊凡四世是俄国历史上的第一位沙皇。他性情凶残又生性多疑，独断专行且手段严酷，因而得名“雷帝”。他的猝死在当时俄国统治阶级上层引起了种种猜疑和议论。为了平息这些议论，官方对此作出了一个正式的说明。伊凡雷帝死后两个月，他的儿子费奥多尔·伊凡诺维奇继位加冕，同时郑重宣告：“按照上帝的旨意，我们的父亲，已经仙逝的伟大沙皇，俄罗斯的大公，专制的君王伊凡·瓦西里耶维奇留下了地上的王国，领受了天使的圣像升入天国；而他也以自己统治俄罗斯诸王的名义给他的儿子以祝福。”这一说明对伊凡雷帝的死因尽管没有作出清楚的解释，但此后官方的说法一直以此为依据，并不断加以补充和完善。直到1630年，宫廷总主教费拉列特编撰《新编年史》时明确写道：“当伊凡四世看到天空出现了向他昭示死亡的征兆以后，不久就重病缠身。而在自知寿命不长时，他吩咐总主教杰奥尼西替他削发为僧，并取名约拿。他把莫斯科公国传给了王储费奥多尔·伊凡诺维奇……3月18日升入天堂。”

这是确认伊凡雷帝是自然死亡的最明确的说明。这一说法为不少史籍沿用，并得到绝大多数史学家认可。300多年后，1963年时一位研究伊凡四世时代的专家韦谢洛夫斯基首次对这一说法提出异议。他在《关于特辖制历史的研究》一书中专门写了“可疑的传闻”一节，提出沙皇是被自己的宠臣波格丹·别依斯基和波·戈杜诺夫害死的。可是他本人以及其他历史学家再未对此作出新的阐述。或许大家认为这仅仅是“传闻”而已。

然而近几年中，新的史料不断发掘出来。史学家们首先在（莫斯科编年史》一书中读到：“沙皇伊凡死得很快”，“是他宠信的人给他吃了有毒的食物。”在荷兰商人依·马萨的《见闻录》中人们读到了更详细的描述：伊凡四世“比人们预料的死得早。他虽身患重病，一天比一天衰弱，但是还看不出濒死的迹象。据说，受到雷帝宠信的显贵波格丹·别伊斯基给约翰·艾洛夫医生为他配制的饮料里面放了毒药，沙皇饮用后很快就死了”。

关于沙皇死于非命的记载，在当时俄罗斯王国以外的一些资料中也有所见。

当时乌克兰的诺尔托夫斯基在《回忆录》中写道：“他（波·戈杜诺夫）在收买了给伊凡治病的英国医生（指约翰·艾洛夫）后谋害了伊凡四世。因为如果不抢在沙皇之前，他自己就要和许多显贵一样被处死；而处死手下的人，这对伊凡四世来说并不是什么新鲜事，因为他是史无前例的暴君。”这些史料提供了伊凡雷帝非自然死亡的依据，引起史学家们对伊凡四世死因的重新注意。

史学家们开始发掘当时人们留下的材料，而其中杰·戈尔谢的《回忆录》格外引人注目。戈尔谢是雷帝时代能够出入宫廷、见到雷帝的人物，也是伊凡四世暴卒前最后一些见到他的人之一。他的回忆录似乎具有更可靠的证据价值。

一些研究者从戈尔谢的回忆录中提出了雷帝自然死亡的有力证据：戈尔谢对雷帝生前的最后几小时所作的生动描述："中午，他（指雷帝）又重看了一遍他的遗嘱，但是没有想到死（因为人们多次对他施行法术，而每一次法术都拯救了他）。他吩咐自己的主要医生兼药剂师（艾洛夫）为他预备消遣所需的一切，为他准备好澡堂。他派自己的亲信别依斯基到女巫们那儿去，他想知道星象的预兆……三点左右，沙皇去洗澡，一边像往常一样哼着他爱哼的歌曲。七点左右，他容光焕发地出浴。他坐在自己的床上，召唤他的另一个亲信罗季翁·比尔金，吩咐他把象棋拿来。他的身边站立着其他的仆人、亲信等。沙皇穿着敞开的长袍，里面是夏布衬衫和长袜子。突然，他变得软弱无力，并仰面倒下。这造成了极大的混乱：一些人去取伏特加，另一些人去取金盏花药和玫瑰水，还有的人去找他的牧师和医生……这时沙皇却已停止呼吸，身体开始僵硬。"戈尔谢最后指出，沙皇是因"喘不过气来而死的"。

然而另一些研究者却提出，戈尔谢的说法与沙皇被毒杀而死并不矛盾。

他们解释说，沙皇是先中毒后突然倒下，然后为了更牢靠些，在他倒下造成的混乱中谋害者们又闷死了他。为了加强自己的说法，他们也从戈尔谢的书中提出不少证据，并且认为下述资料实际上已经为我们描绘了一幅谋杀伊凡雷帝的图景。

在伊凡四世已经年过半百而又身患疾病时，他还正式向英国女王伊丽莎白的侄女曼丽·加斯金格斯求婚。这对波·戈杜诺夫及其亲属构成严重威胁。

因为和英国女王的亲属联姻，将加强她的后裔继承沙皇王位的权利，这会有损于戈社诺娃·伊琳娜的丈夫，即王储费奥多尔·伊凡诺维奇。所以"王储周围那些最亲信的大公和贵族，也就是戈杜诺夫家族对此十分怨恨并感到受辱。他们在寻求一些秘密措施，策划旨在消除这一意图和推倒已达成的协议的阴谋"。

此前，暴怒的沙皇有一次严惩王储。戈杜诺夫想替王储求情，竟也被雷帝无情地痛打一顿，致使戈杜诺夫不得不请医生治疗，并有好一阵子躺在家里不能到王宫去。这件事曾引起沙皇对他的猜疑。此外，沙皇曾经企图玩弄自己儿媳妇的乱伦之举，也使戈杜诺夫反对他。

戈尔谢的书中还提供了波·别依斯基背叛沙皇的缘由。雷帝晚年时非常害怕在没有忏悔、没有领受圣餐礼的情况下突然撒手人寰。于是他从全国各地召来 60 名巫师和巫医，由卫队严加看管。沙皇每天派别依斯基去了解并向自己报告这些人的占卜和预言。据说女巫们曾对别依斯基讲过，天上最强有力的星宿都反对沙皇。她们甚至预言了沙皇死亡的日期。但是别依斯基不敢向沙皇如实报告。最后沙皇还是知道了。他狂暴地说：在这一天他要把星相术士们统统烧死，而隐瞒这一预言的别依斯基则应被砍头。这样，对他们自身生命的威胁，在巫师们预言了沙皇的死期后变得现实起来。这构成了别依斯基和戈杜诺夫谋杀沙皇的直接动因。他们把自己将受刑的日子变成了沙皇真正的死期。

总之，关于伊凡雷帝死亡之谜有两种解释。传统的看法认为他属于自然死亡，另一种看法认为他是被毒害而死。后者的看法有点玄妙，但是现代科学的测定好像提供了一个有力的佐证：1963 年，在维修莫斯科克里姆林宫阿尔罕格尔斯克大教堂时，人们打开了伊凡四世及其他一些人的陵墓，对雷帝的遗体部分进行了化学分析。分析结果表明有大量的水银分子存在，根据法医的意见："不能完全排除用药物一下子，或是缓慢地毒杀他的可能性。"

【片言碎语】伊凡雷帝或者"恐怖的伊凡"、"伊凡大帝"。瓦西里三世与叶琳娜·格林斯卡娅之子，是俄国历史上的第一位沙皇。1533 年至 1547 年为莫斯科大公，1547 年至 1584 年为沙皇。伊凡四世三岁即位，母亲暂时摄政，却苦于大贵族们的横暴。当时各集团激烈争权、倾轧和谋杀，对伊凡四世性格的形成及其活动产生了深刻影响。

玛丽莲·梦露为何香消玉殒

1962 年，一代影星玛丽?莲梦露宣告死亡。她当年猝死，原因众说纷纭，其中与前总统约翰·肯尼迪的关系更是扑朔迷离。

玛丽·莲梦露为何会一丝不挂裸死？这已成为美国的历史迷案，主人公之一的肯尼迪后来也神秘遇刺。官方给出的结论她是自杀，真是这样么？

1962 年 8 月 5 日，清晨 4:25，洛杉矶警察局接到了玛丽莲梦露私人医生惊恐万状的电话，电话的内容同样令人瞠目结舌，他说梦露死了。在死寂的两秒之后，凶案组急速赶往梦露的寓所。随即，眼前的一幕令所有人大惊失色：玛丽莲赤裸地平躺在床上，脸部盖在枕头下，手里还握着电话筒，两条腿直伸着，床边散放着一些安眠药药瓶。药瓶的出现仿佛暗示着这是一场典型的自杀事件，但其中的细节却让警官杰克·克莱蒙产生了怀疑。凭着丰富的办案经验，克莱蒙知道自杀者在服药过量后会有一系列反应，包括恶心、呕吐、痉挛，最后会痛苦难忍地死去，可从现场梦露的死状来看，她似乎并未经历痛苦的过程。此外，她手中的电话表明，她死前正在打电话，而且死得很突然，连电话都没来得及挂上。这不可能是一个蓄意自杀者的行为。总之，现场情形有很多可疑之处。而当他问及梦露的护士何时发现梦露死亡时，得到的答案是：午夜 24 点整。那么在梦露死后的 4 个多小时的时间里，都发生了什么呢？据梦露的心理医生格林森所说：之所以没有报案，是因为他们先向 20 世纪福克斯公司通知了这件事，并在等制片厂广告宣传部的“绿灯”。接下来的发现却让克莱

玛丽莲·梦露

蒙对格林森所言的真实性产生了怀疑：梦露文件柜中日记、备忘录和书信消失不见了，死前3小时的通话记录和部分电话簿也不翼而飞。这些缺失的内容足以让人对那几个小时中所发生的事浮想联翩。难道不是吗？整件事越来越不像所谓的自杀事件，而更像是一起严密策划的谋杀。

当然，公众不会知道这些内幕，在8月5日当天，各大媒体就播发了梦露自杀身亡的消息，在8月10日官方出示的尸检报告中，给梦露之死下了结论：梦露服用安眠药自杀身亡。公众相信了这个结论，因为它是出自政府和权威机构的。同时，多年以来对梦露敏感忧郁的描述，也加深了人们对梦露自杀这种可能的肯定。可问题是政府难道就不会撒谎吗？媒体对梦露性格的描述又有多少可信度呢？最终有人提出了质疑。

【片言碎语】玛丽莲·梦露是美国20世纪最著名的电影女演员之一。她动人的表演风格和正值盛年的殒落，成为影迷心中永远的性感女神、性感符号和流行文化的代表性人物。

硝烟弥漫下的玄机

庇隆为什么将纳粹余党网罗到阿根廷

第二次世界大战结束不久，苏美英法四国即组成国际军事法庭对法西斯德国战犯进行国际审判，然而除少数首犯受到应得的严厉惩处外，许多罪大恶极的纳粹头目、血债累累的纳粹党余却逃脱了历史的审判，逍遥法外，不少人潜逃到南美大陆，隐姓埋名，改头换面，重新过起平静安宁的庶民生活，其中大多数汇集到了阿根廷。庇隆为什么要这样做呢?

庇隆密友奥托·斯科泽尼，奥斯维辛集中营头目格哈特·保曼……这些人有的化名后进入阿根廷，有的干脆就用真名堂而皇之踏上阿根廷土地，如施万伯格和阿尔文利文等人就是。他们凭着一种特有的嗅觉认定阿根廷是其避难的安全场所。自那以后，他们中除极个别被以色列和其他国家犹太人组成的追踪纳粹秘密行动小组缉拿归案外，绝大多数人在阿根延安营扎寨，过上了定居生活。这些纳粹余党在阿根廷可以说倍受庇隆当局关怀。

人称“希特勒第二”的马丁·博尔曼在阿根廷期间，曾六次被其他国家要求逮捕，甚至有的还向阿根廷当局提供马丁·博尔曼行动的具体路线，但阿警方不予理睬，也不加以任何调查，直到 1960 年让博尔曼安全无恙地逃离阿根廷。里加大屠杀总指挥爱德华·罗希曼在阿根廷还当上了维森特洛佩斯群众组织“合作社”的主席，并为地方警察机关募捐。安特·巴维利克这个在南斯拉夫克罗地亚犯下滔天罪行的魔鬼，不仅两次被庇隆拒绝引渡到南斯拉夫，而且还和政府情报部门和警方关系十分密切……不但如此，更有甚者阿根廷政府还反过来追踪和处罚正义人士，帮助销毁纳粹分子材料，如阿警察局情报助理员贝拉斯科就因向报界透露博尔曼下落而被开除公职，一个与“死亡天使”门格尔作邻居的青年，也因被怀疑要绑架门格尔而遭逮捕，至于 1992 年春天公布的在阿根廷全部纳粹分子的档案，不少主犯档案所剩无几，有的则不翼而飞。

人们不禁要问，这个曾在阿根廷历史上起过举足轻重作用，提出以“政治主权、经济独立和社会正义”为内容的庇隆主义创始者，战后因大力实施国有化政策，广泛推行社会改良和福利措施，积极发展民族经济，对外标榜既不走资本主义也不走共产主义，奉行“第三条道路”而显赫一时的庇隆，为什么对为世界人民所痛恨和仇视的纳粹分子如此同情，如此关怀备至，甚至公开声称欢迎纳粹分子进入阿根廷？

一些学者从历史渊源去找原因，认为阿根廷是拉美白人比例最高的国家，达 97%，大多数是意大利、德国、西班牙的移民，庇隆父亲就是意大利后裔，母亲是混血西班牙人，而且阿根廷历史上就有反犹太主义的传统。但绝大多数历史学家不同意此说，认为这仅是一个微不足道的客观因素。因为一个国家的政策主要取决于执政者的政治立场和态度。庇隆本人虽不是一个纳粹党徒，但他与轴心国关系密切，自青年时代他在军事学院深造时就崇拜世界历史上亚历山大大帝、汉尼拔、拿破仑等黩武主义者，对墨索里尼、纳粹主义十分钦佩，庇隆从思想到行动都是倾向于轴心国的。

阿根廷著名文学家托马斯·艾罗伊·马丁内斯认为，庇隆早在 20 世纪 30 年代就与轴心国结下不解之缘。1939 年他任阿驻意大利使馆武官，以后又去过德国、西班牙。他在与意大利军队合作中建立了浓厚感情，另外阿军队与德军队也有着传统关系。因此当拉美国家均对轴心国断交与宣战时，只有阿仍坚持与轴心国保持外交关系，直到二战结束前不久，德意已濒临彻底崩溃时，庇隆才不得不结束这种关系，对德意宣战，但实际上仍维系着藕断丝连的联系，同情纳粹余党，把他们网罗到阿根廷就是一个明证。

还有一种观点，认为庇隆接纳纳粹是想利用德国当时居世界首位的先进科学技术，但历史学家驳斥了这种荒谬观点，因实际情况是“罪犯充斥而技术人员奇缺”。

那么，庇隆究竟为什么要为纳粹们敞开阿根廷大门呢？阿根廷总统梅内姆在移交纳粹分子全部档案时避而不谈这个问题，但不管怎样，梅内姆将档案公开并向全世界道歉这个态度还是值得欢迎的，也引起国际社会瞩目。

【片言碎语】从第二次世界大战结束到上世纪50年代初，在庇隆当政的期间涌进阿根廷的纳粹余孽竟累计达6万人之多。他们之中有：被称为“希特勒的大脑”的阿道夫·埃·希曼，此人是1942年纳粹万湖会议上作出“最终解决犹太人问题”决议的主要策划者；号称“希特勒第二”、被定为希特勒政治接班人的马丁·博尔曼，他在纽伦堡法庭上被缺席判处绞刑；约瑟夫·施万伯格，波兰集中营的头目；韦尔特·库斯科曼，苏联利沃夫大屠杀指挥者；弗朗兹·拉德梅克，马丁·博尔曼的右手、第三帝国犹太人事物局局长；鲁道夫·冯·阿尔文利文，盖世太保头子，希姆莱助手；海因里兹·缪勒，盖世太保头子；约瑟夫·门格尔，奥斯维辛集中营医生、臭名昭著的“死亡天使”；此外还有里加犹太人集中营司令、大屠杀指挥者爱德华·罗希曼等等。

黑人领袖杜桑·卢维杜尔是怎样被法国远征军逮捕的

杜桑是被拿破仑派遣的法国远征军诱捕后送往法国，关在监狱中染病身亡。关于杜桑被诱捕前后的经过史学界说法不一。一种观点认为他是在激烈的战斗中去法国军营谈判时被捕的。另一种观点则认为杜桑气节有亏，是在向法国远征军投降后被强行送往法国的。他到底是怎样被法国远征军逮捕的呢？

1801 年，拿破仑野心勃勃，企图在美洲重建法兰西殖民帝国。他利用签订亚眠和约预备性条款同英国暂时休战的机会，派兵征服海地。拿破仑任命妹夫勒克莱尔为远征军司令，率 55 艘战舰和 3 万装备精良的法军去海地，并带上在法国留学的杜桑的亲生儿子和养子去做说客。第二年 2 月远征军抵达海地，双方激战，起义军撤入山区。法军的劝降工作也无效果，杜桑拒绝了拿破仑的利诱和拉拢。法军劝降不成就又发动进攻。

按照学术界通行的说法，勒克莱尔是用武力不奏效时采用诱捕的办法逮捕了杜桑、如李春辉在《拉丁美洲国家史稿》中写道，勒克莱尔“因无法在战场上获胜，乃采取反动统治者一贯使用的欺骗伎俩，伪装与起义军进行和谈。他于 1802 年 5 月邀请杜桑出席和谈会议，并答应保证他的生命安全。他在给杜桑的信中说‘你将不会发现有比我更诚实的一个朋友’。但在杜桑到达会议地点以后，便背信弃义地逮捕杜桑，加上镣铐，于 1802 年 7 月，运往法国。”美国学者罗伯特·珍扬也有类似的记载："勒克莱尔手下的一名将军邀请杜桑参加讨论议和条件的会议。多年来杜桑最喜欢的一句话是'警惕是安全之母'。此时，敌人的处境十分困难，再则为避免再引起流血事件，因而忘记了自己原来的名言，只由养子普拉西多和一名村夫陪同，径自来到准备谈判的种植园。一名法国将军在那里热情迎接他，但这位将军突然不辞而别。不一会儿，一连士兵闯入屋内逮捕了杜桑。他被捆住双手推出屋，外面早有一辆马车在等着。后来他被带到海边，带上法国的'英雄'号船被带走了"。这种说法以前一直为国内的世界史教科书所采用。

近年来学术界逐渐倾向于一种新的说法，认为杜桑早在被捕前已经投降法军，处在法军的控制之下，并由此而遭逮捕。如陆国俊在《海地革命的领袖杜桑》一书中记载：在法军大兵压境不断进攻的情况下，杜桑手下的大多数起义将领均向法军投降。法军集中兵力进攻杜桑亲自率领的起义军，杜桑十分孤立，终被打败，在无可奈何的情况下他投降了法军。勒克莱尔以杜桑"过度疲劳"、"需要休息"为借口，强迫他回到自己的种植园，剥夺了他的一切权力。后来勒克莱尔接到拿破仑的秘密指令，必须逮捕杜桑解送法国，于是就以谈判为名逮捕了杜桑，因而杜桑是在无法保护自己的情况下被捕的。

另外一种折中的说法认为杜桑不是投降而只是有条件的议和。如美国学者托马赫在《拉丁美洲史》中写道："被夺去大部分军队的杜桑，在保证黑人和他自己的自由以及他的支持者们继续在政府和军队中供职的前提下，同意停止敌对行动。勒克莱尔接受了这些条件，杜桑则退隐到他在岛上西部的地产上去。可是，以后不久勒克莱尔的官吏们就背信弃义地逮捕了这位伟大的黑人，把他送往法国"。由此看来，对杜桑被捕的不同记载可能是学者们对史料的不同看法造成的，这关系到对杜桑历史地位的评价。

后来尽管杜桑作为囚徒死在法国的古堡中，但海地人民不久又揭竿而起，反抗法军，致使法国远征军全军覆没，勒克莱尔也患黄热病死去，海地最终赢得了独立。

【片言碎语】杜桑·卢维杜尔是海地独立战争中的著名领袖。他本是一个黑人奴隶，后来在独立战争中领导广大奴隶和混血人先后打败了法国、英国和西班牙的殖民军队，最终实现了民族独立，创建了世界历史上第一个黑人共和国。他也在这场战争中献出了生命。

提尔西特的秘密难以揭晓吗

自1807年以来，许多国家的许多历史学家都煞费苦心地想要揭开“提尔西特的秘密”，然而迄今为止我们都不能说这一秘密已被揭晓。难道“提尔西特的秘密”真的无从揭示吗?

1807年6月25日至7月7日，法国皇帝拿破仑一世与俄国沙皇亚历山大一世在提尔西特附近的涅曼河上，在原本默默无闻的提尔西特小城中多次进行长时间的单独会晤。按照拿破仑对亚历山大的提议：“我来充当您的秘书，您给我当秘书……我们两个人，不要有第三人”，这些会晤都是单独进行。会谈结束后，法俄两国立即签订了和约和一个秘密盟约。干戈化为玉帛，仇敌成了盟友，整个欧洲局势为之一变。两位皇帝到底谈了些什么？他们对当时国际局势中的一系列重大问题的真实立场究竟怎样？这就是留给后人的“提尔西特的秘密”。

历史学家们力图通过对公之于世的和约与盟约进行分析来揭开秘密；也有人仔细研究拿破仑和亚历山大后来的一些隐约其辞的叙述，以此来推测这一秘密；当然，依据基本历史事实，再加上一些“合理想象”来描述这一秘密的也不乏其人。

法国历史学家比尼翁率先对两位皇帝在涅曼河上的首次会晤作了精彩描述：6月25日上午11时，明亮的阳光照耀在涅曼河上。在河的正中央，与两岸等距离的水面上停泊着一个大木筏，上面搭起两顶装饰华美的白色帐篷。向着俄国河岸一面的篷布上写着一上硕大的字母“A”，另一面则写着同样大的字母“N”。10天前刚刚一败涂地的俄国沙皇亚历山大一世与大获全胜的法国皇帝拿破仑一世将在这里首次会晤。亚历山大身着禁卫军团的绿色军装，外罩白色套裤，戴着白手套；头戴一顶黑白两色翎毛的大军帽，脚蹬浅口鞋。大红的饰带，金色的肩饰，浅蓝的勋章绶带和斜挎着的漂亮宝剑在阳光下耀人眼目。看得出，刻意的修饰只能勉强掩盖激动不安的神情。想到即将面对着刚刚打败他的“科西嘉妖魔”，他未免忐忑不安。拿破仑并没有让他久等，在法国军队震耳欲聋的欢呼声中，他头戴那顶传奇般的大三角军帽，身穿禁卫军装，飞马穿过老近卫军的行列，灰色的斗篷随风飘荡。皇帝们的小船从两岸缓缓驶入水中，拿破仑首先抵达并快步踏上木筏。

亚历山大看到的是一个身材粗壮、略显发胖的人，其面部表情坚毅、目光炯炯有神。拿破仑率先伸出手来，两位皇帝握手、拥抱。亚历山大说：“我对英国人的仇恨和你一样深，我一定支持你对他们采取的一切行动。”拿破仑回答说：“这样的话，一切都好办，和解就实现了。”这番开场白奠定了以后会谈乃至和约签订的基础。

在法国历史学家阿尔芒·勒费弗尔的《执政府和帝国时期欧洲各国内阁史》一书中我们读到：他（拿破仑）伸出右手，亚历山大同他握手。

两位皇帝互相拥抱。亚历山大说：“我同您一样仇恨英国人，您在为反对英国人所做的一切中，将得到我的协助。”拿破仑答道：“这样，一切都可以解决，和平已经实现。”英国历史学家约瑟夫·阿鲍特也对同一场景用类似的语言作了生动的描述。所有这些描述是如此精彩、生动，言之凿凿，几乎令人毫不怀疑它的真实性。

但是，一些历史学家仍对此说提出了质疑，以研究海军史见长的英国历史学家约翰·霍兰·罗斯在他的名著《拿破仑一世传》中不客气地指出：“所有关于这一情节的传说，归根到底都是以比尼翁的描述为依据的，而比尼翁在书中却没有举出任何确实的证据。”他写道：

两位皇帝在帐篷中的首次会晤没有带任何随员，别人是无法知道他们谈话内容的。要说是他们事后自己透露了对方当时讲的话，那也不可能；因为我们找不到任何记载说是有谁听两位皇帝向他们谈起过这些话。更何况，据说是亚历山大讲的那句话是很不策略的。他还援引另一位法国史学家塔蒂舍夫在《亚历山大一世和拿破仑》一书中的说法证明，亚历山大其实是很想拖几个月才与英国决裂。著名法国历史学家乔治·勒费弗尔也持同样观点。他在《拿破仑时代》一书中写道：6月25日在涅曼河的木筏上，两位皇帝单独进行长时间的会谈。我们将永远不会知道他们彼此说了些什么，而且有关其他单独会谈的秘密我们也无从知晓。

罗斯先生提出的事实显然是无可辩驳的。那么，关于这一情节的“传说”怎么会被这么多历史学家接受呢？罗斯先生认为：“法国人富于幽默，喜欢隽言妙语。在这样一个民族中，只要话说得精彩，几乎肯定会有人相信，从而作为历史事实流传后世。”看来罗斯先生也“没有举出任何确实的证据”来推倒比尼翁等人的见解。相反，历史的事实倒让人更容易接受亚历山大说过关于英国的那些话。

7月7日，法俄正式签定“和平友好条约”。和约的各项条款对俄国是如此之宽容，与拿破仑当时逼迫其他任何战败国签订的割地赔款，甚至肢解他国的条约截然不同。俄国不仅没有丧失一寸领土，它还获得了另一个战败国普鲁士的一部分土地。拿破仑还同意俄国有权在瑞典和土耳其自由行动。

俄国为此承担的义务只是承认拿破仑在历次战争中已经取得的成果。在同一天签订的秘密盟约中，俄国承担了调停英法和平的任务，如果英国不接受调停，则俄国将加入法国的大陆封锁体系并向英国宣战。由此可见，俄国对英国的态度正是法俄和约及盟约签订的基础。完全有理由认为，亚历山大正是在这一点上迎合了拿破仑的需要，法俄才如此顺利地化敌为友，订约结盟。

持不同看法的史学家们则坚持认为，具体描述两国皇帝单独会晤时说了哪些话是毫无根据的。通过他们对和约及盟约的深入分析，对照亚历山大后来说过的话，他们坚信亚历山大并不急于和英国决裂，更不情愿被绑在法国的战车上。因为和英国决裂，对英国关闭俄国的港口将极大损害俄国的海军建设和滨海地区的贸易。因此亚历山大在离开提尔西特前对普鲁士国王说："拿破仑所强加于俄国和普鲁士的这个最苛刻的条件（指参加大陆封锁体系），对俄普两国都是一样的。"其语调之愤然溢于言表。其后的历史发展证明，法俄再次走向战争的直接诱因就是坚持与破坏大陆封锁体系。

至此，"提尔西特的秘密"仍未揭开。不过，1963年前苏联公开出版一批沙俄时代外交部的文件集。在第一集第3卷中披露了亚历山大一世在提尔西特会谈期间给他的对法和谈全权代表的训示草案和补充训示。这两份历史性的文件明白无误地揭示出亚历山大对英国的真实立场："根据拿破仑的一些提议判断，我预料法国代表将提出俄法结盟的建议。尽管我已决心和这个国家签订和约并准备履行所规定的义务，但我现在还看不出两国结盟的必要，因为这不符合长远的利益。"亚历山大指出，结盟就意味着"俄国付出与英国绝交的代价"，"而在目前形势下和英国决裂将给我们造成极大的困难"。他指示自己的谈判代表"应尽一切努力向法国代表说明，这样做在目前既不符合他们的利益，也不符合我们的利益"。

可以预料，依据今后逐步发现和公布的历史资料，"提尔西特的秘密"将被逐步揭晓。当然这是指两国皇帝单独会谈时的真实立场而言，至于他们会谈时说过的具体话语，恐怕会是一个永恒的秘密了。

【片言碎语】1807年6月25日至7月7日，法国皇帝拿破仑一世与俄国沙皇亚历山大一世在提尔西特附近的涅曼河上，在原本默默无闻的提尔西特小城中多次进行长时间的单独会晤。按照拿破仑对亚历山大的提议："我来充当您的秘书，您给我当秘书……我们两个人，不要有第三人"，这些会晤都是单独进行。会谈结束后，法俄两国立即签订了和约和一个秘密盟约，化干戈为玉帛，仇敌成了盟友，整个欧洲局势为之一变。

裴多菲是“死在哥萨克兵的矛尖上”的吗

裴多菲为他的祖国献出了自己年仅26岁的宝贵生命，实践了“生命诚可贵，爱情价更高；若为自由故，二者皆可抛”的铮铮誓言。正因为如此，鲁迅先生在《〈勇敢的约翰〉校后记》里写道：诗人“死在哥萨克兵的矛尖上”。事实究竟是什么呢？

席卷欧洲的1848年资产阶级革命刚刚爆发，匈牙利民族解放战争的炮火便在多瑙河畔打响。年届25岁的进步诗人裴多菲·山陀尔以极大热情投入革命运动，他一方面以火热的诗篇号召人民为民族解放而战斗，同时毅然拿起武器投身神圣而残酷的战场，并因卓著的军事才能而获得少校军衔及一枚勋章。

匈牙利革命的熊熊烈火极大震撼了奥地利哈布斯堡王朝的统治，奥地利帝国摇摇欲坠。号称欧洲宪兵的沙皇俄国便勾结奥地利开始镇压匈牙利革命。1849年5月8日，沙皇尼古拉一世发表武装干涉匈牙利宣言，并派14万军队分两路进入匈牙利。匈牙利革命军在奥俄两面夹攻的困境中展开了最艰苦也是最后阶段的战斗。7月22日，身为军人的裴多菲同结婚不满两年的爱妻森德莱·尤丽亚决别，来到驻扎在特兰西瓦尼亚的贝姆将军的军队中。

此时，贝姆的军队已经陷入俄奥联军的重重包围之中。7月31日凌晨，最后的较量开始了。裴多菲不顾贝姆的命令，离开后备部队冲到战场的最前线。

在一块玉米地里，两名俄国哥萨克骑兵发现并追上了裴多菲，他虽然躲过一个哥萨克兵劈下的军刀，但没能避开另一个哥萨克兵投来的长矛，诗人的胸膛被刺穿，应声倒在战场上。

尽管这是中外学界比较一致的看法，即裴多菲死在瑟克什堡激战，他的尸体同许多匈牙利爱国志士一道被埋葬在有1000多名英灵的大坟冢里；但这并非唯一的说法，因为埋葬时并没有人明确地知道其中究竟有没有诗人的尸体，于是便引出关于裴多菲之死的其他解释。

在匈牙利革命失败后的30年内，有许多人并不相信瑟克什堡战场上警告过裴多菲要隐蔽并目击哥萨克兵刺杀过程的那位军医的话，而认为裴多菲不曾战死，仍然活着。这种传说还见诸全国多种报刊和人民代表大会的发言稿，匈牙利人民似乎接受不了诗人战死的悲剧。他们认为裴多菲是被沙俄军队俘虏，并被押到遥远的西伯利亚矿区做苦役。一位被释放的匈牙利战俘返回祖国后发表演说和文章，说西伯利亚的战俘中有一位彼得罗维奇·山陀尔，并多次和他谈过话。他认为这个山陀尔就是裴多菲。波兰革命家维尼耶夫斯基和马利诺夫斯基在西伯利亚服役期间，也都曾见过彼得罗维奇·山陀尔。

更为奇巧的是，西伯利亚东部的布里亚特自治共和国境内的巴尔古金村民中，长期流传着一个名为彼得罗维奇的政治流放犯的故事，乡民们传颂着他的事迹，能描绘出他生前的音容笑貌，并完好保护着葬有这位神秘囚徒遗骸的坟墓。这一情况辗转传到了研究裴多菲的机构，一个由前苏联、美国、匈牙利等国的专家组成的科学考察委员会便前往巴尔古金进行了调查，并鉴定了墓中遗骸。前苏联科学院西伯利亚分院巴尔古金研究中心将1989年9月21日举行的第二次国际鉴定会议纪要整理成科学报告，报道了许多与裴多菲十分相像的情况。人类学家的鉴定结果表明：墓主身材矮小，瘦弱，前额宽阔，年龄约32岁半，左腿微瘸，缺三个手指，左手比右手动作灵活，左上第三颗牙歪斜且向前突出。而裴多菲的传记亦有传主身体瘦小，弯腰很困难，跛脚，因伤缺三指，左撇子等记载。现代诗人约凯亦在回忆裴多菲时说：“他笑的时候，就露出上面那颗锋利的小虎牙”。这些难道都仅仅是巧合吗？研究报告还指出：裴多菲在战斗结束后被农民救出，隐藏了一段时间后才遭逮捕，被捕后裴多菲化名为彼得罗维奇，战俘营中其他被俘的战友深爱这位坚强的诗人，并没有供出他的真名，于是裴多菲以彼得罗维奇之名被流放到了西伯利亚。

巴尔古金的村民还传说，彼得罗维奇与美丽少女阿努什卡·库兹涅佐娃结为伉俪并喜得爱子；这位神秘人物心灵手巧，擅长钳工、木工，还会配制草药为村民治病；每逢周六他还给村民演节目，而且长于写诗作画，喜欢徒步旅行。而这些又与裴多菲的生平极为相似。传记作家耶舒写道：裴多菲青少年时代常到铁匠作坊去，会用斧子；他曾是巡回剧团演员；由于身体欠佳而常常自己配药治疗；他精于绘画和舞台设计，酷爱散步。此外，裴多菲患有慢性肺病，而考察队亦认为彼得罗维奇死于肺结核。这些又都是偶然的巧合吗？

然而，匈牙利仍有相当一些人对考察报告持怀疑态度，认为上述种种说法仍带有假设和推测性质，还不足相信。

另外，19 世纪 50 年代还有人传说，裴多菲既没有战死，也不曾被沙俄军队俘虏，而是患了疯病，成为流落在多瑙河两岸的乞丐，曾有人在乡下的酒馆里见过他。

【片言碎语】匈牙利的爱国诗人和英雄，匈牙利伟大的革命诗人，也是匈牙利民族文学的奠基人，资产阶级革命民主主义者。1823 年 1 月 1 日生于屠户家庭，奥地利帝国统治下的多瑙河畔的阿伏德平原上的一个匈牙利小城——萨堡德沙拉斯，父亲是一名贫苦的斯拉夫族屠户，母亲是马扎尔族的一名农奴，按照当时的法律他的家庭处在社会最底层。

希特勒血洗冲锋队原因何在

杀人狂草菅人命原不足为怪，然而希特勒这次竟然对他的患难老友开刀，并解散为其上台立下汗马功劳的冲锋队，这就要使人发问：希特勒为什么要这样干呢？

研究者们对此作了不少探索，大致归纳出如下一些原因：

其一，冲锋队的历史使命已经完成。冲锋队又称褐衫党，是纳粹党下属半军事组织，正式成立于1921年8月。其主要职能是保护纳粹集会，捣乱其政敌的组织活动，破坏工人运动，对反纳粹者搞恐怖。在纳粹发家史上，冲锋队充当政治打手，为希特勒摇旗呐喊，作为纳粹的政治资本和实力后盾，对希特勒上台起了不可或缺的作用。但是，纳粹一旦上台，冲锋队的使命就告结束。保障国家安全有国防军，维持社会治安有各种警察，实在没必要保留一种既非军队又非警察的武装力量。所以，不论通过何种途径，冲锋队都必须退出历史舞台。

其二，希特勒与罗姆的矛盾。罗姆是希特勒较早的政治伙伴，曾一起搞过政治阴谋，事情败露后又同蹲一个监狱，可说是患难之交。但同时两人又有分歧。罗姆是冲锋队的实际创始人，而希特勒起初并未让他领导冲锋队。1925年冲锋队重建时，罗姆主张冲锋队独立，反对搞党务者插手，企图把冲锋队建成变相的军队。而希特勒仅仅把它看成是一种政治舆论工具，为纳粹上台提供必要的暴力和恐怖，无意把它建成一支常备武装力量。因此两人只好暂告分手。1929年希特勒重新起用罗姆，委以参谋长之职，让他领导冲锋队。罗姆掌权后仍然按其原先设想大力扩充冲锋队，积极推进军事化，力图将来取代国防军。希特勒上台后，罗姆不仅加紧发展冲锋队，而且叫嚣进行“二次革命”，建立真正的“民族社会主义”国家。这就使纳粹政权难以容忍，希特勒便考虑解决冲锋队的问题。正因为二人是生死之交，所以希特勒在最后解决之前曾和罗姆进行了长达五小时的密谈，以图达成谅解；而且在血洗之时，希特勒还吩咐手下把一支手枪留在罗姆的桌上。这都可以说是希特勒留给老朋友的最后面子。

其三，党卫队与冲锋队的斗争。成立于 1925 年的党卫队（黑衫党）最初是冲锋队的下属组织，在冲锋队膨胀的同时，作为希特勒铁杆卫队的党卫队亦迅速发展壮大。这两支政治力量在争权取宠的竞争中难免发生矛盾冲突，尤其自 1929 年希姆莱出任党卫队全国领袖后，双方的矛盾日趋激化。1930 年，党卫队基本从冲锋队独立出来，其组织机构日益完善。加上党卫队纪律严明，组织性极强，又受希特勒偏爱，尽管只有几万队员，但仍成为冲锋队的强大对手。正当希特勒在解决冲锋队问题上犹豫不决之际，是希姆莱促成希特勒相信“罗姆要发动政变”，从而最后采取了过激措施。党卫队在血洗过程中亦充当了刽子手的角色。

其四，国防军容不得冲锋队。一战后德国军队受到限制。陆军方面在冲锋队成立之初出于重新武装德国的目的，对冲锋队采取了扶持态度，把它看成后备军。但随着罗姆取代国防军的企图日渐暴露，军界感到其特权受到了威胁。特别是到 1934 年初罗姆表现出要作武装力量总指挥的野心，人数已达三百多万的冲锋队又要求承担东部边防任务，军官团便不能容忍了。国防部长勃洛姆堡强烈要求希特勒限制冲锋队，将其排斥于武装部队之外，只承认国防军为“唯一的武器持有者”。希特勒在决定二者取舍的考虑中，按理说应偏袒他的发迹资本冲锋队，但这样做有两大难题不好处理。一则保留庞大的冲锋队使他难以对欧洲各国作出恰当解释，使其外交陷于难堪境地；二则得罪了国防军就难以达到继承命在旦夕的兴登堡总统职位的野心。所以，希特勒权衡再三，最后决定牺牲冲锋队，顺从国防军。事实上，希特勒在血洗冲锋队之前，已得到了军界支持他继任总统的承诺。这样，同年 8 月 2 日兴登堡死后，希特勒政府便宣布总统的职务已与总理的职务合并为一，希特勒顺利地成为元首兼国家总理。国防军随即宣誓效忠于元首。

其五，纳粹政权与冲锋队的利害冲突。冲锋队的成员主要是退役军人、破产者、失业者和获释罪犯。这些社会下层寄希望于纳粹掌权后给他们带来好处，但希特勒政权完全代表资产阶级的利益，并未满足他们的要求。所以，冲锋队里有一种抱怨希特勒“背叛了他们”的情绪。罗姆便利用这种情绪叫嚣所谓“二次革命”，其用意只是向希特勒施加压力，为冲锋队争取某种利益。但冲锋队的这种鼓噪，以及他们肆意拘捕、迫害犹太人、攻击教会等暴行既让德国资产阶级感到恐惧，也为纳粹政权招惹了许多麻烦和攻击。所以，希特勒便以冲锋队阴谋“二次革命”为口实，顺水推舟将取悦资产阶级和除掉惹是生非的冲锋队这两个目的在政治清洗中“毕其功于一役”。

上述几点无疑是事件背后的原因，但促成希特勒最后下决心的又是哪条呢？有谁能对此作出确切的解释呢？

【片言碎语】1936年6月30日凌晨，法西斯魔王希特勒在戈培尔及大批随行陪同下，乘一长列汽车由慕尼黑抵达维西，进行了一场骇人听闻的大屠杀。一天之内，包括参谋长罗姆在内的数百名冲锋队要人干将惨遭杀戮，随后又宣布解散冲锋队，这就是震惊世界的血洗冲锋队事件。

史前核战争之谜

究竟有没有史前核战争？有哪些鲜为人知的故事呢？

在地球诞生至今的46亿年的演化过程中，地球上的生物经历了5次大灭绝，生生死死，周而复始。因而有人推断，地球上曾出现过多次高级文明社会，但不幸的是这些文明都毁灭了。亿万年的自然变迁几乎抹去了一切痕迹，只有少数证据得以保存。

1972年，在非洲加篷共和国发现了一个20亿年前的铀矿——奥克洛铀矿。在矿里还发现了一个不可思议的史前遗迹：一个古老的核反应堆。它是由六个区域的大约500吨铀矿石组成，运转时间长达50万年之久。面对这个保存完好、结构合理的核反应堆，人们不禁要问：是谁留下了这个核反应堆?要知道，人类掌握核能技术，建立第一座核反应堆，只是20世纪40年代的事情。许多学者研究后指出：史前文明毁灭于一场规模浩大的核战争。

有一部著名的古印度史诗《摩诃波罗多》，写成于公元前1500年，距今有3400多年了。而书中记载的史实则要比成书时间早2000年，就是说书中的事情是发生在5000多年前的事了。此书记载了居住在印度恒河上游的科拉瓦人和潘达瓦人、弗里希尼人和安哈卡人两次激烈的战争。令人不解和惊讶的从这两次战争的描写中看，他们是在打核战争!

书中的第一次战争是这样描述的：“英勇的阿特瓦坦，稳坐在维马纳（类似飞机的飞行器）内降落在水中，发射了阿格尼亚（可能类似火箭武器），它喷着火，但无烟，威力无穷。刹那间，潘达瓦人的上空黑了下来，接着，狂风大作，乌云滚滚，向上翻腾，沙石不断从空中打来”。“太阳似乎在空中摇曳，这种武器发出可怕的灼热，使地动山摇，大片的地段内，动物倒毙，河水沸腾，鱼虾等全部烫死。火箭爆发时声如雷鸣，敌兵烧得如焚焦的树干”。

第二次战争描写更令人毛骨悚然，胆战心惊：“古尔卡乘着快速的维马纳，向敌方三个城市发射了一枚火箭。此火箭似有整个宇宙力，其亮度犹如万个太阳，烟火柱滚升入天空，壮观无比”。“尸体被烧得无可辨认，毛发和指甲脱落了，陶瓷器碎裂，盘旋的鸟在天空中被灼死”。

看到此惨状，现代人会立刻联想到原子弹爆炸后产生的威力。在原子弹还没有产生的年代，许多学者一直认为此书中的那些悲惨的描写是“带诗意的夸张”。可是到了美国在日本广岛和长崎投下两颗原子弹之后，他们才恍然大悟，这些描写就似原子弹爆炸目击记一样准确。

后来考古学家在发生上述战争的恒河上游发现了众多的已成焦土的废墟。这些废墟中大块大块的岩石被黏合在一起，表面凸凹不平。要知道，能使岩石熔化，最低需要1800℃。一般的大火都达不到这个温度。只有原子弹的核爆炸才能达到。

在德肯原始森林里，人们也发现了更多的焦地废墟。废墟的城墙被晶化，光滑似玻璃，建筑物内的石制家具表层也被玻璃化了。除了在印度外，古巴比伦、撒哈拉沙漠、蒙古的戈壁上都发现了史前核战的废墟。废墟中的“玻璃石”都与今天的核试验场的“玻璃石”一模一样。

由此而论，国外物理学家弗里德里克·索迪认为：“我相信人类曾有过若干次文明。人类存在时已熟悉原子能，但由于误用，使他们遭到了毁灭。”这可能吗？大部分科学家们认为这仅是一种附会，是不能令人信服的。但是另有一些人坚持自己的看法，认为我们的地球早已存在50多亿年了，而人类文明仅仅有5000多年历史有些”说不过去”。

【片言碎语】有的古代学家认为，远古的人类已经有了“核战争”的经历！如果数学对于时间有某种说明，不知落在广岛的原子弹能否“后来居上”？然而，史前文明社会是否发生过核战争以及核战争是否毁灭这些文明，仍是一个千古不解之谜。

斯巴达克南下之谜

公元前73年夏天，罗马爆发了世界古代史上最为壮阔的奴隶大起义——斯巴达克起义。这年，位于半岛南部的加普亚角斗士训练所的奴隶们，为摆脱沦为角斗士的悲惨命运，决定密谋起事。在足智多谋的斯巴达克领导下，起义军屡败来犯的罗马官军，队伍迅速壮大。仅一年时间，起义军就扩大到7万多人。当起义军先后粉碎了罗马大法官克劳狄和瓦里尼的围剿后，斯巴达克曾经拟订了一个北上计划："全军向阿尔卑斯山前进，越过高山，北上出境，返回故土。一些人回色雷斯，一些人回高卢"。历经20多天的激战，起义军终于抵达阿尔卑斯山脚下的穆提那城。北上出境的计划此时只要一声令下就可完成。但就在这个时候，斯巴达克突然放弃原来的计划，下令全军调头南下！他为何突然改变主意？

斯巴达克为何改变北上出境的计划？斯巴达克是色雷斯人，他的部下许多也跟他一样，曾经是罗马境外的自由人，因种种原因不幸沦为角斗士。返回故土、重获自由，这是多么大的双重诱惑！多少世纪过去了，这个问题至今还是个谜。

在有关斯巴达克起义的史料中，也都没有人对此做出说明。学者们做出了各种各样的解释。有的学者认为，斯巴达克之所以改变北上出境的计划，主要是因为客观形势变化所引起的，他当初制定这一计划时，看到了敌强我弱的形势。有的学者认为，斯巴达克改变北上出境的计划，主要是由阿尔卑斯山的自然条件决定的。有的学者认为，斯巴达克之所以改变原计划，主要是因为缺乏意大利北部农民的支持。还有一些学者认为，斯巴达克之所以临时改变计划，是因为起义军不忍心丢下仍在罗马奴隶主皮鞭底下呻吟的角斗士兄弟。有人认为：对任何事情的分析，都不能陷入绝对主义的窠臼。斯巴达克之所以放弃北上出境计划，想必不是一时头脑发热的结果，也不是一种因素简单作用的结果。

为什么不把这些原因综合起来呢？究竟是单因素还是多因素？单因素中又是哪一个因素？这个谜的最后解开还得依赖于史料的进一步发掘。

【片言碎语】在古罗马，到处都有大规模使用奴隶劳动的大庄园，奴隶被称之为“会说话的工具”。奴隶主为了取乐，建造巨大的角斗场，强迫奴隶成对角斗，并让角斗士手握利剑、匕首，相互拼杀。一场角斗戏下来，场上留下的是一具具奴隶的尸体。奴隶主的残暴统治，迫使奴隶一再发动大规模武装起义。公元前73年，世界古代史上最大的一次奴隶起义——斯巴达克起义爆发了。

珍珠港事件的背后

1941年12月7日“珍珠港事件”爆发后，美国正式对日本宣战。但是事件背后又有什么样的故事呢？

美国人现在还对“珍珠港事件”记忆犹新，其中有一个原因是，那天刚好是星期天，一个原本属于家庭生活的日子。但是颇具讽刺意味的是，这个原本属于家庭生活的日子却被一个“间谍家庭”破坏了。像所有成功的间谍一样，这家的男主人伯纳德·库恩文质彬彬，他在檀香山岛上有很多朋友，完全没有人会怀疑这个邻家中年大叔和他端庄的妻子会是特工，更不会有人对他们十来岁的漂亮女儿和6岁的小儿子产生怀疑。但是事实是，整个库恩家庭（包括6岁的小儿子）的真实身份都是间谍，他们制造了史上最大的情报泄露事件。

这4口之家开始他们的间谍生涯还要追溯到库恩迷人的小女儿——苏西·露丝在德国的时候。那个时候她才17岁，是纳粹宣传部长约瑟夫·戈培尔的情妇。库恩博士作为一名德国海军学校的学生参加过一战，战后他被卸任，成了一名内科医师，战场上失意的他加入了纳粹党，在1935年的时候，他在党内已经有了很大的影响力。库恩博士和海因里希·希姆莱——也就是盖世太保的头目发展了很亲密的关系。后来，他自己也成为了这个德国秘密警察组织的小头目。

那时，纳粹德国已经和日本建立了亲密的关系，日本要求德国派出有西方背景的间谍为他们在珍珠港效力。戈培尔得知这个消息后，立刻推荐了露丝·库恩和她的家庭。

库恩博士很快就接受了戈培尔的提议。1935年8月15日，库恩一家人登上了檀香山。来到美国的库恩家人包括：库恩博士；他的妻子菲利德尔；女儿苏西·露丝以及她同父异母（或者同母异父）的兄弟，6岁的汉斯·约阿西姆。

库恩博士在珍珠城买了一个房子，在靠近太平洋（能观察到珍珠港）的卡拉马买了一个小木屋。他有很多个身份做掩护：对一些人来说，他是一个退休医生，并且继承了一大笔遗产；对另外一些人而言，他是研究夏威夷历史的学生；还有一些人认为他是一个发明家。来过他那装修考究、设备齐全的房子里的人没有一个会对他的真实身份和职业产生怀疑。甚至当库恩太太两次去过日本，第二次还带回1.6万美元存到银行的时候，也没有人对此产生过怀疑。

与此同时，库恩一家不停地以前所未有的规模（真是全家总动员）收集军事情报，并且将之传输出去。到1939年，他们已经依指示获取了关于美军太平洋舰队（尤其是夏威夷水域）的所有可以得到的信息。那时，日本已经在为实施山本提出的偷袭珍珠港的大胆计划积极培训相关人员。

这个“间谍家庭”的配合和搭档真是天衣无缝。漂亮迷人的露丝可以通过各种方法获取情报。首先，这位会打网球、跳舞等多项社交活动的姑娘通过和美国军官约会就可以很轻易地从他们口中得知一些关于海军任务、舰队或者海军基地的信息。后来，她和一名年轻的海军军官订婚了，这也为她获取情报提供了便利。她在珍珠港开了一家美容店，这成了她得知所有有价值信息的重要来源。露丝坚持给她的顾客们最上乘和价格最低廉的服务，她的客户大多是一些高级军官的家属，这些人口风不紧，很容易就泄露一些她们知道的军事情况，而这些信息往往超出露丝的期望。

在这家美容店里被泄露的情报让露丝有些忙不过来，她母亲会定期过来帮女儿监控这些谈话，记录下得到的所有军事情报。这位戴眼镜的德国太太看上去就跟邻家大婶一样。在别人眼里，她还经常跟随她丈夫进行“历史研究的探索之旅”，以便他丈夫可以更好地进行“夏威夷研究”。她购买了双筒望远镜，并且常常用它们来暗中监视港内的舰队和军事设施。有时候，这位太太还和她丈夫乘小船围绕珍珠港出海，他们常常冲着舰艇上的人员微笑，但是暗中却会默默记住看到的一切。

珍珠港

连这家 6 岁的小儿子也被当成了间谍的工具。他也许算是史上最真诚善良的“小孩间谍”了。汉斯在 11 岁之前就成为了一名“特工”。库恩太太给她儿子穿上小小水手服，然后他父亲会带他沿着水边散步。这位“友好的小水手”经常被邀请上船参观，并且军官们会回答这位“聪明的小家伙”提出的任何关于舰艇的问题。但是他们不知道的是，这些问题都是这位“小水手”“很明智”从不上船的父亲教他问的，并且他父亲还教他观察并且记住所有不寻常的东西。

小汉斯每次和他父亲“散步”回来都会被询问得到了哪些信息，然后由库恩太太记录下来。一开始，这些信息被秘密送至日本领事手上，然后再由通讯员被转送至日本——由于外交豁免权，这些信件不会被检查。到后期的时候，情报的传输更加的谨慎。后期，日本大间谍吉川猛夫亲自来到檀香山和库恩一家一起获取情报。吉川猛夫会从日本领事馆通过望远镜观看库恩博士从他沿海的小木屋里用灯光打出的信号，他们就通过这种方式传递情报，并且这种古老的方式居然一直到最后才被美军发现。

由于库恩一家和吉川猛夫的间谍工作，“珍珠港事件”发生之前，日本实际上已经知道了美军这个基地的几乎所有信息。在偷袭发生前五天，库恩已经将美军在珍珠港的几乎每艘舰艇的情况传输给了日本。

“珍珠港事件”发生后，库恩一家的真实身份就被暴露了。在库恩从小木屋里用闪烁的灯光给领事馆的吉川猛夫打信号的时候，被偷袭惊醒的美国情报机构最终注意到了从这个小木屋里发出的神秘的闪烁灯光，并且进行了调查，逮捕了库恩一家。被逮捕的时候，库恩一家还在紧张工作。

库恩博士本是被判死刑，并要被执行枪决，但是他自愿交出掌握的有关日本和纳粹德国有价值的联系人，换来了50年的苦役惩罚，在服了4年苦役之后他就被释放了。吉川猛夫当时被交还给了日本政府，换回了美国一位外交官，后来他就从商了。库恩太太被判的刑较轻，后来她和儿子、女儿露丝也在狱中服刑了几年之后回到了德国。

【片言碎语】偷袭珍珠港是指由日本政府策划的一起偷袭美国军事基地的事件；1941年12月7日清晨，日本海军的航空母舰舰载飞机和微型潜艇突然袭击美国海军太平洋舰队在夏威夷基地珍珠港以及美国陆军和海军在欧胡岛上的飞机场的事件。太平洋战争由此爆发。这次袭击最终将美国卷入第二次世界大战，它是继19世纪中墨西哥战争后第一次另一个国家对美国领土的攻击。

轰动世界的“纸片轰炸”

中国警告日本的传单。这就是中国对日本的“纸片轰炸”事件到底是怎么回事呢？

1938 年 5 月 20 日，日本沿海城市长崎。凌晨，一家寿司店的老板打开店门，准备打扫一下店面。突然，他发现门前的街道上到处都是白色的纸片，连屋顶上、院落里也散落着纸片。“这是什么？”老板好奇地拾起几张纸片，只见这些纸片上面印着一些汉字，写着：“尔国侵略中国，罪恶深重。尔再不训，则百万传单将一变为千吨炸弹。尔再戒之。”“啊！这是中国人的传单！”老板大惊失色。

这时，街道上已经有很多人。他们每人手里都拿着传单，有的人在小声念着，不识字的人在向别人打听。人们议论纷纷。这么多的传单是从哪里来的？不可能是在日华人干的，因为他们不可能在一夜之间散发这么多传单。难道这些传单是从中国来的？长崎地处日本九州，与中国内地遥隔千里，只有飞机才可能飞过海洋，到长崎投下这么多的传单。想到这里，在场的日本人个个心惊肉跳：中国飞机既然可以扔下传单，就可以扔下炸弹！看来当局所称日本本土防卫严密、固若金汤根本不可相信。很快，“中国飞机扔下许多传单”的消息不胫而走。不少日本人对自身的安全和战争的前途产生了疑虑。

同一天，同在九州的日本沿海城市福冈也发现了大量的白色纸片——中国警告日本的传单。这就是中国对日本的“纸片轰炸”事件。因为这是第二次世界大战中，反法西斯阵营对日本本土进行首次空袭，所以很快轰动了全世界。

1937 年 12 月，南京失陷，国民党政府迁都重庆。地处中国大陆中央的武汉成为重庆政府的政治、军事中心和作战物资主要集散地，其战略地位十分重要。为此，日本航空兵加紧对武汉实施空袭，不断进行狂轰滥炸，为攻占武汉作准备。中国空军健儿奋起抗击，爆发了武汉大空战，共击落日本飞机 47 架，还发生了陈天民英勇撞击敌机的壮举，谱写了震撼人心的壮丽诗篇。

这时，中国的抗日战争已取得初步战果，平型关之战和台儿庄大捷挫伤了日本侵略者的锐气，但一些悲观主义者仍认为抗日不可能取胜，甚至提出“中国必亡”的谬论。为了警告日本侵略者，鼓舞全国人民的抗战士气，中国空军中的爱国将士提出到日本本土去进行一次示威行动。他们提出的方案是：进行一次宣传性的空袭，在日本重要的城市投放 100 万份反战传单。

但是，要到日本去进行空袭谈何容易？当时，中国空军装备的飞机中航程最远的也不足 1000 公里。同时，日本本土防空戒备森严，部署了大量战斗机和地面防空部队。特别是，中国空军又没有合适的战斗机给轰炸机进行护航。当时的轰炸机没有自卫武器，这样到日本去执行空袭任务，无异于“赤手空拳”、“千里走单骑”、“独闯刀山火海”，极其危险，需要极大的勇气。

执行这项任务的是中国空军第 14 队队长徐焕升和他的僚机佟彦博。他们各驾驶一架“马丁”B-10 型轰炸机。这种飞机最大速度为 343 公里/小时，航程为 900 公里。为了增大航程，地勤部门专门对他们的飞机进行了改装。

1938 年 5 月 19 日，汉口机场，上空浓云密布。15 时 23 分，两架飞机呼啸而起，直向东方飞去，在云层上飞行了两个小时，降落在宁波机场。因为从武汉到日本再返回武汉超过了“马丁”B-10 型轰炸机的最大航程，所以飞机要在宁波“转一次车”——在宁波机场补加燃油。23 时 48 分，加满了燃油的飞机像两只夜行的雄鹰，展翅长啸，直上云霄。5 月 20 日 2 时 45 分，两架飞机飞临日本九州长崎上空。飞机开始降低高度，钻出云层。当徐焕升看到地面闪烁的灯光时，不禁欣喜若狂。“准备投放！”他果断地发出命令。两架飞机的炸弹舱打开。弹舱内的“纸弹”天女散花似地飞向地面。两架飞机在长崎撒完传单后又折向福冈方向，3 时 45 分到达福冈上空，撒下剩余的所有传单。两架飞机在日本本土撒下的传单总数超过 100 万张。直到此时，日本的防空部门才“大梦初醒”，在福冈实行了灯火管制，地面高炮也猛烈开火，但这成了为中国飞机放的“送行礼炮”。

胜利完成任务后，两架飞机沿原航线向西返航。8 时 45 分，僚机佟彦博在玉山机场降落。9 时 24 分，长机徐焕升在南昌着陆。两架飞机加油后起飞。11 时 13 分，两架飞机在武汉上空会合，胜利而归，先后降落在汉口机场上。

第二天，中国各大报纸都在头版重要位置报道了这次空袭，一致认为，这次空袭用的虽然是纸片，但其“杀伤效果”却比炸弹要大得多。它重重地打击了日本侵略者的气焰，大长了中国人的志气。有家报纸还在报道的同时刊登了一首赞扬中国这次行动的诗。诗中说：“这是花朵，这也是炸弹。它向全世界宣布，中国人民不可侮！中国的抗战是一定要胜利的。”

【片言碎语】 这次行动中中国空军飞行员的大无畏战斗精神和精湛的飞行技术也赢得了全世界人民的敬佩和褒奖。6 年后，美国《生活》杂志刊登闻名世界的 12 名飞行员的照片，徐焕升就在其中。照片上标明：“徐焕升是先于美军杜立德轰炸日本本土的第一人。”

揭开苏联核试验基地的神秘面纱

广岛、内华达、比基尼岛、切尔诺贝利……提起这些地方，人们多半会立即联想到核武器、核泄漏带来的恐怖后果。但是，说到哈萨克斯坦的东部城市塞米巴拉金斯克，又有多少人知道？

世界上再没有其他地区曾经如此严重地被污染过。广岛只遭受过一次原子弹袭击，切尔诺贝利核电站也只出过一次事故。但是，塞米巴拉金斯克周围方圆数百千米的人们却四十年如一日地经受着核爆炸原子尘的危害！

来到塞米巴拉金斯克的核试验基地，远远就可以看到核爆炸留下的黑如焦炭的岩石，以及又深又大的“陨石坑”。光秃秃的山坡上寸草不生。据当地工作人员介绍，这里部分地区的辐射剂量是正常地带的 192 倍。

一切都是从 1947 年开始的。1947 年，苏军在塞米巴拉金斯克西南划出 4000 多平方千米土地，把这里变成高度机密的苏联核武器试验计划的指挥中心——塞米巴拉金斯克的宝利根。但在地图上，你根本找不到这个地方。

“塞米巴拉金斯克-21”，是这一核试验基地的代号。1945 年斯大林命令克格勃首脑拉夫伦提·贝利亚全权负责苏联的核武器计划，当地居民的生命安全根本不在拉夫伦提·贝利亚的考虑范畴之内。

1949 年 8 月 29 日，苏联第一颗原子弹爆炸成功，而爆炸点就在距离宝利根“零号地点”仅仅 60 米的空中。很少有人知道，在 18 千米外的多伦村，800 名村民受到了致命核辐射；而就在当晚，风把核爆炸产生的原子尘带到了180千米之外的地方。从1949年直到1989年10月19日，这里一直在进行地下核试验，而附近地区70万人被暴露在核辐射中，40年间总共进行了至少670次核爆炸！

更令人心惊的是，一些试验还出了差错。1956年，一架飞机投下了一枚相当于1000吨TNT炸药爆炸力的氢弹，爆炸产生的带有放射性的云团，竟随风飘到了中国境内。之后，苏联又在北极圈内对氢弹进行了测试。

据不完全统计，迄今为止总共有3万名哈萨族人在这个苏联核试验中心服役，可是现在得以存活下来的尚不足100人。

一位名叫麦吉斯的退役老兵对记者说，从1961年到1963年，他便一直在3772分部效力（长期以来，苏联政府都否认这个分部的存在）。尽管粗通物理，可是他和同伴们对核辐射知之甚少。直到1962年，因为一枚火箭坠毁而引起的“地面爆炸”才令他们如梦初醒：“爆炸的气浪向我们这个方向袭来，这时长官一声令下，我们一窝蜂地上了大卡车，逃到很远的地方才停车。第二天一早，上级派来了流动淋浴车，我们被命令脱光身上的衣服置之一边，淋浴完后换上新衣服。没有人知道到底发生了什么，可是当我们返回营地之后，他们把大卡车里里外外用水冲了个遍。”

后来，由于麦吉斯的双臂因“原因不明”的开放性烧伤而疼痛难忍，被送往了医院治疗，不过直到1994年他才受到妥善治疗，因为在苏联体制下，医生们是不可能按照辐射这样的病因为他治疗的。麦吉斯能够存活到今天，已经是不幸中的万幸了。如今，让麦吉斯唏嘘不已的是俄罗斯政府拒绝为那些饱受辐射之害的同伴支付任何赔偿金。

【片言碎语】俄罗斯乌拉尔山脉在北部延伸的群岛，由两个面积为82平方公里的岛屿构成。北岛的绝大部分和南岛的一部分长年覆盖着冰雪。在1955年9月21日到1990年10月24日期间，苏联在这里进行了132次核爆炸试验，其中87次是空中核试验，1次地面核试验，2次水上、3次水下和42次地下核试验。

重解“俾斯麦”号覆灭

第二次世界大战中，纳粹德国海军最大的战列舰“俾斯麦”号对英国海上生命线构成严重威胁。英国人调集了盟军几乎所有的海军力量对付“俾斯麦”号。1941年5月27日，盟军舰队终于在北大西洋将“俾斯麦”号团团围住，随后盟军飞机投掷的鱼雷、炸弹和舰上重炮的轰击最终将这艘海上巨无霸送入海底。舰上官兵2200人中，只有115人生还。此战是英国皇家海军史上最辉煌的篇章之一,但是近年来一些美国专家经过研究称,“俾斯麦”号并非被盟军火力击沉,而是被陷入绝境的舰上官兵凿沉的。

据美国《纽约时报》报道，“俾斯麦”号幸存者曾回忆道，舰上官兵在舰体开始下沉前30分钟引爆了龙骨附近的炸药，这是该舰沉没的真正原因。英国海军部的战时报告认为德国人的炸药只是加速了已遭重创的“俾斯麦”号沉没的速度。战后美国海洋探险队屡次造访“俾斯麦”号遗骸，并为德国人的说法找到了新证据。

“泰坦尼克”号沉船的发现者巴拉德于1989年发现了“俾斯麦”号残骸。该舰沿着一个海底山脉下滑了将近一英里。巴拉德在1990年出版的《发现“俾斯麦”号》中写道，虽然历经炮火洗礼和与海底碰撞时的巨大冲击力，“俾斯麦”号看起来仍然惊人地完好；褪色的纳粹万字党徽记号依然清晰可见；司令塔厚重的装甲好像仍然可以抵挡敌人的猛烈火力。虽然巴拉德等人操纵的线控机器人不能全面观测舰体两侧的情况，但他认同德舰被凿沉的说法。

2001年6月，专家们首次潜入海底实地观测“俾斯麦”号。美国探险家乘坐两艘俄罗斯微型潜艇从近处观察舰身两侧。探险队的美国海军专家麦克拉伦等人通过舷窗观察“俾斯麦”号。他们只能对暴露于淤泥以外的舰身进行观察。但可见部分没有遭到炮火的严重破坏的迹象。一名专家说：“军舰的上层建筑和甲板上有许多弹坑，但两侧和水线下部分也没有弹坑。更重要的是，水线上下环绕舰身的13英寸厚装甲带并没有严重受损。”麦克拉伦说装甲带被鱼雷击中后只会留下无关紧要的弹痕。麦克拉伦称证据表明英国海军不可能击沉了“俾斯麦”号。

美国人的结论自然让英国人不服。2001年7月，英国探险队在在英国电视台资助和国防部支持下也来到“俾斯麦”号沉船处，并在该舰装甲带以下发现了一些裂缝。美国人认为裂缝是“俾斯麦”号下沉时猛烈撞击山脉所至。但是英国探险队队长默恩斯认为，裂缝是被鱼雷炸开的，是德舰遭重创的证据。默恩斯对鱼雷可以被装甲带弹开的说法嗤之以鼻，但不得不承认他没有发现装甲带上有被鱼雷击中的痕迹。

1997年以《泰坦尼克号》勇夺奥斯卡最佳影片、最佳导演的好莱坞大导演詹姆斯·卡梅隆曾率领美国和加拿大专家对“俾斯麦”号进行了更仔细的观察。他们采用《泰坦尼克号》类似的拍摄手法，租用俄罗斯微型潜艇，在机器人的帮助下拍摄了《詹姆斯卡梅隆探险：俾斯麦号》电视纪录片，让世人一窥这艘曾被喻为世上最大战舰之一的残骸。

从卡梅隆探险队潜艇放出的线控机器人对残骸内外都进行了观测，结果在舰身水线以上部分发现一些弹洞，但是水线下确没有。装甲带上也没有出现鱼雷攻击造成的破坏。卡梅隆在舰身下部的发现最令人吃惊，它为舰体上裂缝的成因提供了新的解释。

卡梅隆说，战舰碰撞海底时巨大的内部压力使舰身向外膨胀，而环绕舰身的装甲带却整体保持完好，因此舰体某些部位尤其是底部发生断裂。机器人在穿过裂缝到达军舰内部后在狭长裂缝的尽头碰到过被鱼雷炸出的洞，但卡梅隆发现鱼雷的爆炸根本没有击碎内部装甲墙，被摧毁的只是由储水舱和燃料舱组成的外部“牺牲区域”，它们吸收了鱼雷的爆炸冲击力。德舰装甲也经受住了考验，命中目标的鱼雷没有造成舰体严重进水。

“俾斯麦”号 1939 年下水，其长度几乎等同于“泰坦尼克”号，但由于身披重甲并装备大量重炮，它的重量是“泰坦尼克”号的两倍。1941 年 5 月，“俾斯麦”号击沉英国海军的骄傲——“胡德”号后，英首相丘吉尔发誓不惜一切代价除掉“俾斯麦”号。击沉“俾斯麦”号成了英军的战争口号。英国人的努力总算没有白费。一架英国飞机投掷的鱼雷不偏不倚击中了“俾斯麦”号船舵，使其丧失行动能力并陷入英舰重围，最终于 1941 年 5 月 27 日走向坟墓。如今“俾斯麦”号静静地躺在北大西洋 1.6 万英尺深的海底，曾经威风凛凛，不可一世的巨炮上布满了海洋生物。

【片言碎语】 1941 年 5 月 27 日，盟军舰队终于在北大西洋将“俾斯麦”号团团围住，随后盟军飞机投掷的鱼雷、炸弹和舰上重炮的轰击最终将这艘海上巨无霸送入海底。舰上官兵 2200 人中，只有 115 人生还。此战是英国皇家海军史上最辉煌的篇章之一。

二次世界大战是一次世界大战的延续吗

第二次世界大战是第一次世界大战的延续吗？既是也不是。这两次世界大战都是一个欧洲国家想在欧洲夺取统治地位，从而晋升为世界大国的最后尝试。

如果没有希特勒，二战会爆发吗？不会的可能性非常大，而且肯定不会在 1939 年爆发。可以认为，1939 年德国在没有希特勒的情况下也会成为欧洲大陆最重要的国家，并取代法国的主宰地位。这是否会导致战争，我们不得而知。我们只是认为这样的欧洲战争发展成为世界大战是不太可能的。

德国是否注定要统治欧洲？希特勒肯定相信这一点，他能说服大多数德国民众。这是德国国防军和工业界在与力量非常强大的世界大国进行对抗的 6 年战争中取得不同寻常的成绩的原因。没有德国人民，希特勒是无法做到这一点的。不过，如果没有希特勒，在这 6 年里保持一定程度的全国团结和纪律也是不可想象的。

1914 年与 1939 年的两次世界大战的第一个重大区别是：即使是威廉二世的坚决反对者也不会说只有这位德国皇帝一人应对 1914 年的战争负责。但要对 1939 年第二次世界大战的爆发负责的只有希特勒一人。由于他的缘故，对二战爆发原因的理解要比一战容易。

从 1933 年到 1939 年，希特勒取得了很大的成就。1939 年，德国是欧洲实力最强的国家，比俾斯麦的德意志第二帝国更强大、疆域更宽广。与俾斯麦不同的是，希特勒甚至是在没有打仗的情况下做到这一点的。但是，希特勒的野心在继续膨胀，他要取消波兰的独立。波兰人奋起反抗——结果是二战的爆发。

1939年9月1日，德国进攻波兰。两天后英国和法国向德国宣战。但对一战骇人听闻的血腥屠杀还记忆犹新的欧洲人民很少有、甚至根本没有父辈们1914年参战时的热情。简言之，1939年大多数欧洲人民都害怕战争，希特勒却不怕。德国国防军凭借进行战争的新战略战术占领了波兰。英国人和法国人试图在远离自己领土的斯堪的那维亚开辟一条战线。希特勒抢在了他们前头。在一个大胆的军事行动中，德国人占领了丹麦，征服了挪威。在此之前，希特勒就命令国防军于1940年5月10日在西欧发起进攻。5天后荷兰投降，大约两周后比利时投降，法国在不到6周的时间内屈服了。只有英国在刚上任的邱吉尔的领导下坚持奋战。

当时希特勒离赢得战争的目标最近。他并非完全没有根据地希望，英国人愿意与他达成一项协议。但这一点落空了。一个知名人士再次起到了关键作用——他就是邱吉尔。

同时，美国和苏联巨大的身影渐渐向欧洲的边缘推进。一场世界大战的阴影笼罩着这场欧洲的战争。1940年，美国政府逐步放弃了中立立场，站到了英国的一边。美国人认为这样做不一定会卷入一场真正的战争。他们估计错了。1940年7月，希特勒不得不认识到英国人还将继续战斗。他对将军们说，英国只有两个希望——美国和苏联。他不能对美国怎么样。但是，如果先消灭苏联，英国在欧洲大陆上的最后一丝希望就将破灭，德国实际上将不可战胜。这就是希特勒准备入侵苏联的主要原因，这要比他偶尔用来向他的拥护者解释的“生存空间”哲学更重要。

1941年6月22日，希特勒的国防军向苏联发起的突然袭击拉开了苏德战争之序幕。德国人希望在年底之前获胜。起初德军的闪电战术十分奏效：300多万苏联人被俘虏，德国人一直打到莫斯科附近。可是，1941年12月5日，德国军队遭到了苏联红军的反击——在莫斯科附近，德国军队前进的脚步被阻止了。这是德国国防军在两年多的时间里“第一次被迫撤退”。随后，在亚热带的太平洋上，日本人进攻珍珠港把美国拖入了战争。这确实是两起具有决定意义的事件。

首先，欧洲战争至此发展成了世界大战，其次，希特勒不能再用他的方式来赢得战争。

从这一刻起，希特勒改变了他的战略。他曾计划进行一系列速决战。现在他面临着一场持久战。他曾企图发动一场欧俄战争，现在他被卷入了一场真正的世界大战，以日本为盟友，与美国为敌。

1931 年，日本决定占领中国东北三省。以远东的眼光来看，可以说二战从 1931 年就已经开始了。1938 年日本占领了从西伯利亚到印度文那边界的几乎所有的中国海岸，包括中国最大的几个城市。

苏联在军事上有能力挫败日本人侵略的企图。但美国是唯一能有效阻止日本的大国。希特勒认识到一点，并于 1940 年 9 月向日本建议签订“三国协定”，日本立即采纳了建议。日本认为，与斯大林签订中立协定就能继续加强自身的地位。当德国袭击苏联时，日本人有多种选择，但日本推断与美国之间的战争是最不可能避免的。事实上，美国人不断地向日本施加经济压力，但天皇与保守派仍希望能与美国签订某种协议。但是华盛顿要求日本人从中国撤军。这对东京来说是无法接受的。于是日本人在 1941 年 12 月 7 日出人意料地偷袭了美国在太平洋上的据点。

由于发生了珍珠港事件，几天后希特勒向美国宣战。在此期间，罗斯福和美国参谋长们在几个月前就做出的一项决定（“彩虹五号”）被证明对日后的战争进程造成了重大影响。美国领导人在面临开辟第二战场可能性的时候做出决定，先摧毁德国，然后再摧毁日本。这是一项聪明的决定，尽管它不一定与当时美国人民更愿意与日本人作战的想法相一致；于是 1941 年后的二战实际成为这样三场战争：英美等国在西欧和南欧与德国和意大利开战；德国和俄罗斯在东欧开战；日本人在东亚和太平洋上与美国人、英国人和中国人开战。

1942 年，下面四起事件改变了局势：11 月，英国人在埃及西撒哈拉的阿拉曼取得了决定性的胜利，迫使德意军队最终撤军；几天后，美英联军在摩洛哥和阿尔及利亚登陆最终导致把轴心国从北非完全驱逐出去，并帮助架起了通往意大利的跳板；13 天后，德国第 6

军团在苏联红军精心策划的反攻后被包围在斯大林格勒；同时日本撤退到瓜达尔卡纳尔岛。

从此之后，除了为数不多的反击之外，德、意、日军队一直处于防守地位。但是，他们的力量和决心在一段时间内并未消减；只有意大利于 1943 年 9 月投降了。邱吉尔深知这一点，并警告他的人民说，1942 年 11 月不是战争末期的开始，而是战争初期的结束。

一战与二战的一个相似之处是，在海军对战争起决定作用的几个世纪之后，又回到了陆地战争。军队的机械化改变了一切。希持勒知道战时期在战壕里进行作战的静态战争不复存在。起重要作用的不仅是纯粹的军队运输，而且还有武装军团的迅速推进。无论是大西洋还是太平洋，潜艇战都很重要。它能给敌人以重创，但战争的结束还是要取决于大量地面军队的征服和占领。此外，坦克、飞机和飞船尽管最早是在一战的战场上出现，但它们对一战所起的作用却微不足道。而二战前人们普遍认为，大规模的空袭将会改变整个战争的性质，但这种情况也并未出现。

两次世界大战最根本的、最大的区别是：一战中军方和平民基本上是分开的，除了身处战区和食品匮乏导致的后果之外平民很少遭受损失。二战则不然，在一些大城市中，空袭或炮火造成妇女、儿童和老人死亡的人数往往超过军队在前线的损失。

二战的一项革新是武器的革新。一场战争几乎总是能创造出新技术。德国人在二战中像在一战中一样出尽风头。在很长时间内，德国飞机和坦克的质量要优于它的对手，德国人从合成汽油和人造橡胶的发明和生产中获益匪浅。在战争结束前夕，他们又研制出装有进气管的潜艇和喷气式战斗机，但为时已晚，这已无法影响战争结局。用于消息传递的雷达、声纳和无线电技术的发明和发展给战争双方带来了有好有坏的结果。德国制造的 V2 导弹用于摧毁非军事目标，为的是毁掉人民的士气；美国在流亡科学家帮助下研制出的原子弹也一样。这有助于战争的早日结束。

两次世界大战最后一个重要的区别是：两次大战主要都是国与国

之间的战争，如今却增加了一个全新的、以前几乎不存在的意识形态因素。一战中有些人反对自己的政府，偶尔还有人充当敌人的特务或间谍。二战中有数十万人希望本国政府灭亡，并与其作斗争。他们或多或少间接地为外敌的胜利出了力。

【片言碎语】1945 年拉开了核时代的序幕，开始出现美苏两个超级大国。许多德国人（包括希特勒）认为，这两大赢家终有一天会不可避免地相互碰撞。的确是这样，但冲突并没有引起新世界大战，这主要是因为 1945 年后无论是美国人还是苏联人都不敢冒险越过柏林——德国和欧洲的分界线。此外有一点无论如何是可以想象的，即二战可能不仅是最后一次大规模的欧洲战争，而且也可能是最后一次国与国之间的世界大战。

未解的谍海迷踪

“双面娇娃”玛塔·哈丽之谜

在世界间谍史上，玛塔·哈丽算是最富传奇的间谍之一。从默默无闻身世凄苦的乡下女孩到轰动巴黎的脱衣舞娘，直至左右逢源的双重间谍，到最后以飞吻面对死亡，玛塔·哈里的一生瑰丽传奇。即便在死去以后，她仍然被人评说争论，其经历还被拍成电影。

1914年第一次世界大战爆发。在战争爆发前夕，玛塔·哈丽正在德国巡回表演。德军统帅部的军官巴龙·冯·米尔巴赫在看到哈丽为几个工业巨头作即兴表演时，感到这是一块难觅的间谍好料。为了收买这个美艳间谍，德国方面花了200万美元，这在当时无疑是笔巨款。一直以来，历史上都流传着这样一种说法：天资聪颖过人的玛塔·哈丽很快将她的“表演”天才运用到间谍这一新行当里，利用自己无坚不摧的“强大武器”——柔顺的躯体，从那些贪图欢乐、迷恋女色的大臣、将军的口中源源不断地套取情报。

尽管为德国人干活十分得心应手，但随着第一次世界大战进入相持阶段，玛塔·哈丽担心有朝一日协约国取得胜利，自己给德国做间谍的事情被人知道。因此，她开始有意识地向法国靠拢。

最先发现哈丽与德军“有染”的，是潜伏在巴黎的英国秘密情报人员，由于当时英法两国同属协约国阵营，因此英国方面立即将这一重要情报捅给巴黎当时负责法国情报工作的乔治·劳德克斯上尉。劳德克斯上尉当机立断，招募哈丽为双料间谍，以德国间谍的身份为掩护秘密为法国服务。哈丽果然没有让劳德克斯失望，在不久之后她便引诱了一名德军上校上钩，并从后者口中偷到了重要情报，随后又将其传递到了法国情报部门的手上。德军在蒙受重大损失后，严肃处置了那名泄密上校，并顺藤摸瓜地怀疑到与其有染的哈丽身上。

另一种说法是，她直接找到法国特务机关负责人，向他毛遂自荐，不过该负责人一开始并没有当真。随着战争进入相持阶段，双方开始大打间谍战。与德国谍报机关一样，法国谍报机关也开始找她。就这样，玛塔·哈丽又成了法国间谍。为了好好表现，玛塔·哈丽开始大量向法国方面传递德军消息。结果，很多德军成了玛塔间谍成绩的牺牲品。

1917 年 1 月，玛塔·哈丽又开始了巡演，她抵达了中立国西班牙。她的到来，令西班牙人痴狂。在演出获得成功的同时，她的间谍活动仍在进行。她将西班牙政府的一些动态，源源不断地发往柏林。但她的活动已经被英国谍报机构监视，因为英国与法国同属协约国阵营，英国方面立即将她的动向通报给法国反间谍机构。

就在此时，西班牙马德里的德国军队向德国柏林发送了一封电报，这封电报描述了一个代号 H–21 的德国间谍的所采集到的大量情报。法国情报人员截获了这份情报，并破译了全部内容，密电写道：“通知 H–21 速回巴黎，并支付 1.5 万法郎费用。”巧合的是，玛塔·哈里这时竟突然中断在西班牙的演出，匆匆返回法国。综合英国方面提供的资料，加上自己的一番调查，法国谍报机关很快判定出 H–21 即是玛塔·哈丽。于是，1917 年 2 月 13 日当玛塔·哈里一进入法国，他们便将其在巴黎的酒店寓所中逮捕。值得注意的是，德国人在这封电报中采用了先前已经被法国破解的编码方式，这就给以后史学家留下了很大的疑问，很多人猜测这是否是有人有意为之，或许正如玛塔·哈丽自己所言，她是在以双重间谍的身份为法国效力，而德国人仅是借刀杀人，这些都不得而知。曾经风光一时的绝色女谍玛塔·哈丽被法国情报部门以“叛国罪”的罪名逮捕，最后被判死刑。

作为一个曾经红极一时的艳舞演员突然以间谍的身份被枪决，这也立即引出了很多的流言。一种流言是，玛塔·哈丽在临死前给了行刑者一个飞吻，又或者她只是飞吻了她的律师，一个她从前的情人。她的遗言是“谢谢，先生”。另一种流言是，她故意解开了她的上衣，裸露出她的乳房，以迷惑行刑者。但 1934 年美国杂志《纽约客》的报道却是，“她穿着一身整洁的女式西服，双手戴一副崭新的白手套，一些都是专门为这个场合精心准备”。第三种流言是，玛塔·哈丽在行刑时非常镇静，而且拒绝戴眼罩，因为她在先前已经贿赂了行刑者，使用空弹壳代替真子弹，但这个计划最终失败了。

玛塔·哈丽到底是“叛国者”还是“爱国者”？是英雄还是叛徒？也许只有历史可以解答这个问号了。

【片言碎语】 多年之后，人们对玛塔·哈里“叛国者”的定义不以为然。几年前，玛塔·哈丽不仅有了以自己名字命名的基金会，而且在她的故乡吕伐登，还建了博物馆，许多妇女还把她当作反抗男性霸权的先驱来纪念。

哑谜机之谜

一座优雅静谧的庄园，为何频频给德军制造弊端？英国人料事如神的背后，究竟隐藏着怎样的玄机？绞尽脑汁成功破译，战场局势出现惊天逆转。

在第二次世界大战中，曾经不可一世的德国空军折戟英吉利海峡，号称“沙漠之狐”的隆美尔兵败阿拉曼，就在这一次次的较量中，英军似乎总是能够准确把握最重要的时机，一步步地扭转劣势，走向胜利，到底是英国人料事如神，还是其中另有玄机，从这些事件的背后，探寻英国人赢得胜利的奥妙所在。

这座隐蔽在密林中的小庄园，位于伦敦西部郊区，它那维多丽亚式的建筑风格和优雅静谧的环境，在战火连绵的二战岁月里，拥有一处世外桃源，显得格外珍贵，没人知道这座名为“布雷契莱”的庄园，其实并不是达官贵族的房产，而是英国战时情报破译中心。

“布雷契莱”庄园，它最重要的任务是要对付德国的“哑谜机”，以破译德军最高级的军事机密，所以，在第二次世界大战期间，这个地方的人夜以继日工作，不断地截获“哑谜机”的信号，破译密码，分析整理情报，然后把它们分发给英国最高当局，甚至直接送给丘吉尔。可以说德军的“哑谜机”，是英国最为重要的一个情报来源，所以特别机密，英国人把它称为“超级机密”。

无论在战争年代，还是在和平时期，密码通信都是国家安全的重要机密，任何一个国家都会把它作为最高机密加以保护。在这种情况下，英国人又是如何破译德军密码，获得“超级机密”的呢？

20 世纪 30 年代，德国纳粹头子希特勒掌握了觊觎已久的政权，从他当政的那一天起，战争的乌云便开始向整个欧洲蔓延，大战随时都有可能爆发。对于交战国来说，对方的实力如何，有多少坦克、多少飞机、多少潜艇、石油和钢铁的生产能力怎样等，都是作战双方极想得到的情报。

德国政府从 1934 年就着手更换密码通信系统，而英国情报部门所面临的最棘手的问题，是如何破解德军新的通信密码，揭开纳粹掌握政权后的军事动向，问题之所以棘手，是因为这些密码不是用人工设计的，而是用一台名为“艾尼格码”的密码机编制而成。由于破译难度之大，德国人为编制密码的这台机器取了一个别致的名字，叫做“哑谜”。

1938 年整个欧洲的火药味越加浓烈，战争迫在眉睫，为了了解德军的情况，英国所有的情报机器都动了起来，有关德军的军事情报，通过各种各样的渠道，持续不断地送到情报部门手中，但是，英国政府要迅速而又准确地掌握德军的秘密，还远远不够，只有破译了德国的通信密码，才能迅速地了解希特勒的决策和军事行动，于是，破译法西斯德国的通信密码，自然也就成为英国情报部门所关注的重点。可是，“哑谜机”的问世，给英国情报部门带来了令人难以想象的困难，英国人为破译“哑谜”密码，绞尽了脑汁。1938 年 7 月，英国情报局驻布拉格的情报分析员吉根格兰少校发回一个报告说；他在华沙遇见了一位波兰人，名字叫莱温斯基，他声称他曾经在“哑谜机”的工厂工作过，能够凭借他超人的记忆力和丰富的知识，完全可以复制一台“哑谜机”，但是要讲条件：要 1 万英镑、一本英国护照和他妻子在法国的居留许可证。

接到这个信息后，英国情报部门疑虑重重，因为，当时的德国希特勒政权极端仇视犹太民族，掌握着制造密码技术的莱温斯基能够保存自身，似乎令人难以置信，并能安全的脱离德国，更是一件让人不可思议的事情。难道是纳粹德国企图将英国密码破译工作引入歧途，英国情报部门经过数周的调查论证，认为莱温斯基还是值得一见，通过英国著名的数学家、密码专家与莱温斯基的交谈，认为他的情况是属实的，而且有较大的利用价值。

于是，英国情报机关把莱温斯基秘密地转送到法国，在塞纳河畔左岸的一处公寓里租了一套房子，让他工作，经过艰苦的研制，终于制成了“哑谜”样机。

复制“哑谜机”获得成功，莱温斯基的要求已得到满足，但他又说制造成“哑谜”，并不掌握它的编码程序，就不能彻底破译德国的密码，因为。德国在不断改进“哑谜机”。一年以后，莱温斯基的这种“艾尼格码”密码机过时了，德国又制造出更为复杂的密码机。

战争迫在眉睫，攻破这一新密码，成为英国密码专家最紧迫的任务，而就在此时，情况发生了转机。

早在 1927 年，波兰总参谋部密码局，就开始破译“哑谜”密码，30 年代末期，战争威胁日渐明显，波兰人清楚地意识到，他们将是纳粹德国实现其建立新欧洲——日耳曼帝国野心的牺牲品，为此，波兰决定把他们研究”哑谜”的成果向英法盟友移交，以此作为波兰对欧洲防务事业的一个贡献。

1939 年夏，波兰开始贯彻这项决定，他们以有些新情况要通知的名义，秘密邀请法国和英国军事情报部门的代表，前来华沙会面。7 月 24 日，3 名英国军官和 2 名法国军官抵达华沙，波兰情报机关将来访的英法军官带到波兰密码中心的地下室，在这里，波兰密码破译局局长朗格尔中校，将一部波兰密码专家制造的德国密码机的精确复制品，展现在了英法军官面前，接着，波兰专家详细地介绍了这台机器的制造和使用过程。

波兰的“哑谜”样机和“博姆机”（炸弹机）的资料抵达英国还不到一个星期，德国军队就越过了波兰边境，几个月后，法国迅速败降，破译密码的重任就完全落在英国人头上。

英国人不负众望，很快就在“布雷契莱”庄园的一座砖楼里，破译出德国密码，而自负的德国人，此时却一无所知，仍然保持着过去的狂妄心态，英国人就此牢牢地掌握了主动权。

随着“超级机密”的正常运行，英国人不断地截获德军的情报，

“超级机密”随即成了邱吉尔及其盟国在整个二战中的一张王牌。

法国败降后，英伦三岛犹如飘摇在茫茫大洋的一叶方舟，随时都有倾覆的可能，但是在邱吉尔的顽强领导下，英国并没有放弃战争的念头，而希特勒却天真地相信，法国一旦被击败，英国就会接受和谈，但他得到的回答，始终是邱吉尔坚决的“不”字。

在和平建议屡屡被英国人严辞拒绝的情况下，1940 年 7 月 2 日，希特勒终于发布了“海狮作战计划”，开始以空军为先导入侵英国。战役一开始，英国首相丘吉尔和空军参谋部就通过“超级机密”了解到德国空军的大部分情报，有时甚至是全部的计划，针对德国空军司令戈林，要德国空军争取英国上空制空权这样一个命令，英国皇家空军制定了集中优势兵力打击敌人的方法。

8 月份，双方进行了多次大规模空战，最终德国空军损失惨重。由于英国人已经掌握了德国人通过“哑谜机”发出的信息，而德国人却蒙在鼓里，对于空军的一次次失败，德国人并没有发现，因此，他们仍放心地使用着这个系统，自然等待德国空军的就是更残酷的灭亡。

1940 年 8 月的一天，“超级机密”截获了一份德军的情报，即德国空军元帅戈林下令 9 月 15 日为“鹰日”，德国空军将最后发动一次大规模的空战，在“鹰日”这天，如果德国空军能够彻底击败英国空军，那么，德国就可以实施登陆英伦三岛的“海狮计划”。此情报被邱吉尔知道后，他认为这是英国历史上最重要的时刻，但是，因为有“超级机密”的帮助，英国人可以针对德国的作战计划，制定出相应的措施。9 月 15 日中午时分，250 架德国轰炸机在 600 架战斗机的掩护下，在英吉利海峡上空出现，天空中像是浮动着的一大片乌云，黑乎乎地向英伦三岛涌来。英军的雷达打开了，德国机群显现在荧光屏上，情况和“超级机密”所提供的情报丝毫不差，这时英国空司令果断地下达了出击命令，皇家空军全部升空，在距伦敦不远的地方拦击德国机群，整个德国机群的队形被已有准备的英空军打散了，只有为数不多的几架轰炸机，钻过英国空军的防守区域，飞向固定目标——伦敦。

德国空军的战斗机因无法迎战英国空军，又遭到了太突然的打击，更无法组织起有效攻击而调头回去。看到这个情况后丘吉尔长长地松了一口气，英国空军司令员，随即按计划命令战斗机，抓紧时间加油、检修，两个小时后将再次升空作战。果然一支更为强大的德国机群又来了，但其命运和第一批差不多，同样被打得落荒而逃，这一天英国皇家空军共击落德国飞机 185 架，而自己仅损失 26 架。丘吉尔激动地说："这一天是世界空战史上前所未有的、最为激烈的一天"，后来，英国把 9 月 15 日定为"不列颠空战节"。

德国在不列颠的空战中的惨败，迫使希特勒把妄图登陆英国的"海狮计划"，无限期地推迟，而希特勒在没有结束对英国战争之前，又回过头来对付苏联，这样，德国再次走上了两线作战的老路，从而埋下了必然灭亡的种子。

据统计从 1940 年年底到 1945 年 5 月，"布雷契莱庄园"每月破译、发送"哑谜"密电近 84000 多条，"哑谜"密码通信的破译，无疑是整个战争期间盟军最重要的高级情报的来源，为了保证其安全，英国情报机构从一开始，便采取了一系列的保护措施。如果没有合适的理由，英国人宁可不使用"超级机密"，可以说为了保守这个秘密，英国人想尽了一切办法，也付出了重大牺牲。

1940 年 11 月 12 日，"布雷契莱庄园"截获并破译了德国空军总司令戈林发给驻西欧各航空站的一批密码电报，获悉德国制定了"月光奏鸣曲"作战计划，他们将出动 500 多架轰炸机对考文垂市进行空袭。此时，英国至少有 48 至 60 个小时的预警时间，如及时采取紧急疏散和防御措施，考文垂不会有太大的危险。当截获的德国空军密码电讯送到丘吉尔的司令部时，他指示他们的全部讨论必须集中在一个极端重要的运作上，那就是"超级机密"的安全，所有的人都知道，如果采用任何非一般防御来保卫考文垂，德国人就会怀疑到英国人是通过破译密码的方法而到了空袭情报，从而得出"哑谜"已被突破的事实，那么，德军必将迅速更换另一种新的密码系统。

为了保护"超级机密"而牺牲考文垂，可以说是丘吉尔一生中，最困难、最痛苦的一次抉择。

1940年11月14日至15日夜间，考文垂沐浴在银白色的月光之中，然而就在晚上7时10分，德国的海因格尔飞机在它的头顶发出轰鸣，几分钟内，燃烧弹像雨点般落遍了全城，接着就是高爆炸弹的沉重爆炸声，“月光奏鸣曲”恰恰像超级机密事先通知的那样，在进行着，空袭长达10小时之久，“月光奏鸣曲”计划完成了它的使命。在这次轰炸中，考文垂的很多地方都被夷为平地，被摧毁的房屋不计其数，医院、工厂等公共设施遭到了毁灭性破坏，所有铁路公路都被阻塞、所有公园都堆满了碎石瓦砾，几乎不能通行，一个星期后，这座城市徐徐燃烧的火苗才得以熄灭，一名德国随军记者把它叫做空战史上最大规模的“行刑”。

历史充分证明，在事关超级机密的利益取舍上，丘吉尔无疑做出了正确的抉择。1942年，战争进入白热化状态，为了夺取北非战场的主动权，英军元帅蒙哥马利制定了一个代号为“捷足”的秘密计划，这个计划的核心是在埃及的阿拉曼，采用声东击西的战术，消灭北非的法西斯军队，取得在北非的战略主动权，此时，超级机密再一次显示了它的特殊地位。

“沙漠之狐”终于中了圈套，1942年10月23日，夜幕悄然降临在阿拉曼，整个阿拉曼全线皓月当空，万般寂静，这给蒙哥马利的进攻部队带来了极其有利的天气条件，21时40分，蒙哥马利一声令下，千百门大炮齐声怒吼，划破了阿拉曼的宁静，火光照亮了埃及西部的沙漠，也映红了海滨的天空，驻守在阿拉曼的德意军队陷入了一片火海之中。隆美尔的副手施图姆将军马上指挥部队反击，但阿拉曼北部的强大密集炮群一起怒吼，施图姆及其手下的指挥官们大为震惊，而此时，蒙哥马利的部队在南部也发动了迷惑敌人的佯攻。蒙哥马利使用的声东击西的战术，将施图姆搞糊涂了，直到天亮前，他仍弄不清哪个方向是英军的主攻方向，当他坐上装甲车要亲自前往前线了解情况时，遭到了英军反坦克炮和机枪的伏击，他从装甲车上摔了下来，心脏病发作猝死于战场。

阿拉曼一战，隆美尔指挥的500多辆装甲车只剩下12辆，部队损失达59000人，火炮及其它军事物资损失殆尽，尤其他的嫡系部队第21装甲师已溃不成军，成百名高级将领成了蒙哥马利的俘虏，隆美尔在北非彻底地失败了，从此，非洲战场的主动权，完全转移到了盟军方面。

伴随着第二次世界大战的发展进程，盟军与德军还在不断上演着一幕幕搏杀的恢弘场面，“超级机密”就像隐藏在幕后的秘密武器，用一只无形的手，操纵着胜利的天平一步步地向盟军一方倾斜。正如盟军总司令艾森豪威尔评价的那样：“超级机密”挽救了成千上万英美士兵的生命，极大地加快了打垮敌人的进程。

【片言碎语】1939年7月25日，正是第二次世界大战爆发前的一个半月，3个英国情报人员跟波兰情报人员在华沙市郊外莫洛科密林深处一个地下室里会面。波兰情报官员把第三帝国的无价秘密交给英国人。那是一台复杂到不可思议的机器，名叫“哑谜”，可以用来编制和译解德国的全部军用密码。

世界上真有007吗

自从1962年登上银幕以来，詹姆斯·邦德这个间谍的原型是谁，就一直是人们猜测的话题。“007”系列小说的作者伊恩·弗莱明对此也是讳莫如深。英国媒体认为，邦德的身上有许多“大谍”的影子，他们有的智勇双全，有的身手不凡，有的风流倜傥。

许多“007”影片中，詹姆斯·邦德都展示了高超的潜水本领。多少年来，媒体普遍认为，英国皇家海军最著名的“蛙人”、王牌特工莱昂内尔·克莱伯就是“007”的原型之一。英国国家档案馆解密的一批资料显示，苏联领导人赫鲁晓夫于1956年乘军舰访英期间，军情六处曾派克莱伯秘密潜近“敌舰”侦察。不想，他入水后便神秘失踪。半个世纪以来，克莱伯之死被称为“冷战最大悬疑”。这批资料的公布，再一次把人们的目光带回到了60年前。

1956年4月的一天，一名男子找到已从英国皇家海军退役的克莱伯，自称代表英政府请他执行一项秘密任务——侦察来访的苏联巡洋舰“奥尔忠尼启则”号。当时，苏联领导人赫鲁晓夫正率代表团乘三艘军舰访问英国，准备在朴茨茅斯港与英国首相艾登举行会谈。“奥尔忠尼启则”号和另外两艘驱逐舰就停泊在该港。克莱伯接受了这个任务。那是一个天气晴朗、非常适合潜水的日子。克莱伯随那名男子登上一艘小船，驶向朴茨茅斯港。下水前，克莱伯的身体状况和装备都很好，可没想到，他下水后就再也没有上来。

由于克莱伯执行的是绝密任务，皇家海军一直不敢展开搜救行动，以免计划曝光。但10天后，英国报纸捅出了这条消息，称“王牌蛙人在朴茨茅斯港海底失踪”，随后便引起了轩然大波。皇家海军立即发表声明称，他是在参加一项秘密水下装置的试验时失踪的。苏联方面也声称，事发当天，“奥尔忠尼启则”号的水兵在军舰附近看到过一个蛙人，苏方还就此向英方提出正式抗议。艾登首相十分恼火，因为当时舆论普遍认为是军情六处派克莱伯侦察苏联军舰的，而按照英国法律，未经首相批准，军情六处不能在国内进行间谍活动。不久，军情六处处长辞职，媒体认为正是克莱伯事件所致。

1957年6月，也就是克莱伯失踪14个月后，一具身穿潜水服的尸体被冲上了英格兰南部的一片海岸。由于长时间在海中浸泡，加上鱼虾咬食，尸体的脑袋和双手已不复存在，尸身很难辨认。验尸官请来克莱伯的前妻和生前女友，但她们都不能确认这是不是克莱伯，因为尸体上没有克莱伯特征明显的“大脚趾头”。最后，验尸官凭借尸体左膝上的一块伤疤认定，这就是克莱伯。克莱伯的昔日战友西德尼·诺利斯也作证说，这块伤疤是二战期间留下的。于是，英国政府将无头尸当作克莱伯匆匆掩埋。此后，很多人都要求政府调查真相，但英国政府不仅千方百计掩饰，甚至拒绝向克莱伯的前妻提供抚恤金，让这起离奇案件增添了更多神秘色彩。

除了一身过硬的水下功夫，陆地上的克莱伯同样光彩照人：一副十足的绅士派头，一身名牌西服、一副眼镜和一根文明棍，就是他的典型装束，与银幕上的“007”颇为神似。1958 年，克莱伯反法西斯的英雄事迹被搬上银幕，影片《无声的敌人》就是根据他的故事改编的。

英国特工杜安·哈德森。哈德森原本是名矿业工程师，同时也是橄榄球、游泳、骑马、滑雪、拳击和摔跤等多项运动的高手。此外，他还具有引诱女性的魅力和技巧。二战期间，哈德森改行做了特工，经历过多次冒险行动，其最重要的使命之一是，将英国捐助的一批金币和钻石送到南斯拉夫，交给当地抵抗力量，资助他们展开抗击德军的斗争。

1944 年，达尔泽尔·乔布加入弗莱明指挥的“30AU”，深入敌后，搜集有关纳粹新式武器的情报，并伺机窃取德军的秘密装备和文件。战争后期，他还协助战友破坏了停泊在不来梅港的纳粹海军驱逐舰。

二战结束后，达尔泽尔·乔布回到挪威。不过，他并不是去执行什么秘密任务，而是寻找当年与他和母亲一起航行的那个有蓝色大眼睛的女孩。幸运的是，他在两周后就找到了那个女孩，并在 1945 年与她成婚。他们曾经在挪威和加拿大生活，后来一同回到英国定居。1991 年，达尔泽尔·乔布出版了回忆录《从北极之雪到诺曼底硝烟》，描述了自己的特工生涯。2003 年 10 月 14 日，90 岁高龄的他在英国的家中与世长辞。

在世时，达尔泽尔·乔布就知道，许多人将他视为“007”的原型。对此，他并未否认，但表示从未看过“007”系列小说或电影，也不认同邦德那种始终和美女、美酒相伴的形象。达尔泽尔·乔布说，“我只爱过一个女人，也不贪恋杯中之物，我喜欢安静的生活。当你有过那种激动人心的经历之后，就不再需要看虚构的小说了。”

【片言碎语】一部开拍于1962年的电影，几十年时间里一共拍了22部系列。全世界共有超过20亿人次的观众看过007，也就是说地球上每3人就有1个看过007电影！它创造了总共将近50亿美元的票房。“007”——一个全世界几十年来最著名的间谍，一个走在大街上谁都能认出的间谍，一个他的性格被人所了解，他的行为被人所熟悉，总之，一个暴露在光天化日之下的间谍。

谁是英国内阁的真正间谍

谁是英国政府部门中的纳粹间谍呢？在1940年惨烈的不列颠之战中，在英德通讯中断的情况下，这个人是如何把包括最关键而且相当长的战争内阁会议记录传给柏林的？这个人的动机是什么呢？难道这个人不仅要提供绝密情报给纳粹，而且还要颠覆丘吉尔政府吗？

“如果德国佬来犯，我们只能用啤酒瓶敲他们的头，因为那是我们唯一的武器。”英国首相丘吉尔对他的参谋不无诙谐地说。然而，希特勒并未发动跨海侵略战争。8月1号，他签署了第17号令，命令刚晋升的赫尔曼·戈林只用空中力量使英国屈服。沿海峡排列的是由3358个东普鲁士人等多种族人员组成的空前强大的部队，而海峡的对面，整个英国南部，有几百个皇家空军飞行员正在为抵抗这一侵略进行飞行准备。

这些皇家飞行员是一群勇敢但又散漫的、与众不同的人物。仅在几年前，他们许多人宣誓成为和平主义者，一些人还在牛津誓言书上签名，发誓说他们永远也不会为了“国王和国家”而战斗。但现在，在关系到英国生死存亡的紧要关头，他们将参加战斗并在需要时献出自己的生命。

英国皇家空军司令赫兹·道林元帅从截获的电子情报中获知，戈林将要发动一场全线进攻。获得这个消息后，58 岁的道林元帅借助先进的雷达技术和无线电控制系统，在位于本特利的战斗司令部的一个地下室中，指挥了一场被丘吉尔称为“不列颠之战”的战役。

烈火、刺耳的警报弥漫在英国全境和英吉利海峡上空达 4 周之久。通过超短波码，道林能够提前知道德军的目标和战术，这使得英国皇家空军能够在恰当的时间布置他们的中队，在适当的地点和高度集中力量进攻德军，从而避免了一味追击敌人的假目标或次要目标，从而造成对本已经十分薄弱的皇家空军力量的无谓消耗。

然而，在道林元帅对戈林的总部进行监听的时候，很明显，德国人也有一条直接从英国战争内阁获得信息的渠道。尽管戈林和他的指挥官们并不知道英军的具体战术，也不知道道林截获了他们的情报，但是，希特勒和德军高级军官却能在英国政府作出极其秘密的决定之后数小时内即获知其内容。

当时，英国正处在自 1588 年西班牙舰队侵入英吉利海峡以来最危急的关头。美国位于华盛顿特区和夏威夷的海军情报机构截获并破译了驻柏林的日本海军武官发给位于东京城外的日本海军总司令部第三舰队长官的绝密无线电情报。其中有一部分写道：“我已经从德国海军那里获知了英国战争内阁 8 月 15 日会议的具体内容。”

很不幸，直到欧洲战争的后期英国才知道这些泄露机密的日本情报。1940 年，美国海军情报部门是用手工操作的，只有几个人能够把日文译成英文。被截获的日军通讯情报数量如此之多，以致美国情报部门花了三年半的时间才把这堆情报译出来，才知道纳粹在英国战争内阁中有情报渠道。

谁是英国政府部门中的纳粹间谍呢？在 1940 年惨烈的不列颠之战中，在英德通讯中断的情况下，这个人是如何把包括最关键而且相当长的战争内阁会议记录传给柏林的？这个人的动机是什么呢？难道这个人不仅要提供绝密情报给纳粹，而且还要颠覆丘吉尔政府吗？

这个人会不会是那个本来可以成为美国政府部门高级官员的、臭名昭著的美国人泰勒·肯特的同伙呢？肯特是一个29岁的英俊的年轻人，他在1938年10月，也就是战争爆发后一个月来到伦敦的美国驻英国使馆。肯特受过良好的教育，他非常好学，会说5种语言。他坚信纳粹的宣传，认为是犹太人将世界推进了战争。尽管肯特的思想非常极端，他依然得到了约瑟夫·肯尼迪大使（美国总统约翰·肯尼迪的父亲）的充分信任，并被派到最机密的使馆密码室工作。在那儿，肯特得以接触到肯尼迪大使和美国国务卿科德霍尔之间的来往函电和其他驻欧公使派来的使馆官员，他们用伦敦通讯设施进行联络。

更重要的是，肯特掌握了灰码——一种政府部门认为不会被破译的密码系统，罗斯福总统和丘吉尔首相就是通过该密码系统进行联络的。

1940年上半年，英国安全机构已经清楚秘密情报被泄露给英国的敌人——轴心国联盟的柏林和罗马。通过复杂的调查，他们追查到了肯特。5月20日上午10点，肯特被苏格兰场的侦探逮捕。他们发现肯特有一套钥匙，能够打开大使存放密件的保险柜。

尽管肯特否认自己是个间谍，侦探还是从肯特的寓所里搜出了1500份机密文件。肯特被政府部门开除了，他不再享有豁免权，此后他受到审判并被定了罪，在英国最严酷的监狱监禁了7年之久。

自从1940年5月20日，也就是不列颠之战开始前三个月，肯特被捕以后，他不可能再将战争内阁的情报通报给柏林。然而，这条通往柏林的情报线并没有断，是肯特留下一个同伙在继续这项工作，还是那个向希特勒提供英国战争内阁情报的人根本就没有被查出来呢？答案不得而知。

【片言碎语】1940年8月初，英国为抵抗德国蓄谋已久的进攻正在积极备战。在海峡对面的欧洲大陆，战争已经开始并逐步扩展。在战争爆发后的十个月内，希特勒已经完全统治了西欧。

美国国徽中的“金唇”

从1945年到1951年，克格勃窃听美国驻苏联大使馆的一项代号为“自白”的间谍行动一直持续了8年。这项成功的窃听行动既是苏联特工引以为荣的惊世之举，也是世界间谍史上屈指可数的经典之作。

1933年11月16日，苏联与美国正式建立外交关系。从这一天起，克格勃特工便从未停止过对美国驻苏使馆的监听与监视。1938年，为了更具体地了解美国使馆的内情，克格勃开始向美国使馆放飞“燕子”。那些克格勃的职业“燕子”们装扮成国家芭蕾舞剧院演员，凭着沉鱼落雁的美貌轻而易举地飞进了美国外交官的卧房。与此同时，那些负责守卫使馆大楼的苏联女兵也不断向热情潇洒的美国男士抛送秋波。“燕子”们探明，美国使馆大楼顶层是其“要害”所在，会议室、武官处、密报室及大使办公室都设在这层楼上。

1943年，德黑兰会议结束后，斯大林责令当时苏联克格勃领导人贝利亚，要不惜一切代价、动用一切手段对美国大使阿维列拉·卡里曼的办公室进行窃听。贝利亚与其手下高参开始绞尽脑汁，设计窃听使馆心脏部位的行动方案。

1943年12月17日，贝利亚向斯大林报告说，针对美国使馆专门设计的窃听设备已顺利通过检验，其性能“无与伦比”，功效“令人称奇”。

这种特制“窃听器”被命名为“金唇”。将其安放到美国大使办公室的行动被命名为“金唇行动”。

苏联特工机关将微波振荡器及蓄电池安装在美国使馆对面居民楼

的顶层，并将那里的居民全部换成克格勃工作人员。家家户户的阳台上经常挂着“家庭主妇们”的劳动成果，每逢星期天，克格勃的女中士们都要在阳台上抖落和晾晒地毯及被褥，她们非常自然地将灰尘一样的“蝌蚪”撒到美使馆大院内。

但是将“金唇”安放到大使办公室却并非易事。为此，克格勃特工人员费尽了心机。他们曾精心在美国使馆内设计了一起火灾，但是那些扮成消防队员的特工人员却始终没机会进入卡里曼大使的办公室。几经周折后，克格勃的高参们最终想出将窃听器放在礼品中送给美国大使这一妙计。于是，二十几种木制及皮制的珍贵工艺品送进了克格勃高官的会议室，经过精心筛选，黑色檀木制成的斯基泰盾牌、两米长的猛玛象牙、瑞典国王送给尼古拉二世的象牙电话机及用象腿骨制成的一米高纸篓被确定为“金唇”载体。贝利亚特地请来窃听器研究权威、苏联科学院院士贝尔格和伊奥费对选定的礼品进行最后检验。两位专家检测后一致认为，这些礼品无法胜任运载“金唇”的使命，最佳选择是根据“金唇”的非凡性能制作相应礼品。贝利亚接受了两位专家的意见，并指示礼品制作与窃听器安装工作要同步进行。

美国国徽

1945 年 2 月，世界三大政治巨头斯大林、罗斯福和丘吉尔在雅尔塔会面。克格勃认为这是实施“金唇”行动的绝好时机，要害问题是如何将美国大使卡里曼从莫斯科引到克里米亚。苏联特工制定出一整套诱引方案。2 月 9 日，苏联公布在黑海之滨举行“阿尔台克全苏少先队健身营”开营典礼，并以苏联少先队员的名义向罗斯福总统及丘吉尔首相发出敬请光临的邀请。少先队员们在请柬中用尽动听的词句，诚挚感谢两位政治家在战争期间对苏联人民的帮助。克格勃预想，宣扬“平等与博爱”的美国人绝对不会拒绝孩子们的邀请，但是百忙之中的美国总统和英国首相又不可能应邀而来，委派其他官员前来参加孩子们的活动也并不合适，最合适完成这一使命的非两国驻苏大使莫属。果然不出苏联特工所料，美国大使卡里曼与他的英国同行如期从莫斯科赶到黑海之滨出席开营典礼。

乐队奏响了美国国歌，苏联少先队员用英语合唱美国国歌，开营典礼进入了高潮。卡里曼大使完全沉浸在孩子们纯真稚嫩的歌声中，应有的戒备与警惕早已被欢歌笑语所淹没，恰恰在这一时刻，四名苏联少先队员抬着一枚精美绝伦的巨大木制美国国徽走到卡里曼大使面前。斯大林私人翻译瓦列里·勃列日科夫马上向贵宾们翻译这枚国徽的做工及用料是如何讲究：这枚美国国徽是由名贵的紫檀木、黄杨木、红杉木、美丽棕、波斯帕罗梯木、红木及黑木拼装而成。苏联工匠高超精湛的制作工艺使这位见多识广的美国外交官不由自主地发出赞叹：“天哪！我简直不敢相信自己的眼睛。我把它放哪儿最合适呢?”勃列日科夫不失时机地低声对卡里曼说，“就把它挂在您的办公室，英国人肯定会嫉妒得发疯。”

从 1945 年 2 月这枚内藏苏联克格勃“金唇”窃听器的美国国徽被悬挂在卡里曼办公室的那一刻起，克格勃窃听美国大使的代号为“自白”的行动便开始启动。这一行动共持续了 8 年。8 年间，“金唇”送走了四任美国大使。最令人惊异的是，每一位新大使到任后从墨水瓶到地板块全部要更换一新，但就是没人动过这枚美国国徽。它无与伦比的艺术美感赢得了四位美国大使的钟爱，甚至大使办公室的窗帘及家具色调也相应作了些改变，以与这枚国徽相匹配。而在这 8

年时间里，“金唇”传送出了多少机密情报可想而知。

美国中央情报局在发现“金唇”窃听器后，始终没有勇气向世人公开自己的“耻辱”。直到 1960 年 5 月，苏联击落由巴乌埃尔森驾驶的美国 U2 高空侦察机后，华盛顿才公开“金唇”的秘密。当时美国驻联合国代表卡勃特曾将那枚精美国徽和“金唇”窃听器拿到联合国安理会常任理事国的会议上做了一番展览。事实上，美国特工和英国特工曾多次试图制做同样的窃听器，但都是枉费心机，“金唇”的秘密技术无法破译。时至今日，克格勃的“金唇”窃听器仍然陈列在美国中情局的博物馆内。

【片言碎语】 “金唇”窃听器在当时的确代表了世界顶级水平，它不需要电池，也不需要外来电流，从而使当时的反窃听设备不可能捕捉到任何信号。“金唇”可以接收到 300 米以内所发出的微波脉冲，其工作寿命可以无限延长。从外表上看，这种窃听器就像一个带尾巴的蝌蚪。

从天而降的“马丁上校”

闻名于世的“肉馅计划”到底是怎么回事？时隔多年人们不禁又想起了那令人不可思议的一出。

1943 年 4 月 30 日，在摩尔渔韦尔附近的西班牙沿海，英国的“六翼天使”号潜艇神秘地浮出水面。舱门打开了，一群士兵打开一个铝质圆桶，抬出一具挂着少校军衔的尸体，并把一个皮质公文包牢牢拴在尸体上。随即尸体被抛入海中，汹涌的波涛把尸体向着不远处的海岸线推去。

尸体漂到一个小镇，被渔民报告给了小镇上的西班牙海军办事处。按照惯例，他们立即搜查了尸体的衣物和皮包，初步认定：死者系英军联合计划司令部参谋、皇家海军上尉（代理少校）威廉·马丁，代号 09560。在他的上衣口袋中有一张银行的透支单和一封寄自劳埃德银行的催款信。马丁少校似乎刚刚订婚，随身带着一张向邦德街的国际珠宝商菲普斯赊购订婚戒指的账单。有两封情书已被海水浸湿，但署名处依然可见："爱你的妮莎"等字样。

当时，西班牙表面是中立国，实际上暗地里与纳粹德国关系密切。如果发现情报，西班牙人肯定会先告诉德国人。这就是英国人为什么选择西班牙海岸抛尸的原因。果然，在有关部门的授意下，他们先向德国在西班牙的间谍部门作了汇报。无孔不入的德国间谍马上拍摄了马丁身上的全部文件和物品。

在马丁的公文包内，德国间谍还发现了蒙巴顿写给美国艾森豪威尔将军的信，还有英国总参谋部副参谋长阿契巴尔德·奈将军致英军指挥官哈罗德·亚历山大将军的信。信上都说到了为了迷惑德军，打算以佯攻意大利的西西里岛掩护对希腊的登陆作战。

面对称得上"绝密"的军事情报，德国间谍既兴奋又迷惘，如此重要情报居然"踏破铁鞋无觅处，得来全不费功夫"。可这样的机密又怎会出现在一个少校军官的身上，上司又怎么如此信任他？德国人的疑心，英国人早就考虑到了。一封由蒙巴顿写给地中海舰队司令、海军元帅安德鲁·卡宁汉的一封信中说："马丁少校是应用登陆艇的专家，是不可多得的人才，他起初总是沉默腼腆，但他确实有两下子。他在迪埃普对事态的可能趋势比我们当中一些人预料得更为准确，而且对在苏格兰搞的新式大船和设备做试验时，他也一直表现得很好。恳请一待攻击结束，就立即把他还给我。"

信末，蒙巴顿还附了一句："待他回来时给我捎一些新鲜的沙丁鱼来，因为沙丁鱼在英国是配给的。"德国间谍马上意识到，沙丁鱼是撒丁岛的特产。看来，英国人下面的登陆点在撒丁岛是确定无疑了。很快，德国情报网络频频出击：先是藏身伦敦的间谍出动了，按照纳粹情报条例，驻伦敦的间谍不到万不得已是不会出动的。可这一回事关重大，谍报机构不惜代价。派出的间谍很快搞到了4月29日英国海军公布的阵亡将士名单，代理少校威廉·马丁名列其中，身份、姓名与西班牙发现的尸体情况完全一致。接着，潜入西班牙的德国间谍也向柏林报告：马丁少校的尸体已按正式军礼安葬在韦尔瓦。此前，为了进一步迷惑德国人，英国情报部门还安排马丁在英国的“未婚妻”为葬礼送来一个花圈和一张悲痛欲绝的明信片。这一切，德国间谍自然没有放过。他们甚至连英国副领事在马丁墓前设立的碑文内容也向柏林作了报告。而这正是英国人所企求的。

德国情报局为了辨别这些情报的真伪，专门指令由西线德军情报分析科科长冯·罗恩纳上校负责鉴定工作。也许是英国人设计的圈套太逼真了，颇为精明的罗恩纳竟然找不到一丝破绽，对文件的真实性深信不疑。罗恩纳的结论是：情报完全属实，盟军的主攻方向在撒丁岛和伯罗奔尼撒，同时对西西里岛采取佯攻。对此结论，德国统帅部也有人担心，英国人丢失了这些文件以后，会不会改变计划。但谍报机构认为，英国人并不知道德国人截获了这些文件，英国副领事领回马丁少校尸体时，所有文件及书信“完璧归赵”。

正当希特勒和德国统帅部在作最后论证时，在撒丁岛的一座海滨城市的海岸线上，海潮又冲来一具尸体，死者身穿英国突击队制服，身上的证件和笔录证明，他属于一支正在侦察撒丁岛的小分队。其实，这是英国潜水艇的又一篇“杰作”。

这一切，更坚定了德国情报局的判断。德国统帅部不得不采取行动了。希特勒于1943年5月12日下达了调动部队的命令：

“在即将结束的突尼斯战斗之后，可以预料，英美联军将试图继续在地中海迅速行动……我要求所有与地中海防御有关的德国指挥机关迅速地密切合作，利用全部兵力和装备，在所余不多的时间内，尽可能加强特别危险的地区。对撒丁岛和伯罗奔尼撒采取的措施要先于一切。”

1943年5月14日，希特勒会见了墨索里尼，向他透露了马丁密件的内容，并且洋洋自得地说：“我想这的确是真的！在我们举棋不定时，这个情报太重要了。”墨索里尼说：“我总有一种预感，觉得盟军还是要进攻西西里岛。”希特勒加重语气说：“直觉并没有情报重要，我们得到了可靠的情报！情报！”

德军根据这一命令，神速地向希腊和撒丁岛调动兵力。当陆军元帅隆美尔把他的大本营搬到希腊时，国家元首党卫旅被调到撒丁岛，又从驻法德军中抽出一个装甲师增援驻岛的四个意大利师。希特勒甚至还批准从苏联前线撤出两个装甲师，准备用320列火车，9天时间赶到希腊。

希特勒彻底中计了，“肉馅”计划取得了空前的成功。以致盟军主力于1943年7月9日夜在西西里岛登陆时，德军还以为是佯攻。没想到英美联军进攻神速，一举攻占了西西里岛。德意军队伤亡及被俘22.7万余人，从而为盟军向欧洲大陆全线进攻创造了良好的条件。

【片言碎语】“肉馅计划”堪称一次完美的战略欺骗，它成功调离了纳粹德国的数支精锐部队，促成了“爱斯基摩人行动”的胜利，从而逼迫意大利退出了法西斯战线。当战争的炮火远去，这项完美计划在西班牙一处公共墓地中还留有纪念物以供后人寻证那就是“威廉·马丁”少校的墓地。

丘吉尔生日宴会上的间谍被谁所杀

1943年11月30日这一天，是英国首相丘吉尔的69岁寿辰。宴会上的间谍死于谁手？

贵宾们陆续辗转来到处于战时紧急状态下的开罗，纳粹的特务们也迅速云集这座古城。丘吉尔的侍卫长汤普森负责这次具有特别意义的庆祝会的安全工作，他命令情报机构开足马力，仔细调查每一个来宾的详细情况。遇有可疑之处，再重点调查，他对情报机构的头头说："即使疑点出现在罗斯福总统或斯大林元帅身上，你们也要紧追不舍，一点也不能放过。"那位头头反问道："如果疑点出在丘吉尔首相身上呢?"汤普森果断地说："那也毫不犹豫地追下去！这么复杂和危险的国际形势，谁能保证纳粹不偷换丘吉尔首相，借此机会干掉罗斯福和斯大林呢?!"当然，调查的重点还在那些来宾身上。

不久，情报机构的头头悄悄找到汤普森，对他说："我们将 34 位来宾的情况都细细筛了两遍，最可能出问题的是罗斯福总统新聘的私人秘书霍克，这人虽然年轻有为，但他的经历太复杂了。我们查到，他在瑞士曾与盖世太保的特务有过接触。来到伦敦后，他又两次单独上街，把我们派去盯梢的特工也甩掉了。我想，你是否能……"汤普森知道他要说什么，立刻去找丘吉尔首相，对他说："我建议，明天的庆祝会不让罗斯福的新任秘书参加……"丘吉尔皱着眉头，放下粗大的雪茄烟，说："那怎么行呢?你们没有确凿的证据！在这个年月里，谁能保证自己没跟盖世太保的特务打过交道呢?你们能凭这一点，就不让他参加这么重要的聚会吗?"汤普森还是不死心，他改口说："我们可以制造交通事故，或在他的咖啡里放安眠药，让他错过庆祝会的时间……"丘吉尔听后，猛地将雪茄摁灭，大声吼道："不行！如果你们搞错了，这对世界反法西斯同盟来说，将是多大的损失！我绝不允许这么搞！"汤普森低下头，露出一筹莫展的愁容，这时，丘吉尔换了一种比较缓和的口气说："或许，你可以暗示一下罗斯福总统的侍卫长，让他们美国人自己处理内部问题。"顿时，汤普森觉得眼前有了一线光明。他很快找到罗斯福的侍卫长鲍杰，把他拉到密室，将自己的怀疑告诉了他。谁知，这位大名鼎鼎的保镖却大大咧咧地说："你太神经过敏了！霍克先生常在罗斯福左右，他的口袋里常放着手枪，如果他真是纳粹的人，美国总统早就没命了！"汤普森告诫他说："很可能以前没有直接联系，而这一次，盟国的领袖都在这里，纳粹对他下了很大的赌注，重金之下，你能保证他不动心吗?”但是，鲍杰仍坚持自己的意见，他说：“明天，霍克先生一定要参加丘吉尔首相的生日庆祝会，而且，他跟我们一样，也带着枪。”汤普森简直有点生气了，他没料到美国总统的侍卫长也像花花公子那样，一点也不考虑别人的担心。他又找到斯大林的卫队长米雅夫，婉转地告诉他说，明天的庆祝会要格外小心，可能有人要谋害盟国的领袖们。米雅夫十分紧张，反复追问，但汤普森又不敢和盘托出，只能说：“小心点吧，尽力保护好大元帅，庆祝会的安全工作，主要由我们来做。”

第二天，丘吉尔首相的生日庆祝会准时举行了。汤普森的目光一刻也没离开那位霍克先生。他是与罗斯福总统同车到达的，他的手上拎着一只精致的小包。不一会儿，霍克先生小心翼翼地拎着那只精致小包，把它放在礼品桌上，又顺手取过一束鲜花，放在小包上面。这一举动，惊得汤普森的心吊到了嗓子眼上。他想，包里一定有枚爆炸力很强的定时炸弹！如果不及时排除，时间一到，这里将出现震惊全世界的大悲剧！他趁霍克在寻找座位时，快步走过去，将精致小包夹在胳膊下，旋风似地离开大厅，在花园里小心地把包打开。包里是一只金钟，钟面上镶嵌着钻石，显得十分昂贵。汤普森看了一下制造厂家，那是瑞士一家世界闻名的钟表厂生产的，后面还刻着一行祝辞：生命与时间并存。他仔细察看了闹时钟的位置，发现它指在 8 小时后的地方，但还是小心地将金钟拆开，看清内部没有任何异物，才放心地将它装好，塞进小包，又送回大厅。

这时，餐桌上已经燃起 69 支生日蜡烛，丘吉尔首相春风满面，跟罗斯福总统快活地交谈着。在他的左右，坐着首相的女儿和美国大使，斯大林坐得稍远一点，显得有点心事重重。那个米雅夫神色更是紧张，他的右手插在裤袋里，不停地在斯大林周围转来转去，仔细打量着每一个走近的人。汤普森知道，米雅夫右手正握着枪，他会随时开枪射击的。与米雅夫相反，罗斯福总统的侍卫长鲍杰却一脸馋相，吃完这个吃那个，仿佛已有一千年没上宴席了。汤普森摇摇头，又在人群中寻找起那个令人不安的霍克来了。

这时，霍克正和那些秘书们坐在一起，显得安分而又不惹人注意。但是，汤普森注意到，每当有侍者在门口出现时，他都要抬起头，仔细端详一番。汤普森敏感到，他那种眼神，不是在弄清上的是什么菜看或点心，而是在辨认人！他要在侍者中辨认什么人呢？这么一想，汤普森有点儿毛骨悚然：如果纳粹在侍者中安插了杀手，那可不得了啊！虽然每道菜肴或点心送上去之前，都由负责安全的人员先品尝、检验一番，但是，来宾很多，菜点十分丰盛，忙乱中，谁能保证不出差错呢？正在这时，他发现霍克先生悄无声息地离开了桌子，轻轻走到餐厅最后一道门旁，拉过一张椅子，坐了下来。汤普森心中一愣，他断定霍克在等人，立刻快步走过去。

这时，餐厅的南门突然开启，一个侍者手托一只大盘子出现在门口。盘子里放满布丁和盛有冰淇淋的杯子，看上去堆得很高，也很重。汤普森还来不及思索，却发现那个侍者脸上露出了惊恐痛苦的表情，脚步踉跄，摇晃着要跌倒下来。那个霍克先生似乎也发现了异常，他站起来，双手抖动着，不知如何是好。正在这时，那个吊儿郎当的鲍杰也挤了过来，像是要挑些什么可口的东西。突然，侍者摇晃着倒在他的身上，盘子里的布丁和冰淇淋也跟着倾倒在鲍杰身上，弄得他浑身上下白一块红一块，像是电影里的滑稽明星。来宾们听到侍者栽倒的响声，看见鲍杰浑身涂满冰淇淋，不禁哈哈大笑起来。

但是，刹那间，餐厅里断电了，四周一片漆黑。汤普森立刻叫道："抓住那个侍者！当心他的盘子！"这时，枪声响起来了，碗碟的碎裂声、桌椅的翻倒声和来宾的惊叫声混成一片，保卫人员很快亮起了备用手电筒，他们发现，丘吉尔、罗斯福和斯大林三人安然无恙，侍卫们就紧紧围在他们四周，向餐厅的北门转移。汤普森赶上前去，发现美国总统的新秘书头部中弹，鲜血淋淋地倒在椅子上，他的身旁掉落了一把手枪。那个侍者也死了，他的喉管上被人吹中了一根毒针。

汤普森捡起那个盘子，发现底部被装上一枚小型定时炸弹，指针指在 12 点上。汤普森倒吸一口凉气，迅速看了下表，发现离爆炸时间还有三分钟。他擦了擦鼻子上的汗，拔出炸弹的引信。这时，大家才算真正松了口气。霍克先生不是自杀的，打中他脑袋的那颗子弹出自另一支手枪。汤普森估计是那个装作吊儿郎当的鲍杰，但他摇摇头否认说："我怎么敢杀自己的同行？不过，我得提醒你，他坐的那扇门旁，有控制整个餐厅电源的开关，你们的保卫人员疏忽了，我还得提醒你一句，用毒针杀人的方法，好像是东方式的。"说完，他又使劲地扑起身上沾着的冰淇淋来了。汤普森悦，"我看得清清楚楚，侍者跌倒时，他身边只有你和霍克，斯大林的保镖都形影不离地跟着他，他们不可能既开枪又吹毒针，我想……"这时，鲍杰摇摇手，制止他说："别找麻烦了，只要首脑们安然无恙，就把这件事当作事故处理吧，不过，你们应该查查霍克先生在瑞士银行是否新存了钱。"

很快，英国情报机构想方设法查清了霍克先生在瑞士的银行帐户上新增加了 50 万英镑，这笔钱，一定是纳粹收买他时付给的。后来汤普森一直希望在鲍杰的回忆录里弄清是谁杀死了纳粹的这两名奸细，但是，美国总统待卫长的回忆录一直没有问世，至少，它没有公开出版。但是，汤普森从此一直十分欣赏表面上吊儿郎当，实质上干练潇洒的这位美国同行。

【片言碎语】1943 年 11 月 30 日这一天，是英国首相丘吉尔的 69 岁寿辰。第二次世界大战进入了十分微妙的阶段，为了彻底摧毁世界法西斯联盟，丘吉尔以庆祝生日的名义，邀请了美国总统罗斯福和苏联统帅斯大林等 34 位贵宾，前往埃及开罗聚会，以便共商大事。

东方魔女川岛芳子死亡真相如何

1948年3月25日的黎明，在河北第一监狱广场的西南角上，随着“砰”的一声枪响，一个女囚像散了架似的栽倒在地上，立即断了气。这个被处决的女犯人是川岛芳子吗？

1927年川岛芳子由日本关东军参谋长斋藤弥平太与炸死张作霖的主谋河本大作参谋做媒，在旅顺与蒙古东都督巴布扎布二子甘珠儿扎布结婚。但她对丈夫不感兴趣，婚后第二年便主动为丈夫找了一个代替自己的女人，她本人便溜到东京去了，后又偷偷跑回上海，过着放荡的生活。不久结识了日本陆军特务机关田中隆吉少佐。从此，川岛芳子便开始了其出卖中国的特务活动。以后又勾引上了日军华北军司令多田骏大将，当上了拥有3000人马的“安国司令”，在中国人民头上作威作福。这个女间谍变化无常，时而男装丽人；时而全副武装，前呼后拥，俨然威风凛凛的司令；时而穿着华丽无比、满身珠宝，肩上蹲着一只小猴的贵妇人；时而成了舞厅里的伴舞女郎；时而又摇身一变，成了国民党要人的私人秘书兼情人。总之她无所不为，吃喝赌博、吸毒。

1945年8月15日，日本投降之后，全国人民要求严惩汉奸，10月10日几名手持短枪的国民党政府宪兵，在北京九条胡同34号逮捕了川岛芳子，给她戴上了手铐，头上蒙上了黑布，暂时拘留在一个军队司令部的库房内。

两个月后先关押在北新桥的前日本陆军监狱，后转移到远郊姚家井河北第一监狱的女监第三号牢房，这是国民党关押大汉奸的所谓模范监狱。她的牢房面积不小，内有两张床，她的床靠窗户，床上铺着花床单。牢房内东西很多，但很整洁，窗户边放着一些食物和一个泥娃娃。她身穿灰色囚衣，翻着红领子，有时提笔写字抄诗，有时装着一副痴呆的样子躲在门角落里。和她同关一房的另一个人，是一个中年妇女，既是伺候她的，也是监视她的一个普通犯人。

1947 年秋的一天，在北平紫禁城外司法部大街法院公审川岛芳子，法院门外看热闹的人熙熙攘攘，挤得水泄不通。法院内旁听的人也特别多，连大门前的石狮子也挤倒了。法警把身穿黄色毛衣、身材矮胖的川岛芳子押上了被告席，她神情茫然。她的律师千方百计在年龄和双重国籍两个问题上搞名堂。但这些动作都是徒劳的。经当局调查，川岛芳子是一个中国人，她同日本军宪要人来往密切；在“一·二八”事变时，在上海化装为男人，进行间谍活动；在“九·一八”事变时，同关东军来往频繁，组织了“东安游击队”及“安国军”，欺压百姓；还参与将溥仪接出天津，建立伪满洲国的阴谋活动。

根据国际间谍处罚条令第四条第一款，于 1947 年 10 月 22 日宣判川岛芳子死刑，但未及时执行。一直拖延到 1948 年 3 月 25 日早晨 6 点 40 分，才在第一监狱西南角的场地上秘密枪决。在行刑前她给养父和典狱长等人写了遗书，并曾要求穿黑上衣，白绸裤子，但未得到准许。在行刑前本已通知各报记者莅场采访，但执行死刑时，只允许美籍美联社记者一人参观外，全体中国新闻记者均被拒之门外。事后在第一监狱后门的自强路停放一女尸，监狱方面在 7 时半，才引导记者参观此尸。尸体头朝南、脚朝北，身着灰色囚衣，内穿红色毛衣、蓝色毛裤，子弹是从后脑射入，从鼻梁射出，头发散乱，满脸血污，面目无法辨认。后来尸体由住在北京东单观音寺胡同 20 号日本济宗妙必寺古川大行长老、日善后连络班广赖和川岛芳子堂姐金幼贞领尸火化处理。

但各报记者们对于监狱方面的出尔反尔极为不满，不断向司法部门提出质问。法院对于记者们的质问也无可奈何，不了了之。但是，对川岛芳子的枪决真相却是传说纷纷，闹得满城风雨。传闻最多的是一位名叫刘凤玲的女犯作了川岛芳子死刑的替身，其代价是10根金条。这件事的经过是这样：囚犯刘凤玲在监狱里得了重病，医生诊断没有治好的希望。监狱官员便找了刘凤玲的妈妈，说要其女儿为某个身份很高的人作枪决的替身，如答应可换来10根金条，若不答应、母女二人性命难保，母亲就边哭边答应了。但当时只领了4根金条为定钱，剩余6根待执行死刑后去取。当母亲按约定的日期领金条时，就再也没有回来。女囚刘凤玲的妹妹刘凤贞便向当局要母亲，并向报界公开揭露了此事的始末。

直到1972年日本一位研究川岛芳子的专家、东京大学渡边龙策教授就川岛芳子之死还提出了一系列质疑：为什么最为关键的行刑场面搞得如此神秘？无视惯例，把新闻记者都赶出了现场？为什么将被处决者的脸部弄得那么多血污和泥土，以致难于辨认人的面目？为什么单单选择看不清人的面孔的时间行刑？渡边龙策教授还提及：川岛芳子的哥哥金宪立说川岛芳子已到了蒙古，后来北去苏联；还有人说川岛芳子已去美国。但证据都不充分。所以川岛芳子之死仍是一个疑团。

【片言碎语】川岛芳子、原名叫金碧辉，中国清末皇族肃亲王善耆的第14个女儿，生于1906年。她6岁时给策划满蒙独立的日本人川岛浪速做养女，取名为东珍。第二年随其养母赴日本，又称良子，因日语中良与芳同音，久而久之人们便称她为川岛芳子。

柏林墙下深藏的秘密

1999年11月9日，恢复首都地位的柏林彩旗招展，到处是一派节日气氛。德国人在追思那不堪回首的分裂岁月，欧洲其他国家则在为冷战的彻底结束而暗自庆幸。然而，谁会想到，冷战的象征柏林墙已被推倒了整整十年，墙下仍有一个令人震惊的秘密迄今未被解开——柏林墙隔断了东西方的交通却阻挡不住美国人的秘密活动。

当时的美国中央情报局局长是希伦科特，此人足智多谋，是一位间谍老手，他认为柏林是东西方的结合点，是一个从事间谍活动最理想的所在地。那时候，窃听是最普遍也是最行之有效的间谍活动之一，希伦科特自然不会漠视窃听的作用。在经过深思熟虑后，希伦科特脑海里形成了一项注定将载入间谍史的庞大计划——对苏联展开大规模陆上窃听。

希伦科特自称视金钱如粪土，但他却把这项窃听工程命名为“黄金”，也许，他认为，优质的情报比黄金还有价值。希伦科特把数名间谍专家召集到中情局总部召开了一次秘密会议，专家们指出，对苏联进行情报战，柏林的确是一个理想的地方，但苏联对美国的间谍活动十分敏感，稍有风吹草动，苏联人就会给予出奇不意的还击。中情局在这方面曾吃过不少苦头，所以，这项耗资巨大的窃听计划必须从长计议，周密计议，力保万无一失。专家们发现，苏联军事设施有地下通讯电缆通往民德和东欧各国，中情局完全可以在这方面做文章。希伦科特在认真地听取了专家们的意见后一不做二不休，决定迅速在苏军通讯电缆附近秘密挖掘隧道，沿线窃听。

然而，希伦科特很快就发现，面对强大的克格勃，要顺利实施这一窃听计划难度相当大，如果计划不周，甚至有前功尽弃的危险。久经间谍战的希伦科特此时把眼光投向了英伦。要说间谍战，英国人似乎天生就是当间谍的材料，历史上竟然出了那么多的间谍天才，他们干得比美国人还要出色。况且，由于英国得益于工业革命，间谍窃听技术已经走在了世界前面，面对强手苏联，不把英国人拉进来显然是不明智的做法。于是，希伦科特亲笔写就密信一封，寄往英国间谍机构军情五处，明确无误地要求英国人参加这项针对苏联的窃听行动。

英国间谍出手不凡，他们以令人吃惊的速度查出苏联与民德及东欧驻军的通讯是以东柏林为中心。英国间谍提出的具体实施计划同样让希伦科特怦然心动。如果从西柏林建窃听隧道穿过勃兰登堡门，再向东或西伸延进入东柏林，截听苏联军事通讯将易如反掌，而且隐秘性极高。

勃兰登堡门位于东柏林，是柏林唯一保留下来的城门，也是柏林的凯旋门，1791 年建成。1961 年 8 月，苏联领导人赫鲁晓夫在冷战危机中下令筑起柏林墙，由勃兰登堡门至汉柏海佛一段是最能刺痛柏林人的冷酷之墙。但苏联和民德领袖们被英美人蒙在鼓里，他们一直得意于柏林墙这一杰作，却不知道，隔墙有耳——早在柏林墙建成之前，美国人便开始实施窃听隧道计划，他们在地下 5 米开挖，直指苏联的地下通讯电缆。后来的柏林墙反而成了间谍活动的掩体。这条秘密隧道以西柏林南面一处美军设施为起点，伸延至东柏林，主段长 500 多米，里面布满了电子窃听器，能清楚地截听到苏军的电话和密码信息。窃听隧道的建设就此大功告成。

柏林墙于 1961 年 8 月 13 日凌晨突然出现，先是拉起铁丝网和设置路障，三天后开始筑起钢筋水泥墙，全长 154 公里，墙高 3.6 米，现在仍保留着一段 70 多米的原墙，供人凭吊。柏林的窃听隧道是从 1949 年构思和开始设计，经历三位中情局局长希伦科特、史密斯和艾伦·杜勒斯，才告完成，挖凿只花了半年，但设计、勘探、情报搜集和试验则用了几年时间。

冷战时期，中情局在柏林的监听站，与美国设在英国约克郡门威斯希尔的全球最大监听站 F83 情报站连接，因而欧洲情报人士相信，美国仍继续利用冷战间谍设施，窃听俄罗斯和欧洲各国情报，主要为求取商贸和技术情报，对俄罗斯则是全面窃听。俄罗斯一位前情报官员证实，柏林墙是冷战的象征，真正冷战却在墙下进行，墙倒了，并不意味着激烈的间谍活动也停止了，事实上，“战事”仍在持续。挖掘窃听隧道，最大的困难是需要先确定苏联军方通讯电缆的位置，然后在电缆之下开凿隧道，以便能达到最佳窃听效果，此外还有技术难题。当时苏军对西方间谍已经相当警觉，将领级的官员通电话必须按规定加密干扰声音。然而，道高一尺，魔高一丈，中情局通讯专家经过长期研究，发现声音受干扰的一瞬间，原声仍留在电话线上，如能运用特殊技术，以百分之一秒速度截收原声，就可清晰听到通话的内容。

这项研究和试验，由中情局通讯兼密码专家纳尔森一手负责，在柏林进行了反复的试验，虽然遇到了许多困难，但总的来说，试验进展得还算顺利。1953 年 2 月艾伦·杜勒斯出任中情局局长。杜勒斯也在间谍界混了多年，具有敏锐的洞察力。他一上任便发现，其前任极力推行的“黄金”窃听计划相当重要，因此，他要求有关部门在人力和财力上加大投入，全力加速这项计划的实施。

一切准备工作就绪后，窃听隧道于 1954 年 8 月正式展开挖掘，1955 年 2 月便竣工了。虽然施工的时间很短，但其中惊心动魄的事层出不穷。计划施工必须保密，不能有任何声音和震动，所有机器、工具和材料不能曝光。苏军和民德边防军日夜在地面巡逻，地下稍有异常，这项秘密工程就会全盘败露。隧道由西柏林穿过东柏林，其中一段直通索恩法尔德公路下面，竟然接通了苏军总部的电话通讯电缆，隧道之内设有数百个监听器和数百台录音机，收录苏军电话的秘密。整个工程由美军工兵部队负责。这些美国傻大兵被告知“让怎么干就怎么干，不该问的别问”。虽然这些工兵私下也议论，认为他们挖掘的这个玩意儿肯定有大用处，然而，很多人直到退役也没有搞清楚隧道工程的性质，有些人甚至误以为美军准备以这条隧道向民德和苏联施放毒气。

为了迷惑苏联人，也为了不让自己人胡乱猜测，中情局指示，在西柏林隧道起点之处，伪装兴建仓库和雷达站。当时，苏联间谍也曾对美国人在西柏林大兴土木产生过怀疑，但当他们得知是建仓库和雷达站时，也就不再在这方面浪费时间和精力了。他们万万没有想到，美国人已经将窃听隧道修到了他们的鼻子底下。

1954 年 8 月，柏林窃听隧道开凿后不久，监听设备开始试验截听苏军的电话，第一个重要信息于 1954 年年底截获：苏联军方传达克里姆林宫指示，要求驻民德苏军保持良好纪律，不可破坏和谐气氛，配合政府同联邦德国改善关系。监听设备首战告捷，在试验中便获得如此令人惊喜的成绩，美国情报人员为此欢呼雀跃。分析人员根据这份情报作出判断：柏林结束战争状态有望。1955 年 1 月，苏联果然宣布与联邦德国结束战争状态，6 月联邦德国总理阿登纳应邀访问莫斯科，9 月 13 日双方建交。

1955 年 2 月窃听隧道竣工，开始正式运作，重要情报源源不断地流向中情局，中情局的良苦用心终于得到回报，他们凭借这条隧道掌握到，苏联夸大了在民德的驻军实力，苏军不可能突然向西柏林发动进攻。同时，中情局还获知，苏军在民德修筑了特殊的武器库。中情局情报分析专家推测，苏联人可能会在民德部署原子弹。美国还通过隧道窃听，更有效地掌握了苏联的欧洲战略和意向。

这条隧道安安全全地使用了一年多，掌握的大量优质情报为中情局赚够了面子。然而，好景不长，1956 年 4 月被苏联驻民德的通讯兵发现，当时一条由东柏林通往莫斯科的电话线失灵，通讯兵进行检修时，发现地下电缆有一段被人搭线破坏。经过进一步检查，通讯兵终于发现了这条窃听隧道。通讯兵立即把这一重要情况通知了总部，苏军突击队员火速赶到，用烈性炸药炸开隧道，攻入里面。当时，几名美国情报人员还在进行秘密作业，惊闻爆炸声才知大事不妙，于是仓皇逃入密室返回西柏林。密室入口迅速自动堵塞，苏军无法进入。

窃听隧道事件让苏联高层极为恼怒。美、苏为此事进行了高层接触，同意低调处理此事，避免本已恶劣的东西方关系进一步恶化。随后，莫斯科声称，美国人搞地下活动他们早就知道了，因此发放了很多假情报愚弄美国，直至时机成熟才一举粉碎了美方的地下阴谋。莫斯科如此解释不知是为了面子迷惑对手，还是果真如此。这又是一个待解之谜。

1961 年 8 月柏林墙建成，苏军事前重新检查了通讯电缆，到 1965 年，克里姆林宫不满美方继续进行窃听，指示驻柏林的苏军司令大爆当年美国柏林隧道丑闻，并带记者参观隧道及里面的设施，声称打赢了一场地下间谍战。美方自知理亏，对苏联人的做法只作低调回应。

西方情报人员事后透露，苏联人所发现的仅是隧道的其中一段，尚有隐秘支线一直未被发现，继续长期运作。1990 年 10 月 3 日德国统一后，这些中情局地下设施便成了一个谜。

【片言碎语】柏林墙是东西方冷战的见证，一幕幕历史活剧在这里上演，有的惊心动魄，有的变幻莫测，围墙因此成了杀人边界，成了东西方明争暗斗的战场，在这场你死我活的较量中，间谍战自然扮演着至关重要的角色。美国媒体曾披露，柏林墙下就是个神秘的间谍战场，中情局有一条对付苏联的窃听隧道，凭着这条隧道，中情局打赢了不少间谍战。如今，柏林墙已经不复存在了，这条窃听隧道是否已被废弃或仍然活跃还是个不解之谜。